西北工业大学精品学术著作培育项目资助出版

基于视觉的运动目标检测跟踪

郑江滨　李秀秀　著

科学出版社
北　京

内 容 简 介

本书主要研究内容为基于计算机视觉、数字图像处理、数字视频处理等理论，实现视频中运动目标的检测跟踪。根据视觉感知环境将研究内容分为单目、双目和多目视觉下的运动目标检测和跟踪。在单目视觉下，分别针对静止背景下的可见光视频中的目标检测跟踪、红外小目标的检测跟踪及动态背景下运动目标检测跟踪进行了研究，给出了运动目标检测、位置预测及模板匹配的跟踪思路和方法。此外，结合机器学习技术的广泛应用，针对目标长时在线跟踪中的漂移问题、尺度变换问题及目标精确定位问题，研究了机器学习的方法。在双目和多目视觉下，结合多摄像机之间的空间位置关系，就多目标跟踪中的三维跟踪、融合跟踪等技术进行了研究，并就其在多目视觉下基于标记点的运动捕获这一具体应用中的实现进行了研究，解决了其中的遮挡、运动机动性、数据融合等问题。

本书可作为计算机视觉领域相关方向科研人员、工程技术人员等的参考书。

图书在版编目（CIP）数据

基于视觉的运动目标检测跟踪 / 郑江滨，李秀秀著. —北京：科学出版社，2022.11

ISBN 978-7-03-073550-8

Ⅰ. ①基… Ⅱ. ①郑… ②李… Ⅲ. ①计算机视觉-运动目标检测 Ⅳ. ①TP302.7

中国版本图书馆 CIP 数据核字（2022）第 195436 号

责任编辑：陈 静 / 责任校对：胡小洁
责任印制：吴兆东 / 封面设计：迷底书装

科 学 出 版 社 出版
北京东黄城根北街 16 号
邮政编码：100717
http://www.sciencep.com
北京中石油彩色印刷有限责任公司 印刷
科学出版社发行 各地新华书店经销
*
2022 年 11 月第 一 版 开本：720×1000 1/16
2024 年 3 月第三次印刷 印张：15 3/4 插页：8
字数：317 000

定价：148.00 元

（如有印装质量问题，我社负责调换）

前　言

近年来基于视觉的运动目标检测、跟踪越来越多地成为计算机视觉领域的研究重点，主要是因为其在智能监控、动作与行为分析、自动驾驶、虚拟现实和娱乐互动等领域都有重要的应用。在过去几十年以来，相关技术的研究取得了长足的发展。本书结合作者的部分研究成果，对基于视觉多目标的跟踪技术进行全面的介绍。

本书较为系统地给出了基于视觉的运动目标检测、跟踪技术及其在运动捕获中的应用。本书首先介绍了多目视觉所需软硬件环境；然后给出了单目视觉下二维运动目标的检测、跟踪方法；最后描述了双目、多目多运动目标的三维跟踪。为读者呈现了基于视觉的运动目标检测、跟踪技术的全貌，有利于读者从总体框架上了解多目视觉下多目标跟踪的方方面面。

本书力求理论与实践的统一。一方面，对于本书涉及的各类数学模型，如摄像机成像、摄像机标定方法、三维坐标恢复和目标跟踪模型等，给出了必要的理论推导；但为了便于初学者理解，省去了专业性极强的数据证明。另一方面，本书使用了大量的文字、公式及图表，讨论了卡尔曼滤波器、灰模型、三维数据关联等理论模型在基于视觉的目标检测跟踪中的应用，为计算机视觉、数字视频/数字图像处理的相关研究人员架设了数学模型与具体实践问题的桥梁。

本书具有较好的自相容性。本书在第 2 和第 3 章中，分别就多目视觉下多目标的跟踪涉及的软硬件设置、多摄像机标定等基础知识进行了理论和具体实践的介绍，因此能够为立志从事计算机视觉行业的初学者提供较为全面的指导，而且对于不同背景的读者，系统化的内容则有利于其自学。

本书是作者多年来主持的目标检测跟踪技术相关项目的成果积累，研究得到了国家高技术研究发展计划（863 计划）课题“提高媒体制作效率的媒体环境真实目标计算技术”、陕西省电子配套基金项目“计算机视觉三维运动捕获系统设备”及国防 863 项目的支持。这些成果的积累也离不开同事、同学的辛勤付出。感谢赵荣椿教授、张艳宁教授在项目执行期间给予的指导和帮助。感谢作者几位研究生在读期间的工作，这些工作为本书的顺利完成提供了丰富的素材，他们是晏剑云、韩伟、申磊、孔娟华、张欢欢、史文波、蔡杰、陈燕军、谷二营、崔丽洁、易科、范飞翔、胡伏原、肖敬若。

本书是由“西北工业大学精品学术著作培育项目”资助出版，在此表示感谢。

由于作者水平有限，书中难免有不妥之处，望读者不吝赐教。

作者

2022年1月

目　录

第 1 章　绪　　论

1.1　研 究 意 义

视觉目标检测跟踪是计算机视觉领域的一个重要研究方向，其主要目标是在图像序列中准确定位到目标的位置。视觉目标跟踪从兴起之初就得到了国内外研究人员的关注。从应用性角度看，在视频监控、智能机器人、场景分析、军事对抗等领域，都需要目标跟踪算法作为关键支撑技术；同时，目标跟踪技术也是进行智能视频分析和决策等高层任务的基础，没有可靠的跟踪算法，这些高层的视频理解任务将难以实现。

根据视频的采集环境，可将视觉目标检测跟踪技术分为单目视觉下的运动目标检测跟踪和多目视觉下的运动目标检测跟踪。单目视觉下的运动目标检测跟踪，仅从单个摄像机中采集的视频中，直接对运动目标进行二维检测跟踪。相对于单目视觉下的运动目标检测跟踪，多目视觉环境下还需要将多个单目或其检测跟踪结果进行关联、融合，从而实现运动目标的二维甚至三维检测跟踪。多目视觉环境下的运动目标检测跟踪技术相对于单目环境，其过程更加复杂，但是由于可进行多视点及三维跟踪，因此能较好地解决遮挡问题（场景对目标的遮挡、目标之间的遮挡），并能有效地对目标进行三维定位。根据处理目标的数量，可将视觉目标检测跟踪技术分为单目标检测跟踪和多目标检测跟踪。多目标检测跟踪相对于单目标检测跟踪，除了要考虑场景中其他物体对运动的遮挡外，还需要考虑运动目标之间的遮挡、合并及分离。

本书对以上内容进行研究，针对单目视觉下的运动目标检测跟踪，分别对自然场景、红外小目标及运动捕获等具体应用场景，给出了运动目标检测、位置预测及模板匹配的跟踪思路和方法；针对多目视觉下的运动目标检测跟踪，结合多目视觉下基于标记点的运动捕获的实际应用，对无明显特征区分的多个标记点目标进行三维检测跟踪，给出多目视觉环境下多目标检测跟踪的遮挡、运动机动性、数据融合等问题的解决思路和方法。

近年来机器学习方法在目标跟踪中的应用受到了广泛的关注，且在公开数据集上的测试取得了较好的跟踪效果。因此本书针对目标长时在线跟踪中的漂移问题、尺度变换问题及目标精确定位问题，研究了基于机器学习方法的解决思路与过程。

综上，本书针对视觉环境下目标检测跟踪中面临的遮挡、尺度、机动性、信息融合等问题进行了研究，并通过理论推导给出了有效的解决思路，同时结合实际应用场景，给出了实现方案、方法，这将有力地推动基于视觉的运动目标检测、跟踪技术在工程实践中的应用。

1.2　国内外研究进展

1.2.1　单目视觉下的目标检测跟踪

基于卡尔曼（Kalman）滤波的跟踪方法[1]由于其跟踪精度高、运算量小且对运动目标能进行连续稳定的跟踪，所以自 1960 年提出后，在很长一段时间内得到了比较广泛的应用。但是，当目标出现机动时，卡尔曼滤波跟踪方法无法准确预测出目标的位置，导致跟踪不准确甚至失败，故许多学者提出了基于多模型的跟踪方法[2]，如 IMM（interacting multiple model，交互多模型）[3]、VSMM（multiple-model estimator with variable structure，变结构多模型估计）方法[4]等，通过利用多个目标状态模型来逼近目标的真实运动模式（其中每个模型对应着一种可能的机动模式），从而实现对机动目标的有效跟踪，但是这些方法运算复杂且均是建立在一定的目标运动假设和噪声特性假设的基础上，而在实际环境下，目标发生机动并存在起伏时，这些假设往往是不尽合理的。

基于模板匹配的跟踪将跟踪问题看作一个匹配问题，即在图像中找到与待跟踪目标模板最相近的区域。基于模板匹配的跟踪算法首先提取目标的特征作为目标描述，然后将特征向量做比较，特征向量的距离最接近即为最相似，具有最小距离的候选样本即为跟踪结果。

Briechle 和 Hanebeck[5]在 2001 年提出一种归一化互相关系数（normalized cross correlation，NCC）方法来计算图像区域的相似度，因此该跟踪方法也称 NCC 跟踪，该方法以在第一帧中初始化的矩形框的灰度值作为目标模板，在之后的每一帧中以前一帧中目标的位置周围的均匀分布作为候选区域，计算候选区域与模板之间的正相关系数，将计算结果最小的候选区域作为跟踪到的目标的位置。这种方法不更新模板，在整个跟踪过程中模板不变。

Comaniciu 等人[6]提出了 Mean Shift 跟踪算法（图 1.1）。该跟踪算法在对非刚体目标跟踪时可得到较好的性能，并能达到实时跟踪。Mean Shift 算法使用颜色直方图特征作为匹配特征，替代传统的像素空间特征进行匹配。使得对于发生形变的目标跟踪效果显著提高，该算法使用 RGB 颜色空间的直方图。对每一帧图像，跟踪器将候选窗口的直方图特征与模板特征进行匹配，使用巴氏距离进行度量，距离最小者作为跟踪到的目标。目标模板在第一帧图像初始化，跟踪过程不进行更新。

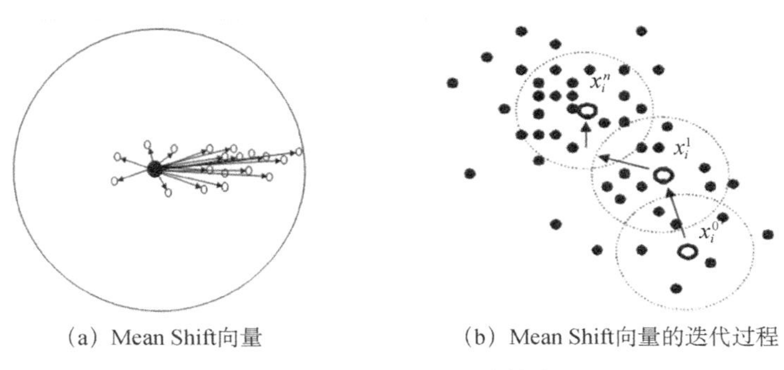

(a) Mean Shift向量　　(b) Mean Shift向量的迭代过程

图 1.1　Mean Shift 跟踪算法

2004 年 Baker 和 Matthews[7]提出 KLT（Kanade-Lucas-Tomasi）跟踪算法，KLT 方法假定目标不发生较大的位移，且亮度不发生大的变化，在这种前提下，都能得到一个很好的结果。KLT 方法将跟踪问题看作图像匹配问题，即将输入图像对准到模板图像上。传统的图像匹配一般采用滑动窗口搜索方法，而光流法则将其变为一个求解偏移向量的过程，这里的偏移向量又称光流，因此这种跟踪方法又叫 Lucas 光流法，以此完成输入图像到模板图像的跟踪。

Oron 等人[8]在 2015 年提出 LOT（locally orderless tracking）跟踪算法，该跟踪算法可以适应目标的外观变化。LOT 跟踪算法自动估计目标的局部无序量，这使得算法对特定的刚体目标或可变形目标的跟踪不需要目标的先验知识。给定初始化的目标边框，LOT 算法将目标分割为超像素，每一个超像素使用质心坐标和 HSV（hue，saturation，value）颜色空间的值表示。目标的候选位置在前一帧跟踪结果的基础上，使用粒子滤波（particle filter，PF）和高斯权重法估计得到。算法提供随着时间的推移而变化的目标概率模型，该模型使用陆地移动距离（earth mover's distance，EMD）作为像素移动和颜色值改变的代价函数，计算每一个候选窗口的似然函数值，将函数值最大的作为目标。

基于模板匹配的跟踪方法虽然模型单一、计算量小，但对复杂环境下的在线目标跟踪问题却难以应对，同时当跟踪产生漂移时也不能恢复，即不能解决复杂情况下的目标跟踪。

1.2.2 双目及多目视觉下的目标跟踪

多目标跟踪的基本概念是20世纪50年代中期提出的，然而直到70年代随着卡尔曼滤波技术的广泛应用，多视觉多目标跟踪技术才引起人们极大的兴趣。此后，Singer和Kanyuck[9]与Bar-Shalom[10]将滤波理论与数据关联技术有机结合在一起，开创了现代多视觉多目标跟踪理论及其应用。目前使用单一的统计模型完成目标的跟踪已经有许多成熟的方法，如Kalman滤波、粒子滤波[11]以及它们改进、扩展的形式，这些跟踪方法在视频序列目标跟踪中得到了广泛的应用，在目标机动性不大的情况下取得了较好的跟踪效果。针对机动目标的跟踪，有关学者提出了多模型的方法[12]，即用多个目标状态模型来逼近目标的真实运动模式，使用模型之间的随机跳变来描述目标的随机机动，并基于多个模型设计出多个滤波器，从而实现对机动目标的有效跟踪。多模型方法分为三代，第一代是自治多模型方法，从每个模型的滤波器单元产生一个总体估计，但是总体估计精度并不高。第二代是协作多模型方法，尤其是20世纪80年代末提出的交互多模型（IMM）方法[13]，是多模型方法的里程碑，并与各种数据关联方法以及各种滤波器相结合形成了诸如IMM-(J)PDA（interacting multiple model-joint probabilistic data association）[14]、IMM-MHT（interacting multiple model-multiple hypothesis tracking）[15]、IMM-(U)PF（interacting multiple model-unscented particle filter）[16]等多种目标跟踪的综合方案。同时IMM方法被认为是第一个达到实际应用水平的多模型跟踪方法。虽然IMM方法为机动目标跟踪提供了有效的手段，但是由于该方法基于固定模型集，会出现实际目标运动模式与模型集不匹配的问题，且计算量会随着模型的增多成指数增长。鉴于上述问题，Li和Bar-Shalom提出了第三代多模型方法，即具有模型集自适应能力的变结构多模型估计（VSMM）方法[17]，例如，模型组切换（model-group switching，MGS）[18]、可能模型集（likely-model set，LMS）[19]、期望模式修正（expected-mode augmentation，EMA）[20]以及一些改进方法等[21]。

国内在多目标跟踪方面起步较晚，20世纪80年代初，才开始从事这方面技术的研究。目前国防科技大学、清华大学、北京航空航天大学、西安电子科技大学、西北工业大学、中国科学院电子学研究所等多家单位在机动目标跟踪、多传感器综合跟踪与定位等领域积极开展理论及应用研究，并在战区指挥自动化、舰队编队信息融合、组网雷达数据处理等领域研制出一批具有初步融合能力的多传感器跟踪系统。

1.2.3 机器学习与目标跟踪

基于学习的跟踪算法通过区分前景和背景，实现复杂情况下的鲁棒跟踪。这类方法将目标跟踪转化为目标检测和目标分类问题：首先进行目标检测，然后将检测出的目标输入到训练好的分类器中，最后根据分类结果决定检测出的目标是否为待跟踪目标。这就是目标流行的先检测后跟踪（tracking by detection）框架，如图 1.2 所示。

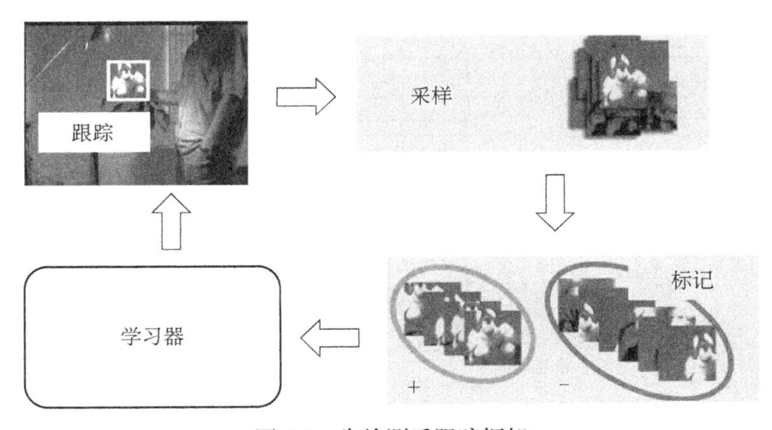

图 1.2 先检测后跟踪框架

基于多示例学习（multiple instance learning，MIL）算法[22]的工作机制如图 1.3 所示。该算法根据到目标的距离，将目标附近的样本都作为正样本，距离目标较远的样本作为负样本，增加了样本的数量，并且先对样本分组再进行训练，将含有正样本的样本组视为正样本，其他为负样本。该算法对目标的外观变化具有较好的鲁棒性。

Kalal 等人[23]提出了一种将跟踪、检测和学习结合的跟踪算法——TLD（tracking，learning，detection）跟踪算法。该算法利用鲁棒的在线学习机制，使得整体的目标跟踪更为准确和鲁棒。长时间跟踪过程中，由于环境的复杂性，待跟踪目标将无法避免发生外观变化、光照条件变化、尺度变化、遮挡等情况。对于遮挡问题，一个算法能否准确跟踪的关键是，当目标重新出现时，算法应该能够定位到它的位置，并开始重新对其跟踪。TLD 算法的跟踪框架如图 1.4 所示。TLD 跟踪算法跟踪速度一般，基本能做到实时跟踪，对光照变化、尺度变化和形状变化不敏感，但对复杂背景、边缘遮挡表现不是很好，当目标运动较快时，跟踪结果较差。

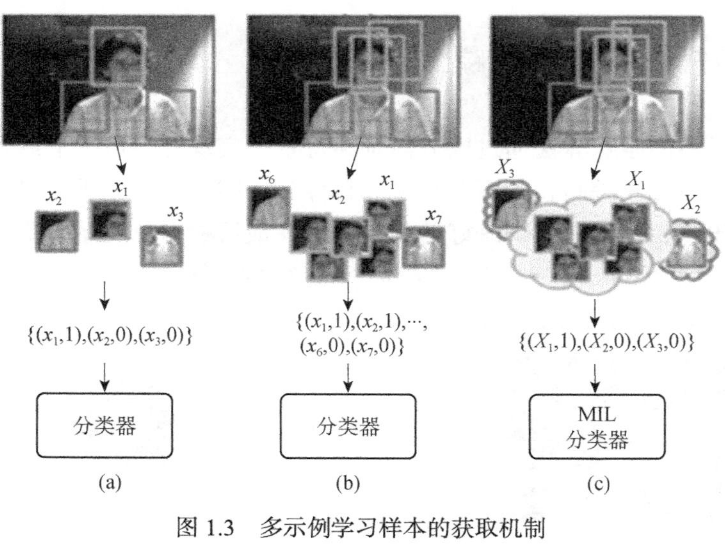

图 1.3　多示例学习样本的获取机制

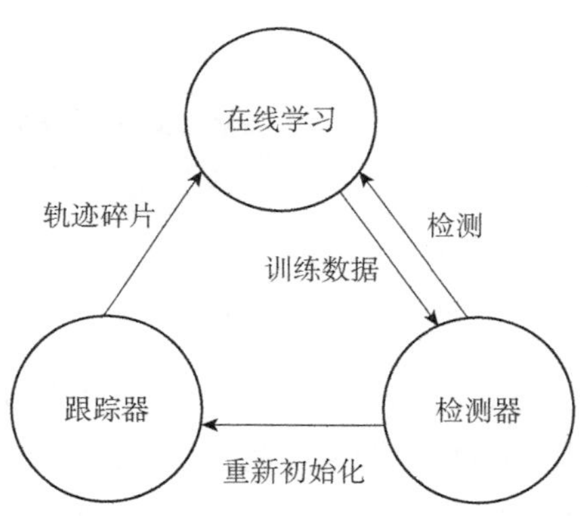

图 1.4　TLD 跟踪框架

传统算法的分类器只是简单训练上下几帧的图片，没有涉及图片与图片之间的转化关系。样本在训练中是一样的权重（与覆盖目标的面积无关）。另外，正负样本的选取通常是人为因素决定的。Hare 等人[24]提出 Struck（structured output tracking with kernels，带核的结构化输出跟踪）算法，Struck 算法框架主要由跟踪器与学习器组成，不再对候选窗口进行分类，而是输出一个相邻帧之间的最优变换，以此得到当前帧的目标位置，再对学习器进行更新。学习器使用核化结构输出支持向量机（kernelized structure output support vector machine），模型的更新是对预测函数的更新，通过预测函数输出最优变换，如图 1.5 所示。该方法对光照、尺度和形状变化敏感，并且在复杂背景和边缘遮挡情况下表现一般。

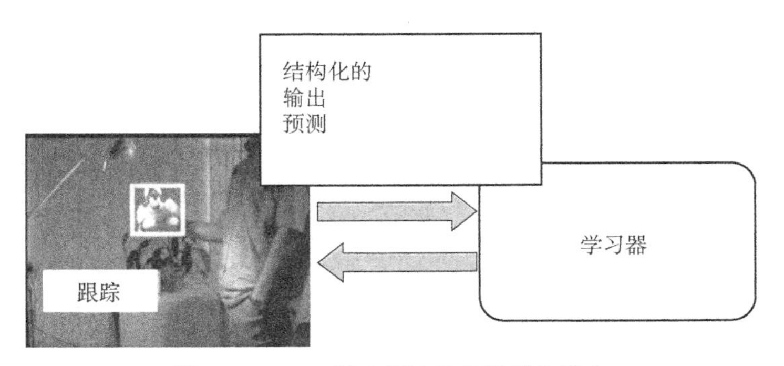

图 1.5　Struck 跟踪算法的学习器和输出

为了解决部分跟踪算法模型的数据依赖性强、初始阶段训练数据不充足等因素造成的跟踪漂移、跟踪速度慢等问题，Zhang 等人[25]在 2012 年提出了压缩跟踪（compressive tracking，CT）算法，它是一种实时的基于压缩感知的跟踪算法，如图 1.6 所示。压缩跟踪算法与一般的先检测后跟踪算法类似，先提取图像的特征，再通过在线训练的判别分类器进行分类判别，不同的地方在于这里特征提取采用压缩感知的方法，使用每一帧的结果更新分类器。压缩跟踪算法跟踪速度快，能做到实时跟踪，对光照变化、尺度变化和形状变化不敏感，但对复杂背景、边缘遮挡表现不是很好，对目标快速运动表现不是很理想。

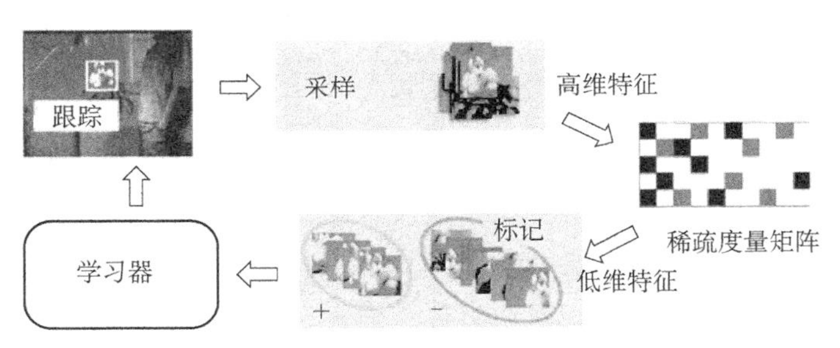

图 1.6　压缩跟踪算法流程

目前基于先检测后跟踪思想的算法虽然取得了一定的成果，但多数跟踪算法速度较慢，TLD 算法和 Struck 算法速度也只有 20 帧/s 和 28 帧/s，达不到实时性跟踪的要求；压缩跟踪算法平均 35 帧/s，基本达到实时性要求，但准确率一般。Henriques 等人[26]提出了基于核相关滤波（kernelized correlation filters，KCF）的跟踪算法，KCF 跟踪算法不仅在跟踪速度上有了很大的进步，并且准确率也高于 TLD、Struck 和压缩跟踪等算法。KCF 算法也是基于先检测后跟踪的思想，主要是利用循环矩阵构建分类样本（图 1.7 为循环矩阵的示意图），用于分类器的训练，然后利用傅里叶对角化，将矩阵运算转换为元素之间的运算，减少了计算量。

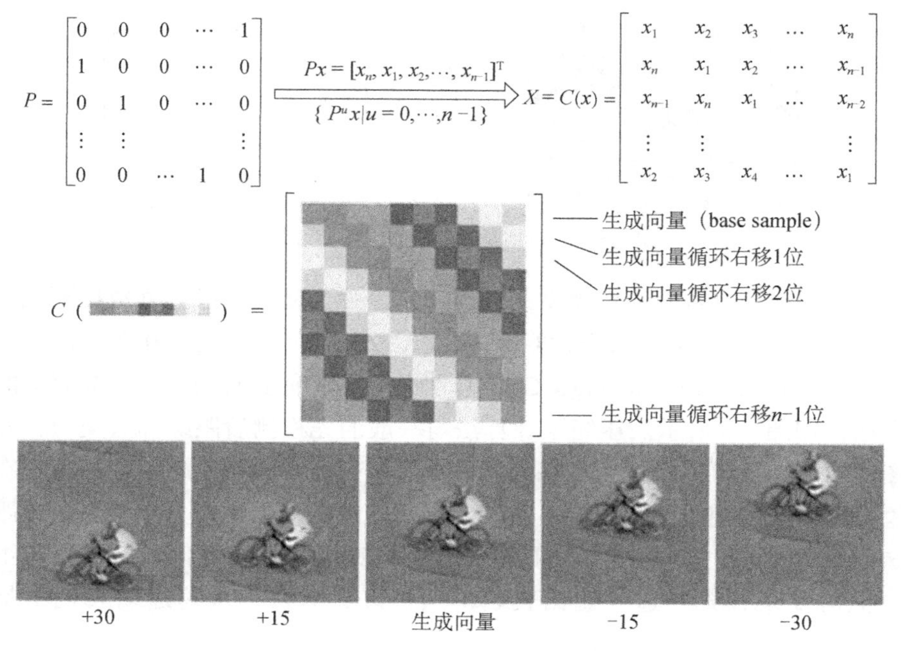

图 1.7 KCF 算法中的循环矩阵示意图

+30、+15、−15、−30 表示对应于生成向量的图像块垂直循环移动结果相对生成向量的位置变化，其中“+”表示位于生成向量图像块下方，“−”表示位于生成向量图像块上方

在线目标跟踪算法通常包含一个外观模型或运动模型来实现目标匹配和跟踪，外观模型的普适性较高，可用于实现长时的目标跟踪，但当目标外观变化较大时，外观模型的准确性会有所下降；运动模型对于帧间的目标匹配比较精确，可实现精确的目标预测，但当目标被遮挡或者估计结果不是最优时容易产生误差累积，因此，针对长时的跟踪极易出错。另一方面，现有的算法大多都只能解决部分跟踪问题，要么在损失准确性的情况下追求速度，要么损失速度以追求准确性，或者只能抵抗光照的变化，不能解决遮挡问题。本书重点针对复杂条件下的长时跟踪，将目标外观模型与目标运动轨迹模型相结合，利用各自的优势实现更为鲁棒和准确的跟踪器。

深度学习是近年来比较活跃的机器学习方式，其实现以神经网络结构为基础，通过多个层次的神经元结构之间的连接及非线性转换的激活工作方式获得数据更高层次的表示。深度网络的结构不同，适合解决的问题也各有差异：基于堆栈自编码器（stacked auto-encoder，SAE）的深度神经网络，最早被应用于目标跟踪，它以无监督的方式进行训练，在早期缺少标注数据集的情况下被广为研究。卷积神经网络（convolutional neural network，CNN）具有良好的特征提取功能，并在图像检测、识别领域取得了巨大的成功（如 VGGNet[27]，AlexNet[28]）。而递归神经网络（recurrent neural network，RNN）具有记忆前时状态和建立时间连接的能力，适合进行序列建模，一些研究人员应用它实现对目标运动信息的记忆存储。

从网络结构的角度，现有的基于深度学习的跟踪算法分为以下几类：基于堆栈自编码网络的跟踪算法、基于卷积神经网络的跟踪算法和基于递归神经网络的跟踪算法。

1）基于堆栈自编码网络的跟踪算法

堆栈自编码网络是无监督网络之一，它由编码器和解码器两部分组成，如图 1.8 所示。为了增强网络所训练得到的特征的鲁棒性，可以向输入样本中添加噪声。引入了降噪技术的自编码器被称为堆栈降噪自编码器（stacked denoising auto-encoder，SDAE）。通过堆栈降噪自编码网络得到的特征能很好地抵抗目标的各种变化，对通用目标特征提取能力更强，为大多数自编码网络所采用。

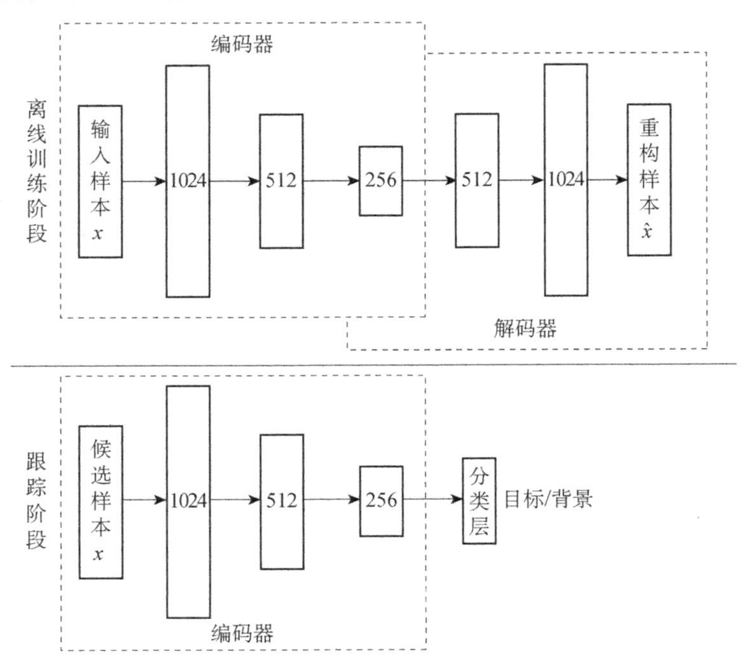

图 1.8　基于堆栈自编码网络的跟踪算法

Wang 和 Yeung[29]最早将降噪自编码网络应用于目标跟踪之中，使用离线训练的自编码网络提取目标的特征，通过在编码器网络之后增加分类层，并在跟踪过程中在线训练分类层，实现对样本类别的判断，如图 1.8 所示。Kuen 等人[30]提出使用基于时间缓慢限制下的堆栈式卷积自编码网络，学习目标图像块的复杂值不变特征表示，将该特征用于回归分类器的训练来区分目标和背景，通过利用粒子滤波实现了目标跟踪。Zhuang 等人[31]在基于子块的增量学习模式下建立目标的生成式模型，使用二值掩模来处理局部遮挡问题，通过离线训练的自编网络得到目标的深度特征，融合浅层子空间学习和深层特征学习两种模式，较好地提升了算法在目标遮挡和形变情况下的跟踪性能。

2）基于卷积神经网络的跟踪算法

卷积神经网络的基本结构可以分为特征提取层、全连接层和输出层三大部分。其中特征提取层是最为核心的部分，由卷积、非线性变换和降采样（又称为池化操作）三个操作交替执行，其中卷积操作和非线性变换是基本组成部分，降采样操作是可选部分。输入样本的卷积特征通过卷积核执行卷积操作得到，卷积核依赖网络的训练得到。非线性变换提高了网络对数据的表达能力，而降采样可以使网络学习到的特征具有一定的位移不变性。经过多层卷积操作后得到的特征被输入全连接层，并得到最后的输出。

深度卷积神经网络所具有的强特征提取能力，可以为跟踪算法建立鲁棒性的外观模型。同传统的跟踪算法一样，基于卷积神经网络的跟踪方法，也可以基于生成式模型或判别式模型，其中判别式跟踪算法致力于将网络本身训练成强大的二分类器，用于目标和背景的判别；而生成式跟踪算法致力于训练网络的相似性度量能力，用于在感兴趣搜索区域上匹配目标模板来实现跟踪定位。

（1）基于卷积神经网络的判别式跟踪算法。

基于卷积神经网络的判别式跟踪算法，大致分为两类（图 1.9）。

①以卷积神经网络作为特征提取模块，提升传统跟踪算法的性能（图 1.9（a））。

②同时利用深度网络的特征提取能力和对样本的判别能力，通过在网络之中添加分类层，实现对目标和背景的判别（图 1.9（b））。图 1.9（c）的方式是对图 1.9（b）的拓展，针对不同类别的跟踪目标，在网络的末端添加多个分类层，这些分类层共享网络的卷积层和全连接层。

针对深度卷积特征在不同层上的表现性，以卷积神经网络作为特征提取模块，这类跟踪算法的重点在于对多层特征的结合应用方式。HCFT（hierarchical convolutional features tracking）算法[32]通过对 VGGNet 网络结构的研究，发现位于不同层的卷积特征各有不同的特点，提出利用 3 个不同的卷积层特征（Conv3-4、Conv4-4 和 Conv5-5）构建 3 个基于相关滤波的分类器，并将它们的响应结合来确定被跟踪目标。DeepSRDCF（deep spatially regularized discriminative correlation filters）算法[33]指出相对于全连接层特征，卷积特征具有维度低、包含空间结构信息的优点，可以减缓面向任务的微调需求，使用底层的卷积特征有助于获得更好的跟踪定位结果。该算法将 AlexNet 网络的第一层的卷积特征应用于基于判别式的空间滤波框架中，使用空间正则化技术来避免相关滤波的边界效应问题，得到较好的跟踪效果。运用多层卷积特征有助于跟踪定位的思想，在 HDT（hedged deep tracking）[34]中也得到了体现。

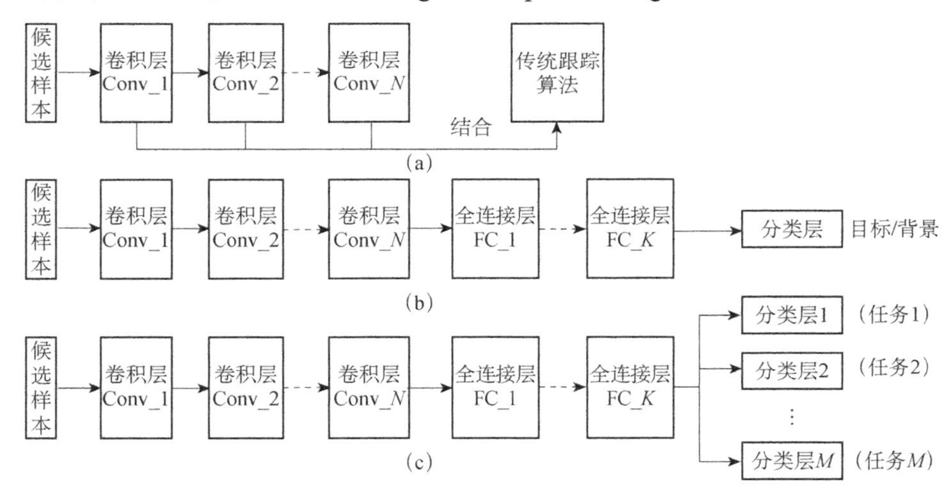

图 1.9 基于卷积神经网络的判别式跟踪算法分类

深度卷积神经网络不但可以用于特征提取器，也能用于实现对目标和背景分类的训练，如图 1.9（b）所示。Zhu 等人[35]借用类似 Faster R-CNN（faster region-based convolutional neural networks）[36]中的区域推荐技术，将得到的推荐区域输入到在线训练的结构化支持向量机中来获取目标状态。Hong 等人[37]使用卷积神经网络来产生候选样本的判别式显著图，与在线支持向量机结合得到鲁棒的目标外观模型。Nam 等人[38]针对基于判别式的网络模型常常出现将分类误差累积的问题，创新性地提出一种树形结构的卷积神经网络，该模型中每隔 10 帧增加一个卷积神经网络作为新节点，这种树形结构实现了对多个网络的结合应用，通过将多个被激活的网络的输出结果加权求和决定最终的目标位置。

跟踪中需要处理多种类型的目标，仅仅使用单个分类层难以处理全部跟踪任务。对此，MDNet（multi-domain network）[39]算法将单一分类层结构拓展为面向不同任务的多分类层结构，如图 1.9（c）所示。网络训练过程中使用不同类别的跟踪视频数据，多个分支共享特征提取层，仅在分类阶段根据任务的不同选择特定分类层进行调整。多个分支的共享层能够很好地提取目标泛化的特征，而面向不同任务的特定分类层，又能基于类别对目标和背景进行很好的区分，跟踪性能得到了较好的提升。

（2）基于卷积神经网络的匹配式跟踪算法。

基于卷积神经网络的匹配式跟踪算法，使用网络来学习高效的相似匹配功能，该类算法大多采用一种具有对称结构、共享权值特性的双分支卷积孪生网络（siamese network），如图 1.10 所示。网络接受两个输入，经过共享层提取各自的特征，并通过后续的结合层实现对它们的相似匹配计算。根据所使用结合层类型的不同（如全连接层、相似度量层和交叉相关层等），网络最后的输出形式可以是输入样本之间的相似度得分、搜索区域的相似度响应图，或目标的边界框。网络的双分支可以是完全对称（如图 1.10（a））或部分对称（如图 1.10（b）），后者通过在某个分支中添加拓展层，实现两个分支功能的差异化。

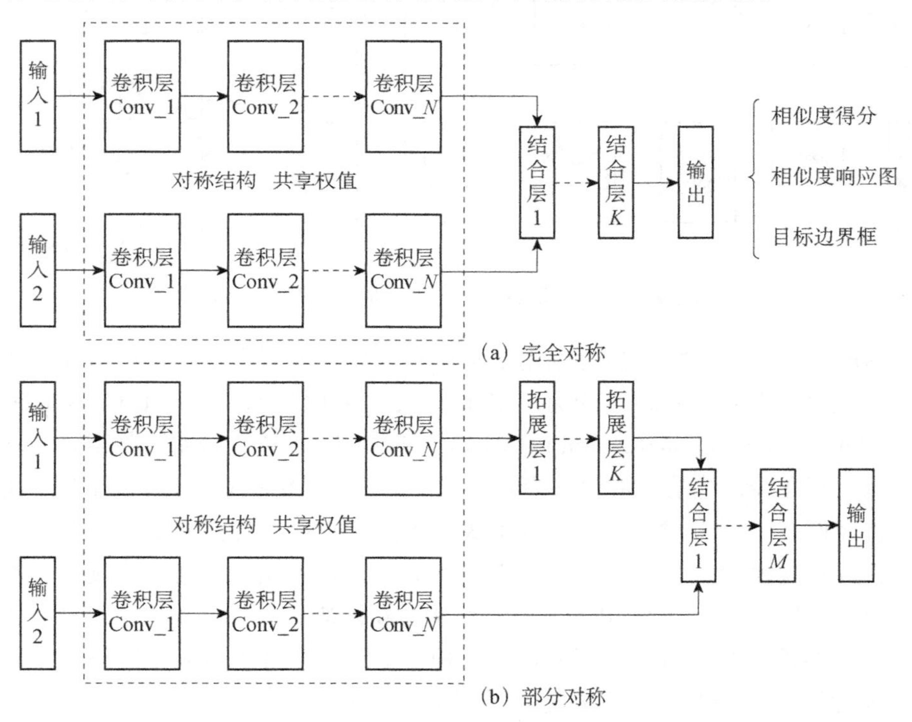

图 1.10　基于卷积神经网络的匹配式跟踪算法分类

具有对称结构的卷积孪生网络形式简单，最早得到了应用。GOTURN（generic object tracking using regression networks）算法[40]提出了一个通用的双流向卷积神经网络，网络的两个流向分别以目标图像块和搜索区域图像块作为输入，通过度量搜索区域样本和目标的相似性，对目标的边界框进行回归，实现了目标定位和尺度估计的统一计算。SINT（siamese instance search tracker）算法[41]中通过离线训练一个基于卷积结构的孪生网络，来实现候选样本和目标模板间的相似匹配，具有最高的匹配得分的候选样本被确定为新的目标。不同于GOTURN算法中在网络的最后一层使用全连接层，SiamFC（fully-convolutional siamese networks）算法[42]设计一个全卷积结构的孪生网络，使得网络能够接受不同尺寸的目标模板和搜索窗，并能在训练之后调整搜索区域的大小，同时借助该网络的全卷积特性，能够实现目标搜索区域内全部样本和目标模板之间的快速相似度匹配。传统算法直接判断样本是否为目标，DRT（deep relative tracking）算法[43]使用孪生网络从候选样本中挑选出相对更优的作为目标，该算法对于处于遮挡、形变、光照变化下的目标具有更好的适应性。

近年来，具有部分对称结构的卷积孪生网络逐渐得到应用。CFNet（correlation filter networks）算法[44]中提出将相关滤波融入孪生网络之中作为独立的一层，并以端到端的方式对网络进行训练，使得训练得到的特征与相关滤波充分契合，因而避免了同类算法中将手工特征或基于其他任务训练的特征融入相关滤波时所带来的弊端。

3）基于递归神经网络的跟踪算法

递归神经网络模型中神经元的输出能够在下一阶段反馈于自身，适合进行序列建模。从单帧视频图像角度看，图像所具有的是空间语义信息；将前后多帧视频图像关联起来看，得到的则是视频的时间语义信息，这也是早期基于预测方法的跟踪算法的立足点。一些研究者，通过使用递归神经网络来充分探究视频中的空间语义信息和时间语义信息，以增强跟踪算法的效果。

RTT（recurrently target-attending tracking）算法[45]使用RNN网络沿4个方向探索目标的可信赖子块信息，生成目标可信赖部件的置信图，并指导判别式相关滤波的训练，在充分利用了可信赖子块信息的同时，抑制了复杂的背景噪声，算法流程如图1.11所示。基于RNN结构对目标空间结构上可信赖子块的探索应用，使得基于该方法构建的目标外观模型，能够很好地应对局部遮挡问题。SANet（structure-aware network）算法[46]也将RNN结构用于对图像空间信息的探索，并将从RNN中得到的特征融入卷积神经网络中得到目标更为鲁棒的特征。除了用于探索图像空间信息，另一些研究者则尝试用 RNN 来探索视频序列中的时间信息。Ning 等人[47]将跟踪看作回归问题而不是二分类问题，通过利用长短时记忆（long short-term memory，LSTM）网络在时域的回归能力，将卷积网络得到的深层特征和目标位置这一空间信息结合起来，直接在卷积层和回归单元上对目标位置进行回归预测。Gordon 等人[48]以离线训练的方式，将成对的图像块同时输入到双路卷积网络中，再将得到的双路卷积特征连接融合输入到后续的两个 LSTM 模块中，借助 LSTM 模块来实现对目标的外观和运动的建模和记忆，最终输出目标的位置信息。

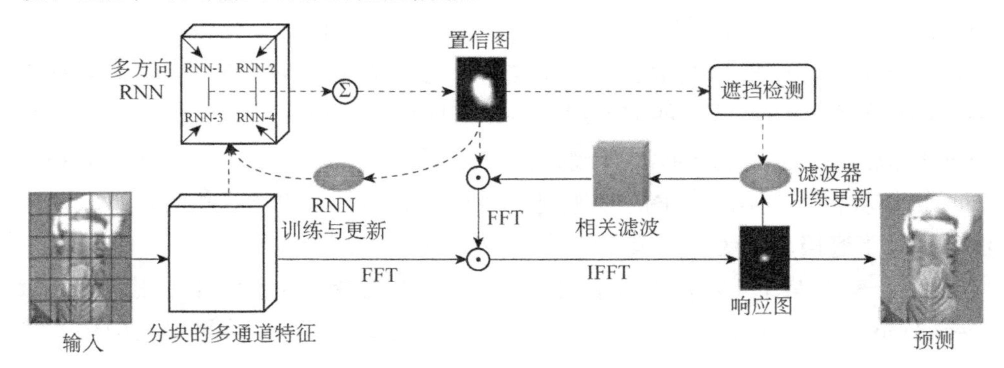

图 1.11　RTT 算法流程图

FFT（fast Fourier transform）为快速傅里叶变换；IFFT（inverse fast Fourier transform）为快速傅里叶逆变换

针对上述基于深度学习的跟踪方法，以下就网络结构、训练方式、使用方式（特征利用方式、不同网络作用）进行对比，并分析其不足。

（1）网络结构的比较。

基于堆栈自编码网络的跟踪算法，最大的优势在于不需要依赖先验信息，能够以无监督的训练方式对网络进行训练。其不足在于，自编码网络的训练是以对整幅图片重构的方式进行，并不能对图片中的目标信息和背景信息做区分。基于该种训练方式得到的特征是对图片整体的表征，对目标和背景的区分能力有限，与目标跟踪任务并不完全契合。另外，堆栈自编码网络的拓展性能有限，网络的层数只能维持在一定的数目，在很大程度上限制了所得到的特征表征能力。同时，该种网络在重构的过程中将图片拓展为一维向量的形式进行训练，目标所具有的结构信息没能得到很好的利用。在早期缺乏标注样本的情况下，自编码网络最先被应用到跟踪领域，并被广泛研究；在当前大量标注样本可用的情况下，该网络已逐渐淡出人们的视野。

基于卷积神经网络结构实现的跟踪算法是当前跟踪领域的主流。同自编码网络相比，卷积神经网络具有较好的扩展性，能够设计较深层次的网络，得到的深层特征对目标具有更强的刻画能力，可以将跟踪目标与背景有效区分。同时，图像中所具有的结构信息在卷积特征中也得到了很好地保留。卷积神经网络不同的特征层实现了对目标不同级别的抽象，高层特征包含了有关目标类别的语义信息，而浅层特征则包含了目标的纹理信息以及目标的空间信息。这些不同层次的特征，为跟踪算法对目标特征的选择和综合应用提供了多种可能，有效利用多层特征可以提高跟踪算法的性能。

递归神经网络所具有对序列信息建模的能力，非常适合对目标在时序上的运动信息进行利用。目标在帧与帧之间的运动信息对跟踪具有重要的指导意义，现有的跟踪算法多数将图片作为孤立的数据进行利用，对目标在时序上包含的信息利用不足。当前使用递归神经网络探索图像空间信息和时序信息的研究刚刚兴起，并取得了一定的成果，在未来尚有很大的发挥空间。

（2）网络训练方式的比较。

从网络的训练方式看，目前仍以离线预训练和在线微调结合的方式为主，但基于在线微调的方式往往以牺牲算法实时性为代价。现有的基于在线微调的跟踪算法，处理速度仅为数帧每秒，极大地限制了算法的实际应用。另一方面，以 GOTURN 和 SiamFC 为代表的基于孪生网络的跟踪算法，采用完全离线的训练方式，网络训练完成后不再更新，同在线微调的方式相比在跟踪速度方面呈现出了绝对的优势，但是在算法准确度方面仍有待提高。综合分析，受限于跟踪问题中可用样本的不足和深度网络本身参数的众多，充分的离线训练对基于深度网络的跟踪算法必不可少，快速有效的网络在线更新仍有待研究。

从训练网络所用的数据方面看，以 MDNet、GOTURN、SINT、SiamFC 等为代表的基于视频序列数据训练的算法，在跟踪方面所展现出的性能优势，使得原有的基于大规模目标识别、检测数据集进行训练的方式，逐渐被使用视频数据进行训练的方式所替代。大量的研究表明，基于视频序列数据对网络进行训练才能更好地契合目标跟踪问题本身。

（3）特征利用方式的比较。

不同层次的深度特征对目标进行了不同级别的抽象。一方面，深度网络的高层特征包含了丰富的类别相关信息，使用高层语义特征更为高效且对目标类别内的变化更为鲁棒。但对目标跟踪任务来说，仅仅使用高层特征将失去对目标定位的准确性，导致跟踪漂移。另一方面，网络的低层特征描述了目标的纹理信息，并具有较高的空间分辨率，能够更好地保留对跟踪至关重要的与目标空间相关的细节信息。然而，由于低层特征面向物体的通用特征，仅仅基于低层特征的跟踪算法，极易在复杂的跟踪环境下失效。

针对如何更好地利用深度网络层次化的特征问题，很多研究者开展了相关工作。DeepSRDCF 算法对 imagenet-vgg-2048 [49]的 5 层卷积特征的跟踪性能做了比较分析，发现基于第 1 层卷积特征能够得到最好的跟踪效果，其在目标重叠精度（overlap precision，OP）上高出次优的第 2 层和第 5 层 5%左右。HDT 算法基于 VGGNet-19 网络的 6 个不同层次的卷积特征生成弱分类器，使用 Hedge 算法将其结合成一个强分类器，得到了更为优良的跟踪结果。BranchOut 算法[50]基于多分支多层次深度网络，在利用网络不同层次特征的表达能力的同时，整合了多个分支网络的不同能力，在同类跟踪算法中性能卓著。

从现有跟踪算法的表现性来看，与使用单层特征相比，融合多层深度特征可以充分利用不同层次特征的优势，得到更为全面的目标特征表达，有利于提高对目标的精准定位。

（4）网络作用的比较。

从深度网络在跟踪算法中所起的作用看，现有一些算法仅将深度网络作为特征提取模块，使用提取到的深度特征替换传统跟踪算法中的传统手工特征，以此来提升传统算法的性能。如 DeepSRDCF 将深度特征同传统算法 SRDCF（spatially regularized correlation filter）[51]结合，HCFT 算法则将经典的相关滤波算法同深度网络相结合，同原有的传统跟踪算法相比这些算法性能均有所提升。

仅将深度网络作为特征提取模块，并不能充分发挥深度网络的功能。对此，算法 MDNet、SANet、CFNet 等针对跟踪问题设计了精简化的专用网络，并采用端到端的方式训练网络。该方式能够同时发挥深度网络的特征提取能力和其对样本的评估能力，提取的特征和样本分类方法融合度较高，同前一种方式相比具有更大的优势。

尽管深度学习方法的应用为跟踪算法带来了很大程度的性能提升，但是目标跟踪问题本身所具有的复杂性，使得基于深度网络的跟踪算法，有待进一步改进，具体涉及以下方面：

（1）多数算法采用随机梯度下降的方法对网络进行在线更新，由于深度网络所具有的参数较多、更新计算量大，这种方法很大程度上限制了跟踪算法的实时性。有关网络的更新方式仍有待研究。

（2）通过深度网络提取的深度特征具有多层次、多通道特点，不同层特征的特性不同，同层特征的不同通道适合不同状态下的目标。现有研究更多地关注深度特征的层次特性，但对不同特征通道的特性研究不足。

（3）现有的跟踪算法更多地利用了图像所包含的空间信息，但对目标在帧与帧间的运动信息利用不足。基于递归神经网络实现对目标运动信息建模的方法刚刚起步，有很大的发挥空间。如何应用视频序列图像训练网络对目标运动信息的提取能力，有待进一步研究。

（4）现有的深度跟踪算法大多基于判别式方法，跟踪准确度高但速度较慢。近年来出现的基于孪生网络实现的模板匹配式跟踪算法，在算法实时性上得到了较大提升，但跟踪准确性同判别式方法有一定差距，有待进一步提高。

针对上述这些问题，本书将在后续章节中展开相关研究。

1.3 研究框架

本书以实现视频序列中运动目标的检测跟踪为目的，首先在单目情况下，分别针对静止背景下的可见光视频序列中的目标检测跟踪、红外小目标的检测跟踪及动态背景下的运动目标检测跟踪进行了研究；以单目视觉下的检测跟踪为基础，进一步利用摄像机之间的空间关系，就双目及多目视觉下多运动目标跟踪技术进行阐述。针对双目和多目视觉下的多运动目标跟踪问题，本书以基于标记点的运动捕获为例，重点阐述无明显特征区分的多目标检测跟踪技术。具体内容如图 1.12 所示。

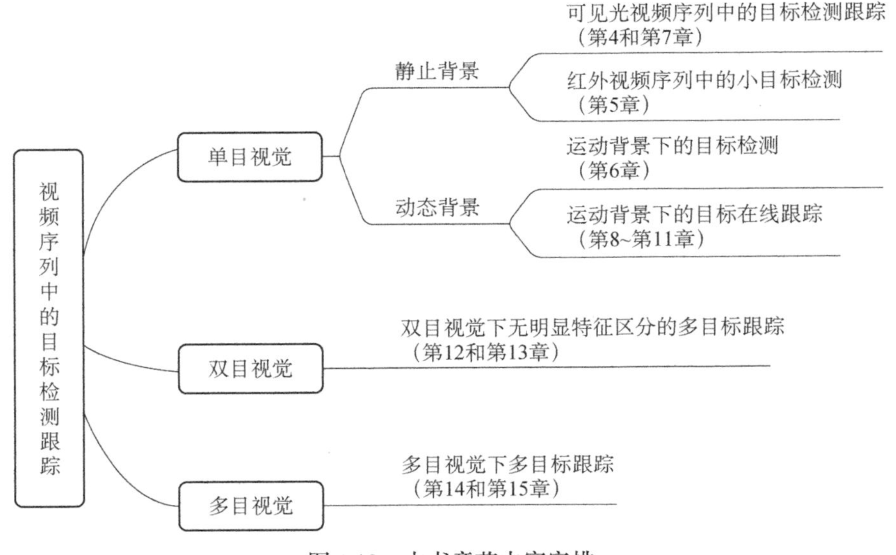

图 1.12 本书章节内容安排

根据上述研究内容，本书后续章节结构为：第4～第11章为单目视觉下的运动目标检测跟踪，其中第4和第5章分别为静态背景下可见光目标和红外目标的检测，第6章为运动背景下的目标检测，第7章为静态背景下的目标跟踪，第8～第11章为运动背景下的目标在线跟踪；第2和第3章为多目环境下运动目标检测跟踪的软硬件环境设置；第12和第13章为双目视觉下的无明显区分的多目标三维跟踪；第14和第15章为多目视觉下多目标的三维跟踪及目标关联的二维跟踪。具体内容如下。

第2章介绍双目及多目视觉环境下的软硬件环境。

第3章介绍建立双目及多目视觉环境中多个摄像机空间相关性的必需步骤——多摄像机标定。

第4章给出了经典的视频序列中的运动目标检测技术，包括背景差分、瞬时差分法，并结合基于标记点的运动捕获技术，给出了多个标记点的检测方法。

第5章给出了红外小目标检测方法，针对红外视频序列中较大的随机噪声及非均匀性干扰，介绍了基于奇异值分解（singular value decomposition，SVD）的背景抑制和粒子滤波相结合的红外小目标检测方法。

第6章介绍了运动背景下的目标检测方法，分别给出基于图像匹配的方法、基于相邻帧背景匹配的方法和基于离散化摄像机运动的随动跟踪方法。

第7章介绍结合扩展Kalman滤波和Mean Shift的目标跟踪方法，提高视频序列中目标跟踪的精度和速度。

第8章介绍了基于核化滤波与多子块模型结合的跟踪方法，以解决长时在线跟踪中的部分遮挡和背景噪声问题。

第9章介绍了基于多轨迹分析的长时在线目标跟踪方法，以解决长时运动跟踪的跟踪漂移问题。

第10章结合深度学习的方法，介绍了去冗余卷积特征的相关滤波跟踪方法，从而在长时跟踪中实现目标的精确定位。

第11章介绍了基于全卷积孪生网络的多模板匹配跟踪方法，该方法能够适应运动过程中目标外形的变化，且可对周边与目标相似的物体产生抑制作用，从而提高了跟踪的准确性。

第12章介绍了双目视觉环境下，综合摄像机标定信息，基于Kalman滤波的无明显特征区分的多目标三维跟踪方法。该方法在缺少图像特征的情况下，仍然能够准确地跟踪多个目标。

第13章针对双目视觉环境下的机动目标的跟踪问题，介绍了Kalman滤波与预测结合的多运动目标跟踪方法。

第 14 章针对基于标记点运动捕获中，标记点数量多、特征相同且分布密集的问题，介绍了多双目视觉立体跟踪融合的多目视觉跟踪方法。

第 15 章利用人体上多个标记点之间的空间位置关系，综合扩展 Kalman 滤波和自组织映射网络，解决由多目标缺乏特征区分造成的跟踪错误问题。

第 2 章　多视视频处理软硬件平台

为了实现视频序列中的目标检测跟踪，本书针对基于标记点的运动捕捉任务，设计实现了一个多视图像、视频同步采集平台，该平台包括多视图像、视频采集硬件环境和软件环境。其中软件环境涉及多摄像机标定软件，运动目标检测、跟踪软件等。具体内容如下。

2.1　多视图像、视频同步采集硬件环境

多视图像、视频同步采集硬件环境主要用于从多个视点同步采集观察场景的图像、视频。本环境中，将 16 台摄像机（带有遥控操作云台）环绕放置于 $7\times7\text{m}^2$ 的场地中，摄像机高度为 2.5m，该场地用幕布与外界隔离；场地外放置有 4 组机柜，每组机柜包含 4 台计算机，每台计算机控制 1 路摄像机。此外，还有一个同步仲裁器，可控制 16 路摄像机的同步采集：摄像机与计算机之间通过 USB 线传输图像、视频，线长 20m；摄像机与同步仲裁器通过差分信号连接，线长 20m。系统整体硬件环境如图 2.1 所示，相应的硬件系统结构如图 2.2 所示。

图 2.1　系统整体硬件环境

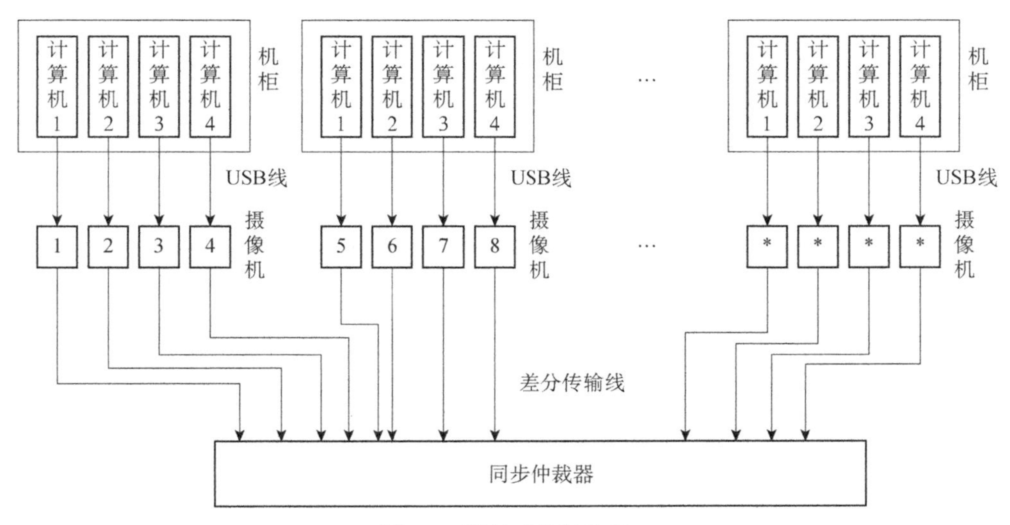

图 2.2　硬件系统结构图

以下给出该环境各部分硬件。

（1）摄像机+云台（图 2.3）：采用数字型号为 FC-IE036M 的方诚工业摄像机（信噪比大于 60dB，最高分辨率为 752 × 480 像素），型号为 COMPUTAR H0514-MP 的镜头，摄像机采集视频的帧率为 30 帧/s；云台可通过遥控控制旋转角度和俯仰角度。

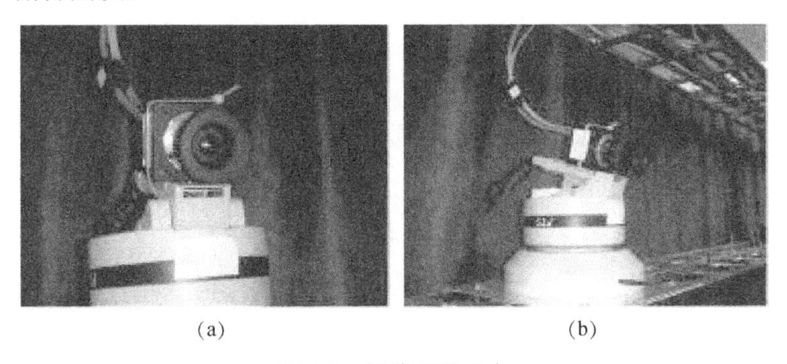

(a)　(b)

图 2.3　摄像机及云台

（2）机柜及计算机（图 2.4）：每台机柜中有 4 台计算机，一个显示器，显示器可以通过切换连接到不同的计算机上，从而便于对不同的摄像机及其捕获的数据进行操作。

（3）同步仲裁器（图 2.5）：可实现 16 路摄像机的同步，并可设置采集时的帧率，可实现 30 帧/s 的同时采集。

(a)

(b)

图 2.4　机柜及其中的计算机

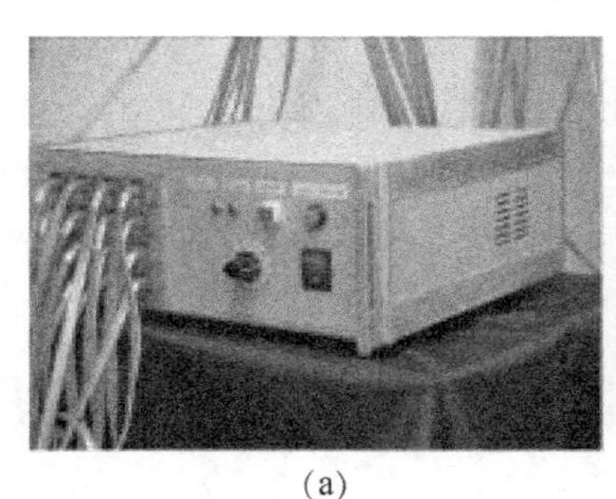
(a)

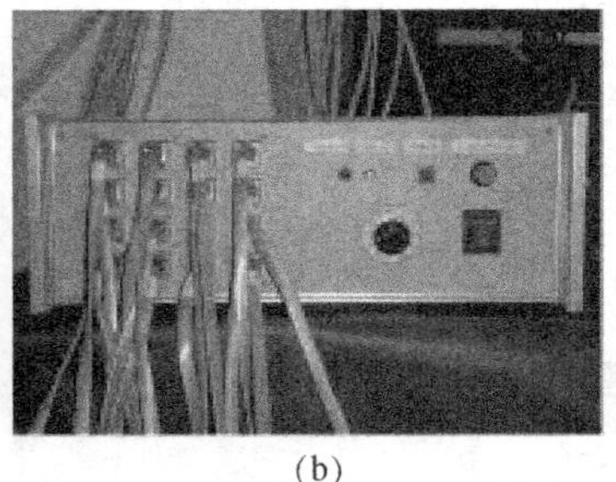
(b)

图 2.5　同步仲裁器

2.2　软件环境

软件环境开发平台为 VS2005+BCGPro9.56，涉及的第三方库包括 GDI+、OpenCV、OpenGL、GTS 等。以下给出软件运行中包含的数据采集，多摄像机标定，目标检测、跟踪模块的具体介绍。

1）数据采集软件（图 2.6）

该软件负责实现多路摄像机运动视频数据同步采集。在设计时，最大支持 16 路摄像机的同步视频数据。在界面上，用户可以对选定的多路视频数据进行播放或暂停，并且可以切换到标定视图、多目跟踪结果图等视图。

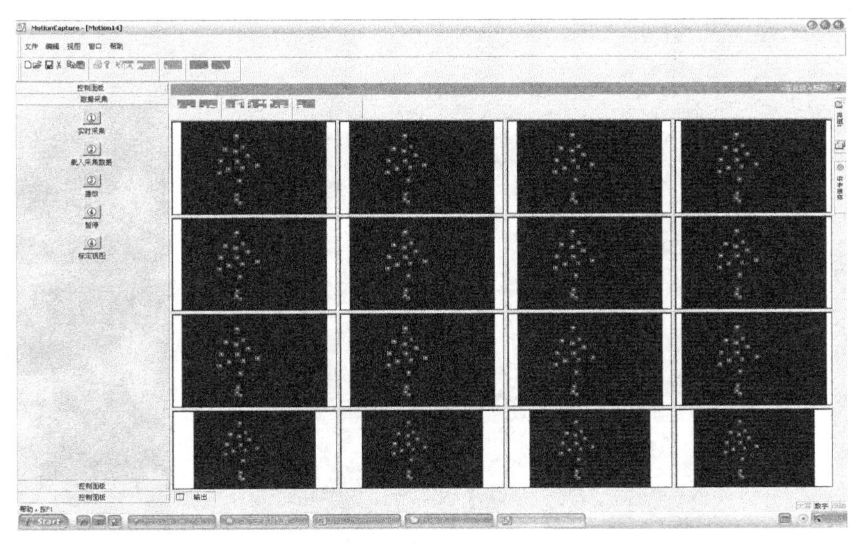

图 2.6　数据采集主界面

2）多摄像机标定软件

该软件实现对摄像机内外参数的定标工作：利用张氏标定法完成每个摄像机的内外参数定标和统一多个摄像机世界坐标系。通过用户载入标定图像，执行标定。在此过程中针对角点检测不完全的部分帧，用户可通过手工标记辅助完成定标。同时，可分别查看内外参数标定前后的图像，对标定过程有一个直观的认识（图 2.7～图 2.10）。

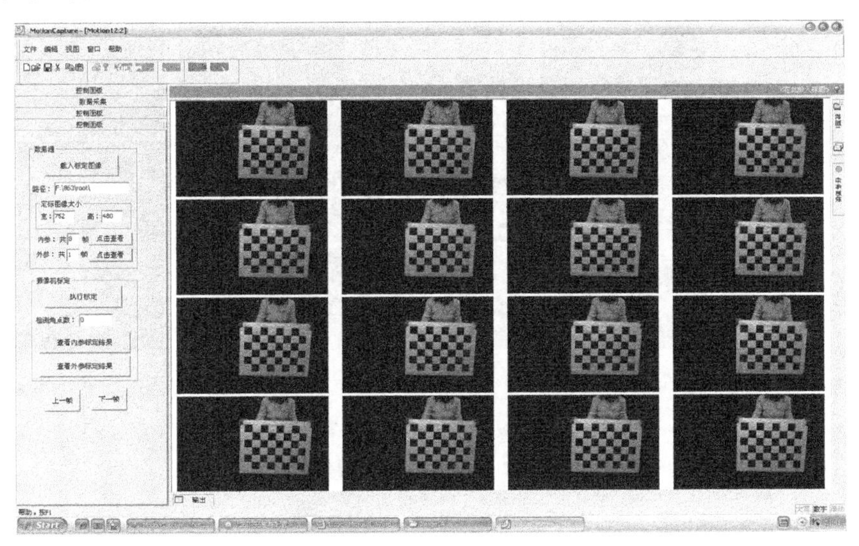

图 2.7　摄像机标定主界面

图 2.8　摄像机标定过程（见彩图）

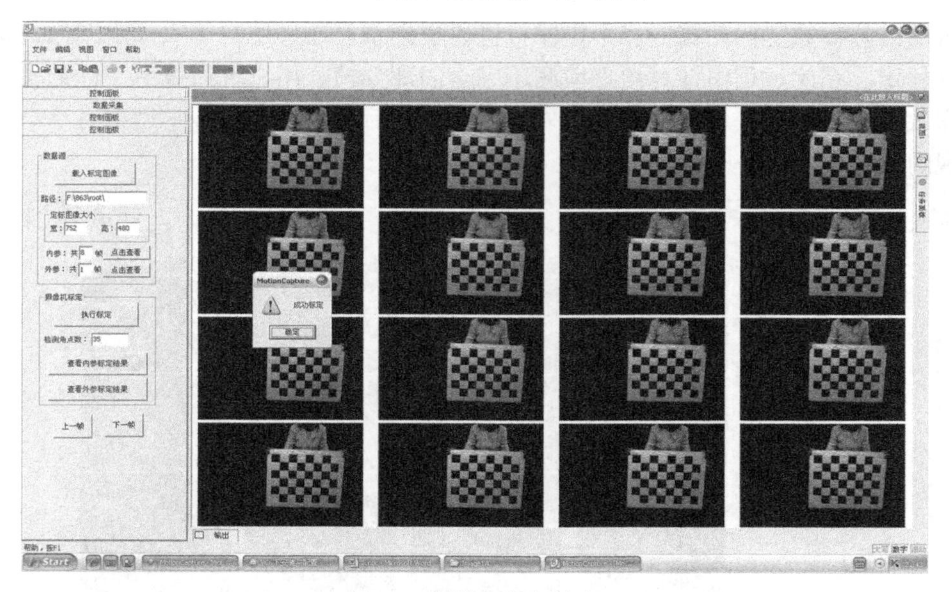

图 2.9　摄像机标定结束

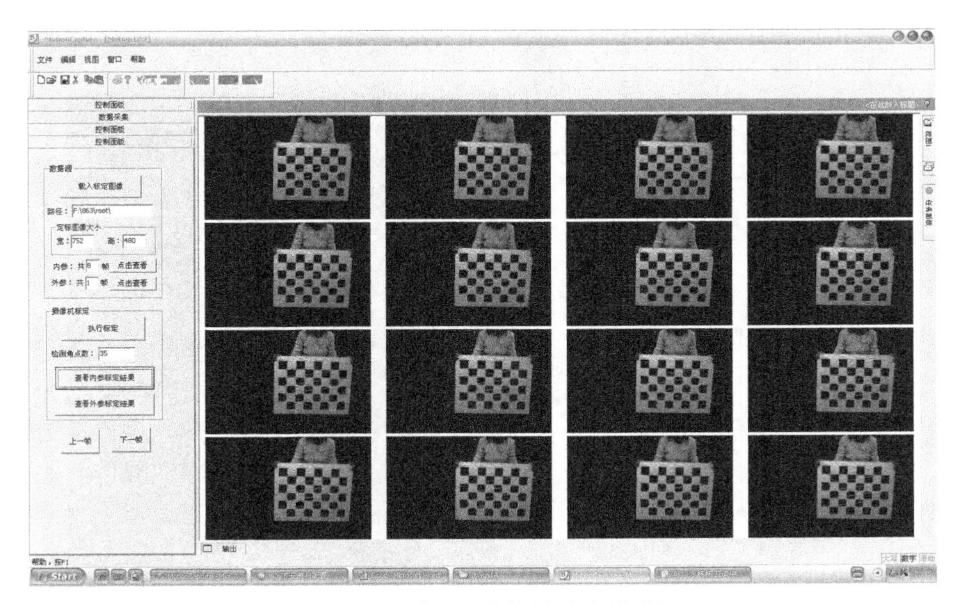

图 2.10　摄像机标定结果（见彩图）

3）目标检测、跟踪软件

针对基于标记点的运动捕获这一任务，软件环境针对人体关节处粘贴的 23 个无明显区分的标记点进行检测跟踪，该标记点分布结构与常见的 17 点的骨架结构的主要区别在于：头部双耳部位添加两个标记点，与头顶一个标记点形成一个三角形，可以捕获头部旋转以及其他动作；两手拇指与小指处各添加一标记点（左右手共 4 个），与手腕处标记点形成三角形，可以捕获到手势动作。该标记点分布能够捕获人体骨架运动的同时，捕获头部和手势动作，因此标记点总数也达到 23 个。标记点分布于人体关节的对应关系如图 2.11 所示。

该模块完成对 8 组共 16 路视频监控通道采集到的视频中的标记点检测与跟踪。用户可观看整个跟踪过程，并实时观看运动场景的重建；可通过对不同监控窗口设置数据通道（原始数据或跟踪数据、摄像机组、组内通道）监控某一数据通道的采集视频和跟踪结果视频（图 2.12）。在运动捕获过程中，首先需要用户手动标记初始帧（16 路图像）的 23 个标记点，然后程序可根据该初始设置完成运动过程中标记点的检测与跟踪。在此过程中，可能丢失部分帧的部分标记点，或者对部分标记点跟踪错误。当程序检测到此类错误会停止当前跟踪并将错误帧展示给用户，用户可通过手工标记辅助完成错误对象的跟踪；对于程序检测不到的上述错误，用户可通过观看运动场景的实时重建视频发现，并定位到开始出错的帧进行手工辅助标记（图 2.13）。

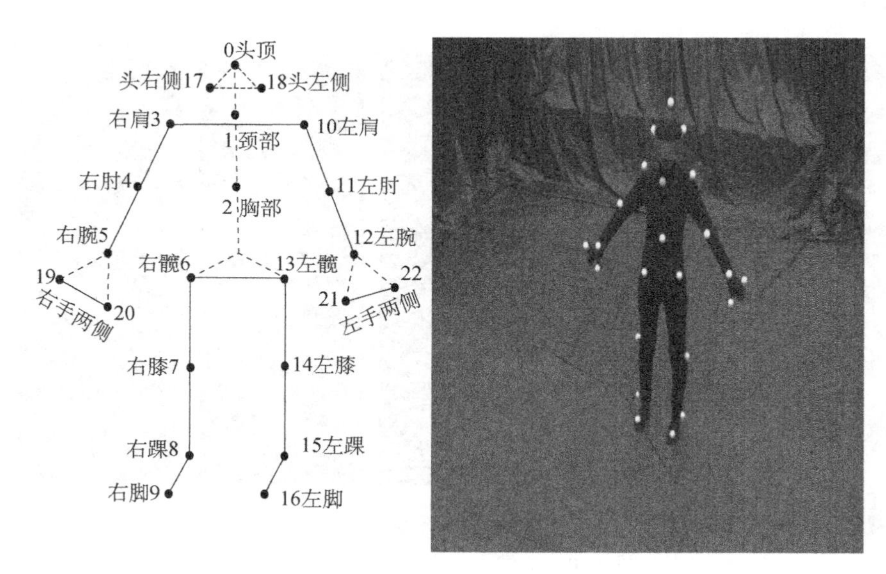

（a）标记点位置与人体关节　　　　（b）标记点粘贴情况

图 2.11　标记点与人体关节对应关系图

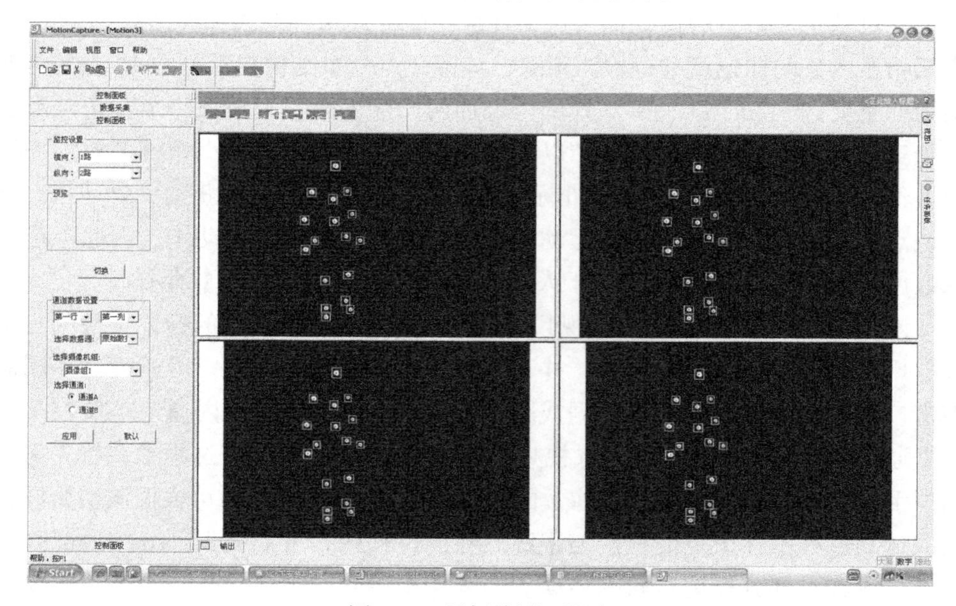

图 2.12　目标检测、跟踪

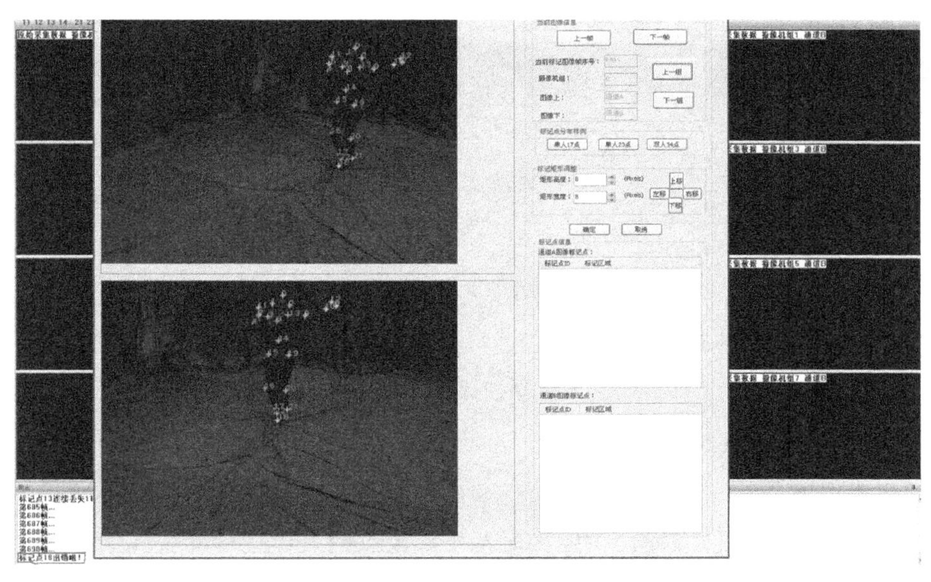

图 2.13　标记点手工修正界面

此外，为了验证运动捕获的效果，本书在完整标记点的检测、跟踪后，通过使用捕获到的标记点的三维运动参数驱动人体骨架运动的方式来验证检测、跟踪的效果。该软件可以从各个视角观察骨架模型的运动（图 2.14 和图 2.15）。

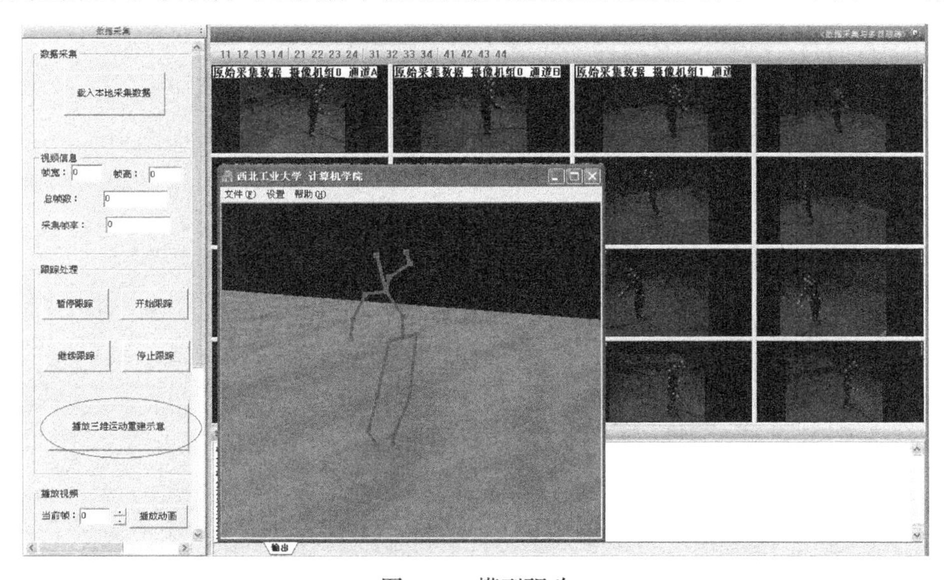

图 2.14　模型驱动

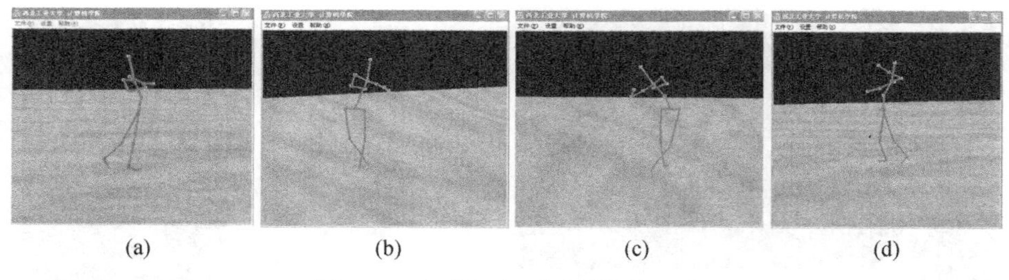

(a)　(b)　(c)　(d)

图 2.15　各个视角不同动作的运动

2.3　本 章 小 结

本章主要介绍了可用于多视视频采集的软硬件采集环境，该环境涉及硬件的连接、同步；软件方面，主要针对基于标记点的人体运动捕获应用，包含了多视频采集、多摄像机标定、多目标检测跟踪，以及用于多目标检测跟踪效果展示的模型驱动部分。本章涉及的多视视频处理软硬件平台为后续章节中的运动目标检测、跟踪提供了软硬件方面的支持及其他视频处理方面相关内容的技术参考。

第 3 章　多摄像机标定及三维坐标恢复

在计算机视觉中，往往需要对景物进行定量的分析或对物体完成精确定位处理。这些内容都涉及一个基本问题，即景物是如何形成图像的像素点的。解决这一问题不仅要了解成像的模型，而且需要知道模型中各种参数的精确值，确定这些参数值的过程就称作摄像机标定。多摄像机标定就是为了确定多视环境中各个摄像机的内参，以及在同一世界坐标系下各个摄像机的外参，以用于确定三维空间坐标与二维图像坐标之间的对应关系。

3.1　摄像机成像模型

摄像机成像模型反映了透镜光学成像的几何关系，是摄像机标定的理论依据。针孔模型是透镜成像的理想状态，其最大的特点是成像关系是线性的。本节将对该模型进行介绍。

首先定义三个参考坐标系（图 3.1）：图像坐标系 O_0-uv 、摄像机坐标系 O_C-$X_CY_CZ_C$ 和世界坐标系 O_W-$X_WY_WZ_W$ 。其中图像坐标系中坐标 (u,v) 表示像素在图像平面所处的行和列，其度量单位为像素。摄像机坐标系表示以摄像机光心所处位置为原点，按照摄像机方位建立的坐标系，该坐标系的 X_C 轴、Y_C 轴所组成的平面与图像坐标系 u 轴、v 轴所组成的平面平行，Z_C 与光轴重合，原点 O_C（光心）到图像平面的距离即为焦距 f 。世界坐标系表示场景所处的坐标系。其中摄像机坐标系与世界坐标系的单位均为 mm。

对于空间中的三维点 $P(x_W,y_W,z_W)$ ，其在二维图像的投影为 $p(u,v)$ 。P 的单位为 mm，而 p 点的单位为像素，因此在计算图像坐标系与世界坐标系的关系时，首先需要统一二者的单位：在图像平面建立以 mm 为单位的物理坐标系，该坐标系以摄像机光轴与图像平面的交点为原点，其坐标轴与图像坐标系的坐标轴平行，如图 3.1 中的 O_1-xy 。对于电荷耦合器件（charge coupled device，CCD）摄像机而言，坐标系 O_0-uv 与 O_1-xy 之间的关系与像素的尺寸及 CCD 在摄像机中的位置有关，对于图像坐标系中的点 $p(u,v)$ ，与其在坐标系

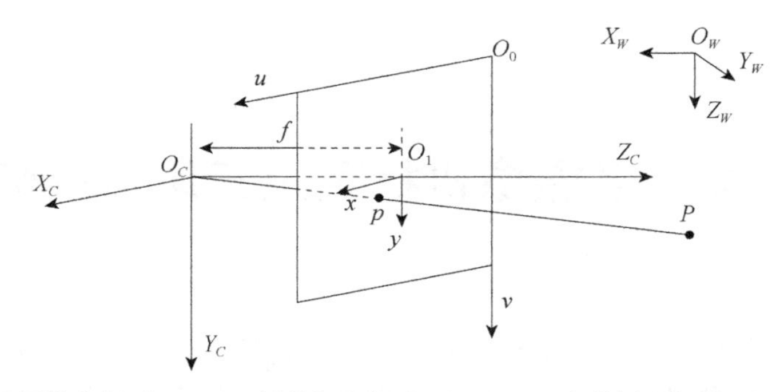

图 3.1　图像坐标系 O_0-uv 、摄像机坐标系 O_C-$X_CY_CZ_C$ 和世界坐标系 O_W-$X_WY_WZ_W$

O_1-xy 中的对应的点 (x,y) 的关系如下：

$$\begin{pmatrix} s_u \cdot (u-u_0) \\ s_v \cdot (v-v_0) \end{pmatrix} = \begin{pmatrix} x \\ y \end{pmatrix} \tag{3.1}$$

式（3.1）对应的齐次坐标形式为：

$$\begin{pmatrix} u \\ v \\ 1 \end{pmatrix} = \begin{pmatrix} 1/s_u & 0 & u_0 \\ 0 & 1/s_v & v_0 \\ 0 & 0 & 1 \end{pmatrix} \begin{pmatrix} x \\ y \\ 1 \end{pmatrix} \tag{3.2}$$

其中，$\begin{pmatrix} u_0 \\ v_0 \end{pmatrix}$表示摄像机光轴与图像平面交点的图像坐标，$s_u$、$s_v$为每个像素的 x 、y 方向的物理尺寸，如图 3.2 所示。

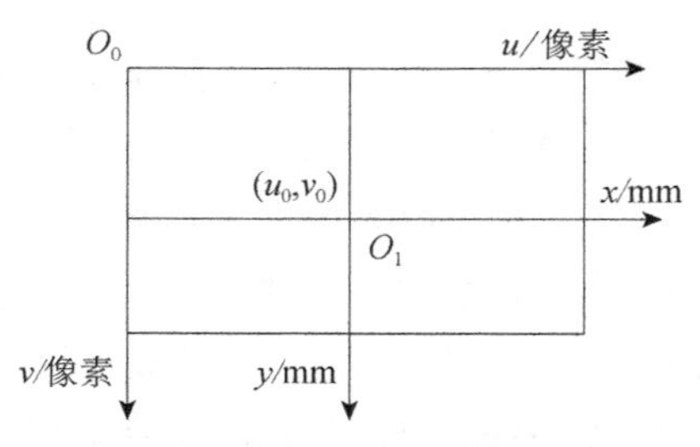

图 3.2　图像坐标系 O_0-uv 与成像平面物理坐标系的关系 O_1-xy

从图 3.1 可以看出，点 P 在世界坐标系的坐标与在摄像机坐标系中的坐标存在如下关系：

$$\begin{pmatrix} x_C \\ y_C \\ z_C \\ 1 \end{pmatrix} = \begin{bmatrix} R & T \\ 0 & 1 \end{bmatrix} \begin{pmatrix} x_W \\ y_W \\ z_W \\ 1 \end{pmatrix} \tag{3.3}$$

其中，R 为旋转矩阵，是 3×3 的正交矩阵；T 表示 3×1 三维平移向量。进而

建立摄像机坐标系 O_C-$X_CY_CZ_C$ 与图像平面物理坐标系 O_1-xy 的关系：

$$\frac{z_C}{f}=\frac{x_C}{x}=\frac{y_C}{y} \tag{3.4}$$

齐次坐标表示形式为：

$$z_C\begin{pmatrix}x\\y\\1\end{pmatrix}=\begin{bmatrix}f&0&0&0\\0&f&0&0\\0&0&1&0\end{bmatrix}\begin{pmatrix}x_C\\y_C\\z_C\\1\end{pmatrix} \tag{3.5}$$

式（3.6）给出了图像坐标系与世界坐标系之间的关系，即摄像机光学成像模型：

$$\begin{aligned}\begin{pmatrix}u\\v\\1\end{pmatrix}&=\frac{1}{z_C}\begin{pmatrix}1/s_u&0&u_0\\0&1/s_v&v_0\\0&0&1\end{pmatrix}\begin{bmatrix}f&0&0&0\\0&f&0&0\\0&0&1&0\end{bmatrix}\begin{pmatrix}x_C\\y_C\\z_C\\1\end{pmatrix}\\&=\frac{1}{z_C}\begin{bmatrix}f_u&0&u_0&0\\0&f_v&u_0&0\\0&0&1&0\end{bmatrix}\begin{bmatrix}R&T\\0&2\end{bmatrix}\begin{pmatrix}x_W\\y_W\\z_W\\1\end{pmatrix}\end{aligned} \tag{3.6}$$

其中，f_u、f_v、u_0、v_0 只与摄像机内部结构有关，称为摄像机内参；R、T 与摄像机在世界坐标系中的方位有关，称为摄像机的外参。

上述过程给出了摄像机光学成像的线性模型，即透镜成像的理想状态，而事实上，由于摄像机加工工艺和加工精度等原因，得到的二维图像往往存在着几何畸变，因此上述的线性模型就无法准确地描述摄像机几何成像过程，需要引入摄像机成像的非线性模型：

$$\begin{cases}u=u'+\delta_u\\v=v'+\delta_v\end{cases} \tag{3.7}$$

其中，(u,v) 为空间点在线性摄像机成像模型下的理想图像位置；(u',v') 为实际的图像坐标；δ_u 和 δ_v 表示非线性的畸变值。通常，畸变包括径向畸变和切向畸变，那么：

$$\begin{cases}\delta_u=u'(k_1(u'^2+v'^2)+k_2(u'^2+v'^2)^2)+u'(2p_1u'v'+p_2((u'^2+v'^2)^2+2u'^2))\\\delta_v=v'(k_1(u'^2+v'^2)+k_2(u'^2+v'^2)^2)+v'(2p_1u'v'+p_2((u'^2+v'^2)^2+2v'^2))\end{cases} \tag{3.8}$$

其中，k_1,k_2 为径向畸变系数；p_1,p_2 表示切向畸变系数。

3.2　摄像机标定

摄像机标定就是通过一些指定特征的图像坐标和世界坐标的对应关系求解摄像机模型的内外参数。内部参数即摄像机的内部几何特性和镜头光学特性，包括焦距、像素点的大小、图像平面原点的像素坐标和镜头畸变系数。外部参数即摄像机相对一个世界坐标系的三维位置和方向，包括旋转矩阵和平移向量。对于多个摄像机的标定，还要标定这些摄像机的相对位置。

摄像机标定法根据是否需要标定参照物，通常分为传统摄像机标定方法和摄像机自标定方法。传统摄像机标定方法[52-54]是利用形状、尺寸已知的特定标定物，经过图像处理，利用一系列数学变换和计算方法，求取摄像机的外参和内参，这类方法精度较高，但是计算复杂；自标定法[55-57]不依赖于标定物，仅利用摄像机在运动过程中周围环境的图像与图像之间的对应关系直接进行标定，这类方法不需要特定的参考标定物，灵活性强，但是鲁棒性差，精度不高。

1）传统摄像机标定方法

传统摄像机标定方法需要利用三维几何信息已知的参照物，对参照物的要求很高，可以得到比较精确的标定结果。一般来说，根据计算思路的不同，传统摄像机标定方法可以分为利用最优化算法的标定方法、利用摄像机透视变换矩阵的标定方法、考虑畸变补偿的两步法和更为合理的双平面标定方法等。

（1）利用最优化算法的标定方法。

最优化算法综合考虑摄像机成像过程中的各种非线性因素，建立图像与物体间的约束关系，然后通过最优化方法对模型进行求解。这一类摄像机标定方法的优点是可以假设摄像机的光学成像模型非常复杂，包括成像过程中的各种因素，得到很高的标定精度。但是，优化算法取决于摄像机的初始值，如果初始值给得不恰当，则很难通过优化程序得到正确的结果。

对摄像机参数标定精度要求不高的场合，可以采用传统最优化算法的简化算法——直接线性定标法（direct linear transformation，DLT）[52]。直接线性定标法不考虑成像过程的非线性畸变因素，建立像点坐标和物点坐标的直接的线性关系。

（2）利用摄像机透视变换矩阵的标定方法。

一般来说，联系三维空间坐标系与二维图像坐标系的方程是摄像机内部参数和外部参数的非线性方程。如果忽略摄像机镜头的非线性畸变并且把透视变换矩阵中的元素作为未知数，给定一组三维空间点和对应的图像点，就可以利用线性方法求解透视变换矩阵中的各个元素。严格来说，基于摄像机针孔模型的透视变换矩阵方法与直接线性变换方法没有本质的区别，而且透视变换矩阵与直接线性变换矩阵之间只相差一个比例因子。基于两者都可以计算摄像机的内部参数和外部参数。这一类定标方法的优点是不需要利用最优化方法来求解摄像机参数，且运算速度快，但是它的缺点是标定过程中不考虑镜头的非线性畸变，标定精度受到影响。

（3）考虑畸变补偿的两步法。

上述利用最优化算法的标定方法和利用摄像机透视变换矩阵的标定方法忽略了非线性因素的影响，尽管有人也利用这两个模型加入非线性因素，但使得求解问题复杂了许多。Tsai[58]提出了考虑畸变因素的两步法标定方法。首先采用透视矩阵变换的方法求解线性系统的摄像机参数，再考虑畸变因素，以求得的参数为初始值，利用最优化方法来提高标定精度。由于切向畸变是非线性畸变多项式中的三阶因子，考虑切向畸变需要引进更多的标定参数，会使求解过程变得相当复杂，因此 Tsai 的标定方法只考虑径向畸变而不考虑切向畸变。普遍认为一般对于摄像机考虑到二阶畸变因子（即径向畸变）就能达到很好的精度要求。

（4）双平面标定方法。

Martins 等人[59]提出了双平面标定方法。双平面模型不同于针孔模型，不要求投射到成像平面上的光线必须通过光心，在成像平面的前面插入两个标定平面，如果给定成像平面上任意一点，便能算出标定平面上的相应点，则利用一组标定点，建立彼此独立的插值公式。虽然插值公式是可逆的，但其逆过程需要一个搜索算法，所以建立的模型一般是用于图像到标定平面的映射过程。但是，这种方法的未知数的个数达到 24 个（每个平面 12 个），存在过度参数化的倾向，同时图像点与标定点的变换公式需要通过经验确定。

2）摄像机自标定方法

摄像机自标定方法不需要使用任何标定物，而是通过对同一静态场景多次拍摄，利用相互的约束关系标定，精度稍差。

目前，对摄像机自标定技术的研究主要有以下几种。

（1）基于本质矩阵和基础矩阵分解的摄像机标定。

这种方法在图像之间建立匹配点，然后根据匹配点求解本质矩阵或基础矩阵，进而通过本质矩阵或基础矩阵的分解得到摄像机的内参和外参。

（2）基于绝对二次曲线和外极线变换的摄像机标定。

这种方法首先根据摄像机多次运动求取外极线变换，并求取二次曲线的像；然后通过 Kruppa 方程联系外极线变换与绝对二次曲线的像，从而获取摄像机的内参和外参。

（3）基于主动视觉的摄像机标定方法。

这种方法主动控制摄像机的运动，通过控制得到的特定运动（如给定的平移运动或旋转运动）来约束摄像机内外参数的求解方程。

（4）分层逐步标定法。

该方法先对图像序列做射影重建，在重建的基础上标定仿射参数；然后通过非线性优化算法求得摄像机内外参数。

在上述方法中，以基于 Kruppa 方程的自标定算法研究较多，应用也较为广泛。

3）介于传统摄像机标定方法和摄像机自标定方法之间的方法

张正友提出一种介于传统摄像机标定方法和摄像机自标定方法之间的平面标定法（张氏标定法）[60]。它既避免了传统摄像机标定方法的设备要求高、操作烦琐等缺点，又比摄像机自标定的精度高、鲁棒性好。

在标定过程中，首先在不考虑径向畸变的情况下，利用旋转矩阵的正交性，通过求解线性方程，得到摄像机的内部参数和外部参数；然后利用最小二乘法估算摄像机的径向畸变系数；最后利用再投影误差最小准则，对内外参数进行优化。也就是说计算顺序依次是投影矩阵、内部参数和外部参数，最后进行优化。其推导在下面会给出详细说明。

3.3 张氏标定算法

根据以上算法的分析，张氏标定法仅需要一块棋盘标定板，操作简单，标定精度高，因此本章采用张氏标定法作为标定模块的算法。

3.3.1 原理推导

此法中定义模板平面落在世界坐标系 $Z=0$ 平面上。用 r_i 表示旋转矩阵 R 的

每一列向量，那么对平面上的每一点，有

$$s\begin{bmatrix}u\\v\\1\end{bmatrix}=A\begin{bmatrix}r_1 & r_2 & r_3 & T\end{bmatrix}\begin{bmatrix}X\\Y\\0\\1\end{bmatrix}=A\begin{bmatrix}r_1 & r_2 & T\end{bmatrix}\begin{bmatrix}X\\Y\\1\end{bmatrix} \tag{3.9}$$

其中，A 表示摄像机的内参矩阵，s 表示尺度因子，进而令 $\overline{M}=\begin{bmatrix}X & Y & 1\end{bmatrix}^{\mathrm{T}}$，$\overline{m}=\begin{bmatrix}u & v & 1\end{bmatrix}^{\mathrm{T}}$，则式（3.9）可写为

$$s\overline{m}=H\overline{M} \tag{3.10}$$

其中，$H=A[r_1 \quad r_2 \quad T]$。

这样，在模板平面上的点和它的像点之间建立了一个单应性映射 H，又称单应性矩阵或投影矩阵。如果已知模板点的空间坐标和图像坐标，那么就已知 $\overline{m}$ 和 $\overline{M}$，可以求解单应性矩阵 H。

因为

$$H=\begin{bmatrix}h_{11} & h_{12} & h_{13}\\h_{21} & h_{22} & h_{23}\\h_{31} & h_{32} & 1\end{bmatrix} \tag{3.11}$$

导出

$$\begin{cases}su=h_{11}X+h_{12}Y+h_{13}\\sv=h_{21}X+h_{22}Y+h_{23}\\s=h_{31}X+h_{32}Y+1\end{cases} \tag{3.12}$$

所以

$$\begin{cases}u=\dfrac{h_{11}X+h_{12}Y+h_{13}}{h_{31}X+h_{32}Y+1}\\v=\dfrac{h_{21}X+h_{22}Y+h_{23}}{h_{31}X+h_{32}Y+1}\end{cases} \tag{3.13}$$

将分母乘到等式左边，则有

$$\begin{cases}uXh_{31}+uYh_{32}+u=h_{11}X+h_{12}Y+h_{13}\\vXh_{31}+vYh_{32}+v=h_{21}X+h_{22}Y+h_{23}\end{cases} \tag{3.14}$$

又令 $h'=\begin{bmatrix}h_{11} & h_{12} & h_{13} & h_{21} & h_{22} & h_{23} & h_{31} & h_{32}\end{bmatrix}^{\mathrm{T}}$，则

$$\begin{bmatrix}X & Y & 1 & 0 & 0 & 0 & -uX & -vY\\0 & 0 & 0 & X & Y & 1 & -vX & -vY\end{bmatrix}h'=\begin{bmatrix}u\\v\end{bmatrix} \tag{3.15}$$

令 $S=\begin{bmatrix}X & Y & 1 & 0 & 0 & 0 & -uX & -vY\\0 & 0 & 0 & X & Y & 1 & -vX & -vY\end{bmatrix}$，那么将多个对应点的方程联合

起来可以得到 $Sh'=0$ 。则该方程的最小二乘解即是 $S^{\mathrm{T}}S$ 最小的特征值所对应的特征向量。将该向量归一化即得到要求的 h' ，进而得到 H。但是这样线性解法得到的解通常都不是最优的，可以利用上面两组等式中的任意一组，构造评价函数，用 LM（Levenberg-Marquardt）算法进一步求更精确的计算结果。这样就得到了图像和模板平面间的单应性矩阵。

在求取单应性矩阵后，进一步求得摄像机的内参数。首先令 h_i 表示 H 的每一列向量，需要注意到上述方法求 H 和真正的单应性矩阵之间可能相差一个比例因子 λ，因此式中的 H 可写成

$$[h_1 \quad h_2 \quad h_3]=\lambda A\,[r_1 \quad r_2 \quad T] \tag{3.16}$$

又因为 r_1 和 r_2 是单位正交向量，所以有

$$\begin{aligned} &h_1^{\mathrm{T}} A^{-\mathrm{T}} A^{-1} h_2 = 0 \\ &h_1 A^{-\mathrm{T}} A^{-1} h_1 = h_2^{\mathrm{T}} A^{-\mathrm{T}} A^{-1} h_2 \end{aligned} \tag{3.17}$$

这样就为内参数的求解提供了两个约束方程。因为一个 H 矩阵有 8 个自由度，而外参数有 6 个参量（3 个旋转分量和 3 个平移分量），所以只能得到关于内参数的两个约束。

令

$$B = A^{-\mathrm{T}} A^{-1} = \begin{bmatrix} B_{11} & B_{12} & B_{13} \\ B_{21} & B_{22} & B_{23} \\ B_{31} & B_{32} & B_{33} \end{bmatrix} \tag{3.18}$$

显然 B 是一个对称矩阵，所以它可以由一个 6 维向量 b 来定义，即

$$b=[B_{11} \quad B_{12} \quad B_{22} \quad B_{13} \quad B_{23} \quad B_{33}]^{\mathrm{T}} \tag{3.19}$$

令 H 的第 i 列向量为 $h_i=[h_{i1} \quad h_{i2} \quad h_{i3}]$，则

$$h_i^{\mathrm{T}} B h_i = V_{ij}^{\mathrm{T}} b \tag{3.20}$$

其中

$$V_{ij}=\left[h_{i1}h_{j1} \quad h_{i1}h_{j2}+h_{i2}h_{j1} \quad h_{i2}h_{j2} \quad h_{31}h_{j1}+h_{i1}h_{j3} \quad h_{31}h_{j1}+h_{i3}h_{j3} \quad h_{i3}h_{j3}\right]^{\mathrm{T}}$$

将内参数的两个约束写成关于 b 的两个方程

$$\begin{bmatrix} V_{12}^{\mathrm{T}} \\ V_{11}^{\mathrm{T}} - V_{22}^{\mathrm{T}} \end{bmatrix} b = 0 \tag{3.21}$$

如果有 n 幅图像的话，把它们的方程式叠加起来，可得

$$Vb=0 \tag{3.22}$$

其中，V 是一个 $2n\times 6$ 的矩阵。

当 $n>2$ 时，解线性方程可得一个带有比例因子的 b ；当 $n=2$ 时，方程的个

数少于未知数的个数，可以假定内参 A 中的两坐标轴夹角为 90°；当 $n=1$ 时，两个方程只能解两个未知数，可以假定光心投影在图像的中心，从而求出摄像机在水平和垂直方向上的放大倍数。

因为 $B=\lambda A^{-\mathrm{T}}A^{-1}$，而比例因子 λ 为常量，暂不考虑，那么：

$$B^{-1}=AA^{\mathrm{T}}=\begin{bmatrix} b_1 & b_2 & b_3 \\ b_2 & b_4 & b_5 \\ b_3 & b_5 & b_5 \end{bmatrix} \quad (3.23)$$

其中，令 $A=\begin{bmatrix} a_1 & a_2 & a_3 \\ 0 & a_4 & a_5 \\ 0 & 0 & a_6 \end{bmatrix}$。

利用 Cholesky 分解就可得内参：

$$\begin{cases} a_6=\sqrt{b_6} \\ a_5=\dfrac{b_5}{a_6} \\ a_4=\sqrt{b_4-a_5{}^2} \\ a_3=\dfrac{b_3}{a_6} \\ a_2=\dfrac{b_2-a_3a_5}{a_4} \\ a_1=\sqrt{b_1-a_2^2-a_3^2} \end{cases} \quad (3.24)$$

最后利用内参矩阵 A 和单应性矩阵 H，对每幅图计算它的外参数。

在线性求解得到摄像机内外参数后，再利用最大似然估计对这个结果进行提炼。假设有 n 幅关于模板平面的图像，模板平面上有 m 个标定点，那么可建立评价函数：

$$C=\sum_{i=1}^{n}\sum_{j=1}^{m}\left\|m_{ij}-m(A,R_i,t_i,M_j)\right\|^2 \quad (3.25)$$

其中，m_{ij} 是第 i 幅图像中的第 j 个像点；R_i 是第 i 幅图坐标系的旋转矩阵；t_i 是第 i 幅图坐标系的平移向量；M_j 是第 j 个点的空间坐标；$m(A,R_i,t_i,M_j)$ 是通过这些已知量求得的像点坐标。使评价函数最小的 A、R_i、t_i、M_j 就是这个问题的最优解。这是一个经典的非线性最小二乘问题，可再一次使用 Levenberg-Marquardt 算法来求解。

3.3.2 畸变模型

张氏标定法用的畸变模型与一般的畸变模型不同。

一般的非线性畸变模型用数学描述可表示为

$$\begin{aligned}\overline{x} &= x + \delta_x(x, y) \\ \overline{y} &= y + \delta_y(x, y)\end{aligned} \tag{3.26}$$

其中，$(\overline{x}, \overline{y})$为由针孔线性模型计算出来的图像点坐标的理想值；$(x, y)$是实际图像点的坐标；$\delta_x$和$\delta_y$表示非线性畸变。那么非线性畸变模型如下：

$$\begin{aligned}x_d &= x_u(1 + k_1 r^2 + k_2 r^4 + k_5 r^6) + (2k_3 x_u y_u + k_4(r^2 + 2x_u^{\ 2})) \\ y_d &= y_u(1 + k_1 r^2 + k_2 r^4 + k_5 r^6) + (k_3(r^2 + 2y_u^{\ 2}) + 2k_4 x_u y_u)\end{aligned} \tag{3.27}$$

其中，x_d和y_d的第一项$x_u(1 + k_1 r^2 + k_2 r^4 + k_5 r^6)$和$y_u(1 + k_1 r^2 + k_2 r^4 + k_5 r^6)$为径向畸变，第二项$(2k_3 x_u y_u + k_4(r^2 + 2x_u^{\ 2}))$和$(k_3(r^2 + 2y_u^{\ 2}) + 2k_4 x_u y_u)$为切向畸变；$(x_u, y_u)$为由针孔线性模型计算出来的图像点的理想坐标，$(x_d, y_d)$为图像点的实际坐标；$k_1$、$k_2$、$k_3$、$k_4$和$k_s$为畸变系数；$r^2 = x_u^{\ 2} + y_u^{\ 2}$。

3.3.3 标定算法流程

标定算法流程如下。

步骤 1，检测出棋盘中所有角点，即确定角点的二维坐标。

角点检测是摄像机标定中很重要的一步工作，关系到最后的标定精度。这是因为角点的图像坐标值是求解摄像机参数必不可少的已知条件，并且其精度直接影响标定精度。

本章采用由粗到精的检测策略，分两步进行。

（1）估计棋盘内部角点的大概位置：利用 Harris 算子[61]估计角点的大概位置。

（2）在上一步结果的基础上精确定位角点位置：通过迭代来发现具有子像素精度的角点位置。原理是基于对向量正交性的观测，即从中央点q到其邻域点p的向量和p点处的图像梯度正交（服从图像和测量噪声）。

步骤 2，计算出棋盘中所有角点的三维坐标。

从左往右、从上往下对角点编码 1, 2, …, 35，取标定板上左上角的角点为原点$(0,0,0)$，以标定板较长的一条边为x轴，另一条边为y轴，板上其他角点的x, y方向的坐标依次为 80mm 的整数倍，所有点的z坐标取为 0，这样所有角点的空间坐标值就得到了，记为$M_i = (X_i, Y_i, 0)$。

步骤 3，采用张氏标定法标定所有摄像机的内参。

利用上面所述的张氏标定法标定摄像机的内参，在标定时，选取 8 张标定图片进行标定。这是因为从理论上只要获取 3 张图片，便可以完成单个摄像机的标定，但是从实际结果看，利用 3 张图片对测量系统进行标定，得到的结果往往会有较大的误差，而适当地增加标定的图片可以较好地提高标定精度。然而，标定的图片也不宜过多，否则会影响标定速度，一般 6～8 张图片比较合适。

步骤 4，利用张氏标定法标定摄像机的外参并统一世界坐标系。

这里将内外参分别标定，除了内参不可变，只需要标定一次的原因外，还有一个就是便于统一摄像机的坐标系。传统的统一方法是根据各自的 R 和 T，利用式（3.28）来确定其相对位置关系，从而建立一个公共的世界坐标系（通常以其中一个摄像机坐标系作为公共世界坐标系）。

$$
\begin{aligned}
R_{21} &= R_2 R_1^{\mathrm{T}} \\
T_{21} &= T_2 - R_2 R_1^{\mathrm{T}} T_1
\end{aligned}
\tag{3.28}
$$

其中，R_1 和 T_1 为左摄像机的外部参数；R_2 和 T_2 为右摄像机的外部参数；以左摄像机为基准，R_{21} 和 T_{21} 则表示从右摄像机坐标系转化为左摄像机坐标系的旋转和平移。

这种方法一方面需要额外标定 $n-1$ 次；另一方面，在后续多目数据融合过程中，还要转换各双目下标记点的坐标以使其在全局范围内具有唯一的坐标，这不仅增加了工作量，而且标记点的三维坐标精度也会随着二次标定造成的累积误差而下降。为了避免上述情况，我们在外参标定过程中，限制标定板的位置来统一摄像机的坐标系，也就是说在拍摄标定板图像时，要求标定板位于所有摄像机的公共视野区域范围内。这样既标定了摄像机的外部参数，又使它们在统一的坐标系下工作。

3.3.4　标定实验结果

1. 实验环境

在 Visual　C++ 6.0 平台上开发，实验中拍摄场地为 $7\times7\mathrm{m}^2$，光照均匀，布置 8～16 台摄像机，其中摄像头如图 3.3 所示。多个摄像机使用一个棋盘标定板（每个格子 80mm，7×5 个交叉角点，如图 3.4 所示）。

图 3.3 实验所用摄像头

图 3.4 标定板

2. 误差检验

为了检验标定结果的准确性，采用如下方法对标定结果进行验证。

（1）利用标定得到的内部参数 A、外部参数 $[R \quad T]$，对标定板做一个正向的投影变换，可以得到在这种内外部参数条件下标定板上角点的图像坐标值 $m_i = (u_i, v_i)$。

（2）比较所有的理论值 m_i 和实际图像中的对应角点的坐标值。

（3）根据均方误差（mean square error，MSE）计算误差。

3. 标定结果

使用摄像机拍摄处于不同位置的标定板图像，共 8 幅。对其中一个摄像机标定，其结果如图 3.5 所示（仅取其中一幅为例）。

(a) 标定前

(b) 标定后

图 3.5 标定前和标定后的模板图（见彩图）

内参数矩阵（以 mm 为单位）：

$$\begin{bmatrix} 927.728271 & 0.000000 & 362.380066 \\ 0.000000 & 906.584595 & 247.379227 \\ 0.000000 & 0.000000 & 1.000000 \end{bmatrix}$$

畸变系数（以 mm 为单位）:

$$[-0.124523 \quad 0.252887 \quad -0.004653 \quad 0.010119]$$

表 3.1 给出了标定板图像中角点的理想坐标与实际坐标的偏差，其中角点标号对应于标定板中从左到右、从上到下的交叉点（如图 3.5 中彩色线条连接的点）。

表 3.1　图 3.5 所示标定板图像中角点的理想坐标与实际坐标的偏差（单位：像素）

角点标号	x 方向的误差	y 方向的误差	角点标号	x 方向的误差	y 方向的误差
1	0.077557	0.042892	19	−0.104385	0.011642
2	−0.151489	0.079437	20	0.098450	0.055557
3	0.107269	−0.055176	21	−0.102386	0.072189
4	0.105225	0.006500	22	0.043152	0.002991
5	−0.096710	−0.036316	23	−0.210861	−0.070007
6	0.062790	−0.088959	24	0.129372	0.035736
7	−0.121460	0.043671	25	0.041916	−0.177246
8	0.124191	0.012894	26	0.039520	0.054291
9	−0.182755	0.048157	27	0.106964	−0.007721
10	0.166313	0.032013	28	−0.020782	0.041321
11	0.016266	−0.028915	29	−0.080536	0.093506
12	−0.073074	0.018295	30	−0.162125	0.010681
13	0.025497	−0.070740	31	0.146286	−0.120483
14	−0.145233	−0.031586	32	−0.037704	−0.044434
15	0.040794	−0.004028	33	0.080566	−0.011200
16	−0.107712	0.029938	34	0.114166	0.048950
17	0.064468	−0.126694	35	0.034744	0.168335
18	0.056885	−0.064560			

从上述所得数据结果可以看出，张氏标定法标定误差小，精度高，能够满足大部分目标检测、跟踪的需求。

3.4　三维重建算法

用立体视觉方法进行三维重建，在计算机视觉中是指由两幅或多幅两维图像恢复物体三维几何形状的方法。主要有传统的利用标定结果直接重建法[62]（即最小二乘解线性方程组法）、运动不确定重建法[63]和公垂线重建法[64]。

1. 直接重建法

场景中的同一特征在左右图像中的位置会有差异，这种差异叫作视差。如果得到场景中的一点在左右两幅图像中的视差，则可以进行该点空间坐标的求解，得到这个点的三维位置。其重构原理如图 3.6 所示。

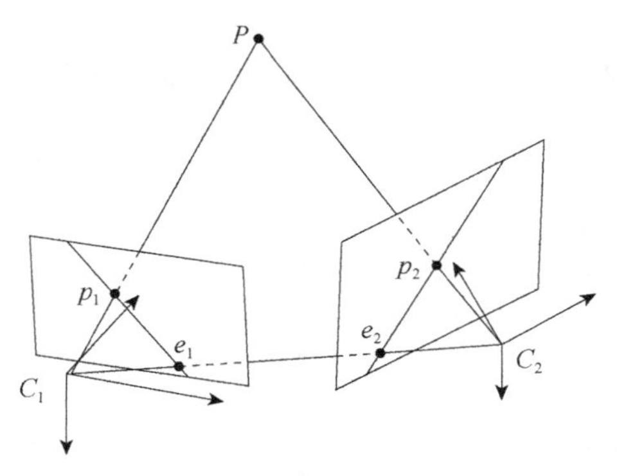

图 3.6　直接重建法示意图

假定空间任意点 P 在两个摄像机 C_1 与 C_2 上的图像点 p_1 与 p_2 已经从两个图像中分别检测出来，即已知 p_1 与 p_2 为空间同一点 P 的对应点。假定 C_1 与 C_2 摄像机已标定，其投影矩阵分别为 M_1 与 M_2。令

$$M_1=\begin{bmatrix} m_{11}^1 & m_{12}^1 & m_{13}^1 & m_{14}^1 \\ m_{21}^1 & m_{22}^1 & m_{23}^1 & m_{24}^1 \\ m_{31}^1 & m_{32}^1 & m_{33}^1 & m_{34}^1 \end{bmatrix},\quad M_2=\begin{bmatrix} m_{11}^2 & m_{12}^2 & m_{13}^2 & m_{14}^2 \\ m_{21}^2 & m_{22}^2 & m_{23}^2 & m_{24}^2 \\ m_{31}^2 & m_{32}^2 & m_{33}^2 & m_{34}^2 \end{bmatrix}$$

于是有：

$$Z_{C_1}\begin{bmatrix} u_1 \\ v_1 \\ 1 \end{bmatrix}=\begin{bmatrix} m_{11}^1 & m_{12}^1 & m_{13}^1 & m_{14}^1 \\ m_{21}^1 & m_{22}^1 & m_{23}^1 & m_{24}^1 \\ m_{31}^1 & m_{32}^1 & m_{33}^1 & m_{34}^1 \end{bmatrix}\begin{bmatrix} X \\ Y \\ Z \\ 1 \end{bmatrix} \tag{3.29}$$

$$Z_{C_2}\begin{bmatrix} u_2 \\ v_2 \\ 1 \end{bmatrix}=\begin{bmatrix} m_{11}^2 & m_{12}^2 & m_{13}^2 & m_{14}^2 \\ m_{21}^2 & m_{22}^2 & m_{23}^2 & m_{24}^2 \\ m_{31}^2 & m_{32}^2 & m_{33}^2 & m_{34}^2 \end{bmatrix}\begin{bmatrix} X \\ Y \\ Z \\ 1 \end{bmatrix} \tag{3.30}$$

其中，$(u_1,v_1,1)$ 与 $(u_2,v_2,1)$ 分别为 p_1 与 p_2 点在各自图像中的图像齐次坐标；$(X,Y,Z,1)$ 为 P 点在世界坐标系下的齐次坐标；m_{ij}^k $(k=1,2;i=1,2,3;\ j=1,2,3,4)$ 分别为 M_k 的第 i 行第 j 列元素。在式（3.29）和式（3.30）中消去 Z_{C_1} 或 Z_{C_2}，得到如下线性方程：

$$\begin{cases}(u_1m_{31}^1 - m_{11}^1)X + (u_1m_{32}^1 - m_{12}^1)Y + (u_1m_{33}^1 - m_{13}^1)Z = m_{14}^1 - u_1m_{34}^1 \\ (v_1m_{31}^1 - m_{21}^1)X + (v_1m_{32}^1 - m_{22}^1)Y + (v_1m_{33}^1 - m_{23}^1)Z = m_{24}^1 - v_1m_{34}^1\end{cases} \tag{3.31}$$

$$\begin{cases}(u_2m_{31}^2 - m_{11}^2)X + (u_2m_{32}^2 - m_{12}^2)Y + (u_2m_{33}^2 - m_{13}^2)Z = m_{14}^2 - u_2m_{34}^2 \\ (v_2m_{31}^2 - m_{21}^2)X + (v_2m_{32}^2 - m_{22}^2)Y + (v_2m_{33}^2 - m_{23}^2)Z = m_{24}^2 - v_2m_{34}^2\end{cases} \tag{3.32}$$

由解析几何知，两个平面的交为一条直线，三维空间的平面方程为线性方程，因此两个平面方程联立可得空间直线的方程，因此式（3.31）、式（3.32）的几何意义是过 O_1p_1（或 O_2p_2）的直线。由于空间点 P 是 O_1p_1 与 O_2p_2 的交点，它必然同时满足式（3.31）和式（3.32）。因此，可将式（3.31）和式（3.32）联立求出 P 点的坐标 (X,Y,Z)。事实上，只需要其中 3 个等式就可以解出 X,Y,Z。也就是说，式（3.31）和式（3.32）中，只有 3 个独立方程，这是因为我们已经假设 p_1 与 p_2 为空间同一点 P 的对应点，因此已经假设了直线 O_1p_1 与直线 O_2p_2 一定相交，或者说，四个方程必定有解，而且解是唯一的。在实际应用中，由于数据总是有噪声的，可用最小二乘法求出 X,Y,Z。

2. 运动不确定重建法

直接重建法能够满足一般的应用要求，但是当将恢复的三维物点再根据投影方程投影到图像平面时，误差就会很大，这种误差对于图像的跟踪来说，是不能接受的，因此考虑采用存在运动不确定性的三维重建方法。这种方法的优化准则是，将三维重建的特征点再投影到图像平面上的点和实际跟踪的图像点的距离最小作为约束条件，即使式（3.33）最小：

$$d = \sum_{i=1}^{2}\left[\left(u_i - \frac{M_{11}x + M_{12}y + M_{13}z + M_{14}}{M_{31}x + M_{32}y + M_{33}z + M_{34}}\right)^2 + \left(v_i - \frac{M_{21}x + M_{22}y + M_{23}z + M_{24}}{M_{31}x + M_{32}y + M_{33}z + M_{34}}\right)^2\right] \tag{3.33}$$

其中，(x,y,z) 为空间点坐标。分别对它们求偏导数，若使 d 最小，则要求偏导数为零，即

$$\begin{cases}f_1(x,y,z) = \partial_d / \partial_x = 0 \\ f_2(x,y,z) = \partial_d / \partial_y = 0 \\ f_3(x,y,z) = \partial_d / \partial_z = 0\end{cases} \tag{3.34}$$

式（3.34）所得的方程组是一个非线性方程组，可以采用牛顿迭代法求解空间点 (x,y,z)。

3. 公垂线法重建法

空间点 P 在两个摄像机上的一对匹配点分别是 p_1 与 p_2 ，从理论上说，如果摄像机 C_1 的光心和 p_1 的连线是 l_1 ，摄像机 C_2 的光心和 p_2 的连线是 l_2 ，则两条射线正好相交于空间点 P 。但问题是，由于噪声等因素的影响，以及摄像机的标定和图像特征点提取误差的影响，在实际应用中这两条射线一般不会正好相交。为了解决对应像点匹配有误差时模型点的空间坐标定位问题，采取公垂线法求解，即将这两条直线的共垂线的中点作为空间点 P 的位置，如图 3.7 所示。以下进行详细推导。

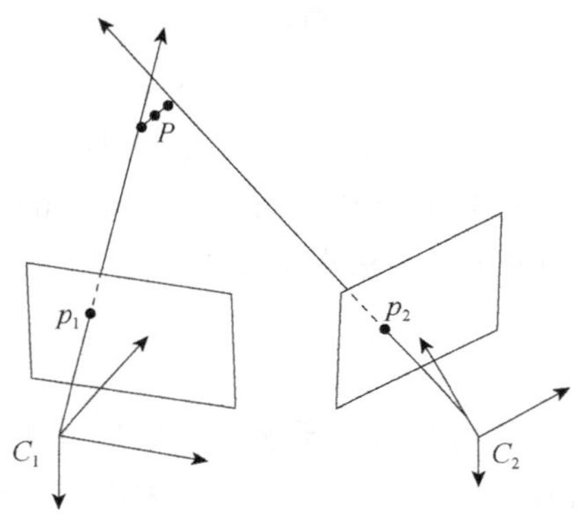

图 3.7 公垂线法示意图

公垂线法在同名像点匹配无误差和有误差时，均可较准确求出模型点的三维坐标，具体过程如下。

如果直线 l_1 用矢量 $a \cdot p_1$（ a 是实数）表示，则直线 l_2 可以用矢量表示为 $T + b \cdot R^{\mathrm{T}} p_2$（ b 是实数），其平移向量 T 和旋转矩阵 R 表示两个摄像机的相互位置关系。用 w 表示这两条直线的距离矢量，它同时垂直于这两条直线，可以用数学公式表示为 $c \cdot p_1 \times R^{\mathrm{T}} p_2$（ c 是实数），则 w 的中点的坐标就是空间点 P 的位置。利用这些矢量的位置关系，可以得到以下公式：

$$a \cdot p_1 - b \cdot R^{\mathrm{T}} p_2 + c \cdot (p_1 \times R^{\mathrm{T}} p_2) = T \tag{3.35}$$

利用式（3.35）建立方程，求解未知数 a 、 b 、 c ，进而得到空间点 P 的三维坐标。

具体算法流程如下。

（1）由于已经完成匹配的图像点是在各自图像坐标系下的坐标，首先将其转换到各自摄像机坐标系下的坐标，用以确定直线矢量方向。

（2）利用式（3.35）建立方程，求解未知数 a 、 b 、 c 。

（3）矢量 w 的中点位置就是空间点 P 的坐标，即 $a \cdot p_1 + c \cdot p_1 \times R^{\mathrm{T}} p_2$。

（4）将结果输出并保存。

为了便于采集点的二维图像坐标和三维测量坐标度量和展示，以下实验以标定板上的角点为对象进行展示。在此列出 10 个点进行说明：实验点的测量三维数据如表 3.2 所示；在第一个双目下求得的三维坐标及它与测量值的误差如表 3.3 所示；在第二个双目下求得的三维坐标及它与测量值的误差如表 3.4 所示。

表 3.2　10 个点的测量三维坐标

点的标号	X 坐标/mm	Y 坐标/mm	Z 坐标/mm
1	0.000000	0.000000	0.000000
2	80.000000	0.000000	0.000000
3	160.000000	0.000000	0.000000
4	240.000000	0.000000	0.000000
5	320.000000	0.000000	0.000000
6	400.000000	0.000000	0.000000
7	480.000000	0.000000	0.000000
8	0.000000	80.000000	0.000000
9	80.000000	80.000000	0.000000
10	160.000000	80.000000	0.000000

表 3.3　点在第一个双目下的坐标值与误差

点的标号	X 坐标/mm	Y 坐标/mm	Z 坐标/mm	误差/mm
1	0.846375	0.385712	1.586548	1.839091
2	80.677521	0.308563	1.316040	1.512021
3	160.615631	0.315979	0.925415	1.155525
4	239.826294	0.141022	0.661865	0.698661
5	319.337158	−0.748566	−1.694580	1.967565
6	401.332092	0.902527	2.965332	3.373754
7	481.187073	0.419312	1.842407	2.231463
8	1.082520	81.044159	2.879761	3.248867
9	77.981262	78.911499	−4.631348	5.168125
10	160.801117	80.624207	2.143677	2.372082

表 3.4　点在第二个双目下的坐标值与误差

点的标号	X 坐标/mm	Y 坐标/mm	Z 坐标/mm	误差/mm
1	0.164490	0.081818	−0.383423	0.425164
2	79.441345	0.355988	1.344238	1.498599
3	159.596069	0.276489	1.879639	1.942331
4	239.552368	0.484009	0.673828	0.942700

续表

点的标号	X坐标/mm	Y坐标/mm	Z坐标/mm	误差/mm
5	320.723114	0.781006	1.844971	2.129972
6	398.677643	0.810944	2.449097	2.899023
7	479.214142	0.376556	1.189819	1.474801
8	0.612671	80.648834	1.382568	1.645554
9	80.673401	79.276398	−1.464844	1.767155
10	160.866150	79.346191	−2.529297	2.752276

采用的误差检验方法如下。

（1）对摄像机进行标定。

（2）给出点的二维图像坐标。由于计算三维坐标要求输入的二维坐标点必须是由摄像机成像模型所使用的针孔线性模型计算出来的图像点的理想坐标，因此需要根据标定结果对给出的点坐标进行校正。

（3）给出点的三维测量坐标。

（4）比较点的三维测量坐标和实际求出的三维坐标的欧氏距离，数值越小，表示误差越小。

从上述结果看出，给定三维点的重建误差均在 10mm 范围内。但是该方案没有考虑双目视觉中匹配误差的统计分布特征，因此公垂线法不是统计意义上误差最小的空间位置恢复方案。所以检测的二维匹配误差要限制在一定的范围内，否则三维坐标恢复就变得不准确了。

从上述结果还可以看出，同一个点在两个不同双目下的坐标几乎相同，这说明了在标定阶段的坐标统一策略是成功的。

3.5 本章小结

本章从摄像机成像模型出发，介绍了摄像机标定原理及方法，重点针对张氏标定法原理、过程及部分实验结果进行了展示，并进一步基于摄像机标定技术，针对多视视频中三维检测跟踪这一应用，介绍了三维坐标重建技术。

第 4 章　视频中的多运动目标检测

视频中的运动目标检测是从包含运动目标的视频序列中将运动目标所处的区域提取处理，是进一步运动目标跟踪、多视点关联的基础。在经典的背景差分、瞬时差分的基础上，本章根据基于标记点的运动捕捉这一任务，介绍无明显特征区分的标记点的检测。

4.1　结合瞬时差分和背景差分的运动目标检测

运动目标分割检测的目的是从图像序列中将变化区域提取出来。针对基于标记点的运动捕获这一实际应用，本节使用基于瞬时差分和背景差分相结合的方法。

基于瞬时差分的方法可以快速地从图像序列中检测出运动目标，效率较高，但是当运动目标在场景中静止一段时间，则会发生运动目标丢失；基于背景差分的方法，在固定背景或简单背景下，可以从背景中有效地检测出运动目标（图 4.1）。针对基于标记点的运动捕捉这一任务中，在人体上粘贴的标记点一般为与外界环境相差比较大的物体，尤其与人体穿的衣服对比明显，所以实践中将瞬时差分法和背景差分这两种方法结合。

(a) 背景图

(b) 室外场景实验图

(c) 背景差分后结果

图 4.1　基于背景差分的运动目标检测

（1）基于背景差分的前景目标提取，首先需要拍摄一段包含静止背景的视频，计算平均背景图像 B 。

$$B=\frac{1}{N}\sum_{i=1}^{N}f_i \tag{4.1}$$

其中，N表示视频中包含的图像帧数，f_i表示视频中的第i帧图像。

（2）对于当前运动图像f_k，首先根据瞬时差分法得到前景目标f_k'，然后通过背景差分获取前景$f_k''=f_k-B$，最后将f_k'和f_k''结合得到前景目标$F_k=f_k'+f_k''$。进一步对前景目标进行二值化，形态学处理，即可得出人体轮廓。

结合瞬时差分和背景差分的运动目标检测方法对于简单场景相减效果一般很好，得到的差分结果往往大于特定阈值。但是当背景和前景相似、噪声较多或场景中存在阴影时，其检测效果并不理想，此外由于背景区域与前景区域的差分值相差较小，难以选择阈值，因而检测出的前景中将会出现许多不连接的块。本节使用了改进的差分计算方法，结果如图4.2所示，其计算方式如下：

$$\begin{cases}F(x,y)=1-\dfrac{2\sqrt{(a(x,y)+1)(b(x,y)+1)}}{(a(x,y)+1)+(b(x,y)+1)}\cdot\dfrac{2\sqrt{(256-a(x,y))(256-b(x,y))}}{(256-a(x,y))+(256-b(x,y))}\\0\leqslant F(x,y)<1\\0\leqslant a(x,y),b(x,y)\leqslant 255\end{cases} \tag{4.2}$$

其中，$a(x,y)$和$b(x,y)$分别是当前帧和背景图像在像素点位置(x,y)处的灰度值，可以减轻由像素灰度值特别大或特别小带来的影响。

(a) 第k帧图像

(b) 背景图像

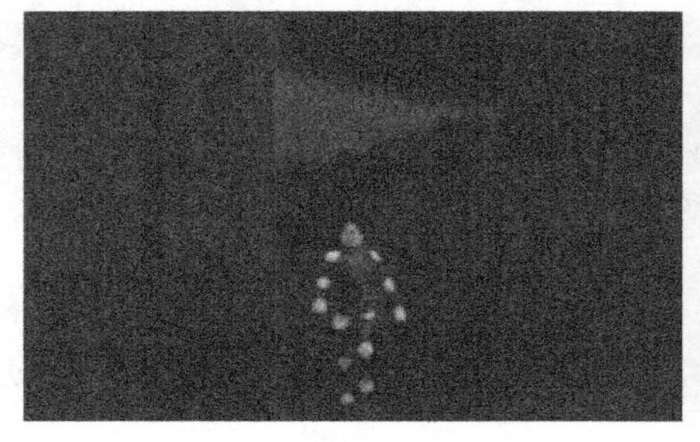

(c) 差分后的图像

(d) 二值化（阈值=10）后的图像

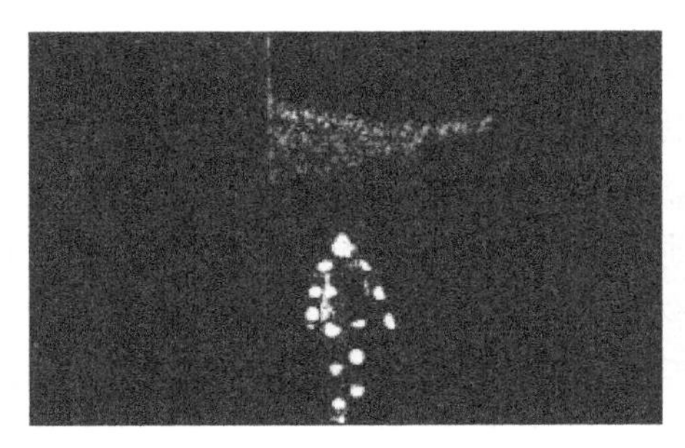

(e) 二值化（阈值=20）后的图像

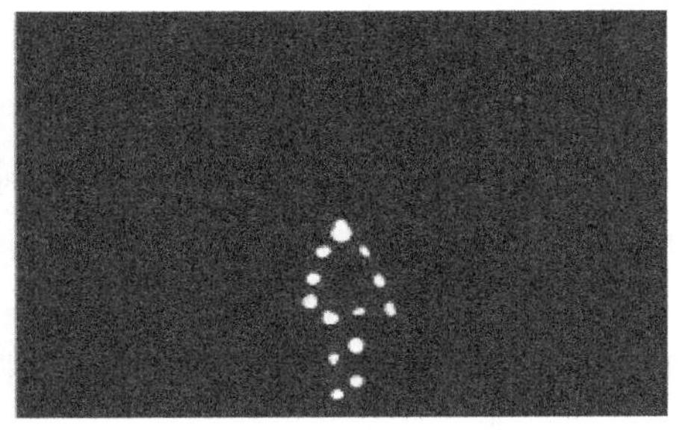

(f) 中值滤波后的二值化（阈值=20）图像

图 4.2　基于背景相减法的标记点检测结果

4.2　基于形态学处理的标记点检测

对于基于标记点的运动捕获任务，首先提取出人体目标的轮廓，然后从人体轮廓中提取粘贴在人体关节处的标记点，标记点检测是标记点匹配和跟踪的前提。但在大多数情况下，由于遮挡、光照的原因，不能完全提取所有的标记点。以下将针对这一问题给出解决方法。

在人体轮廓中，采用二值化和形态学处理的方法，检测图像中白色标记点的轮廓，同时获取标记点特征：面积、平均灰度、标记点轴长（近似为椭圆形），根据提取出标记点面积的大小对标记点进行以下处理。

（1）对于单个的可见标记点，提取一阶矩作为标记点的中心。

$$\begin{cases} x_c = \dfrac{M_{10}}{M_{00}}, y_c = \dfrac{M_{01}}{M_{00}} \\ M_{00} = \sum\limits_x \sum\limits_y I(x,y) \\ M_{10} = \sum\limits_x \sum\limits_y xI(x,y) \\ M_{01} = \sum\limits_x \sum\limits_y yI(x,y) \end{cases} \tag{4.3}$$

其中，(x_c, y_c) 表示标记点中心的图像坐标，(x,y) 为标记点区域内像素点的坐标，$I(x,y)$ 为对应于坐标 (x,y) 处的像素点的像素值。

（2）对于标记点交叉混合重叠时的识别与分类。

统计标记点的平均面积，对于交叉情况下面积约为平均面积的 2 倍或 3 倍，使用面积判断重合标记点的个数，利用 K-means 算法进行聚类，对每个聚类出的标记点利用式（4.3）求取中心。

（3）对于标记点亮度值低、检测不到的情况。

对于一些亮度值低（像素值小）的标记点，经过给定阈值二值化后，这些标记点可能就消失了，从而无法检测到。对于这种情况，因为亮度值低的标记点的 R, G, B 分量的方差在轮廓内与其他非标记点存在差异，所以根据这个信息，就可以人为地提高标记点的亮度，然后根据标记点的面积重新检测。对于对比度和亮度实在太差的标记点，采用手工标记的方法指定标记点位置。图 4.3 所示为标记点检测流程图。

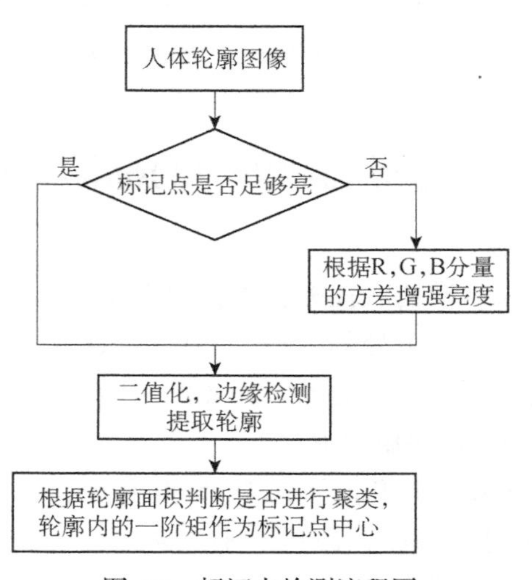

图 4.3　标记点检测流程图

图 4.4 显示了使用上述检测算法后的检测结果以及一些中间结果。其中图 4.4（a）为室外大范围环境下拍摄的当前帧图像。图 4.4（b）为室外一段背景图像序列的平均背景图像。图 4.4（c）为对人体预测区域进行标记点加亮处理后的图像，标记点加亮结果还是相当不错的。图 4.4（d）为对当前帧图像预测区域内进行背景差分处理，将预测区域外的所有像素点的像素值置为 0 后的结果，标记点附近仍有干扰点存在。图 4.4（e）为对图 4.4（d）进行中值滤波后结果，由图可知，图 4.4（d）中标记点附近的干扰点已被去除干净。图 4.4（f）为对图 4.4（e）进行标记点聚类后的结果，即当前图像最后的标记点检测结果，并且在图中标注了标记点检测的序号。

图 4.5 描述了使用上述方法的结果。图 4.5（a）中使用绿色方框包围了圆形标记点，表示已经被检测到。图 4.5（b）中绿色方框表示使用一般二值化取阈值后，检测轮廓得到的结果，而红色圆圈包围的标记点代表多个标记点重合时的检测分离，由结果可以看出，图中的 5、9 和 7 这三点分离得很好。

(a) 当前帧图像（室外）

(b) 平均背景图像

(c) 预测区域内标记点加亮处理

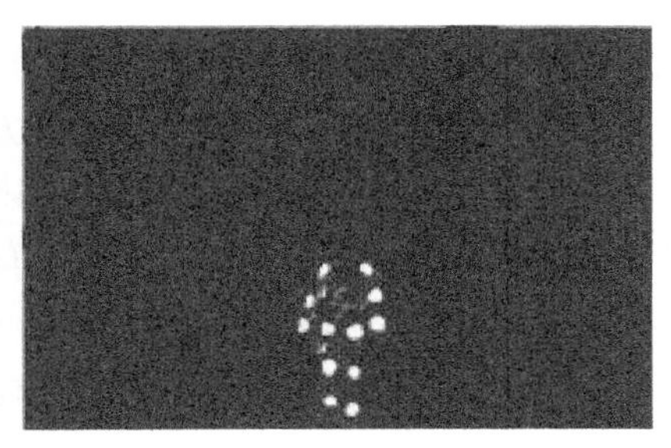

(d) 预测区域外像素值置 0 处理

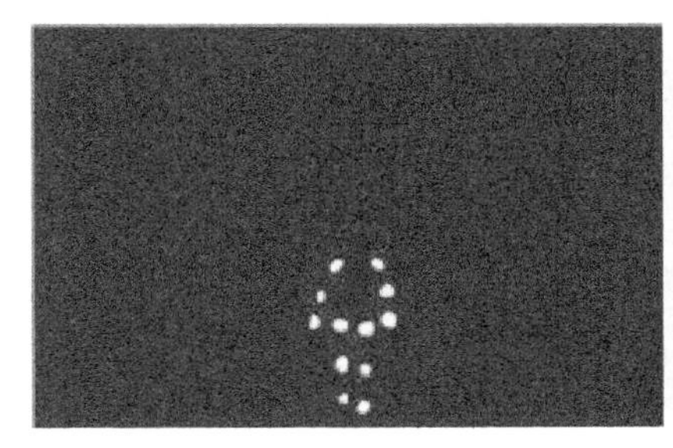

(e) 对图 (d) 中结果中值滤波后结果

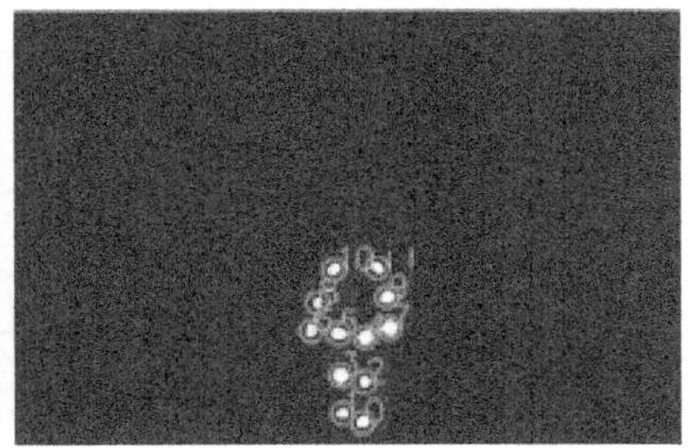

(f) 聚类并标注标记点后的结果

图 4.4　标记点检测结果

(a)

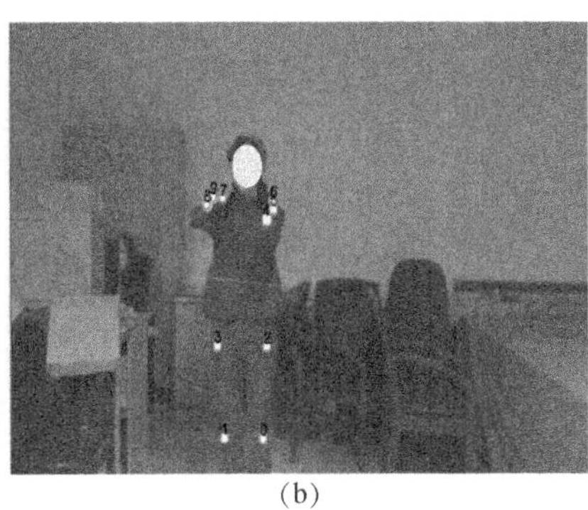

(b)

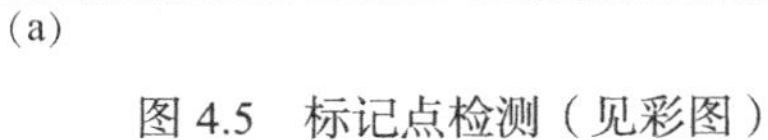

图 4.5　标记点检测（见彩图）

4.3　基于 Harris 角点检测的标记点检测

在大多数情况下，由于遮挡、光照的原因，不能完全提取所有的标记点，以下对这一问题给出解决方法。

在使用统一阈值进行标记点检测时，有些标记点因为光照、身体遮挡等原因有时不能被检测到，若降低二值化中使用的阈值，则将引入一些其他噪声点，不利于标记点检测。实际拍摄的图像中标记点与其周围的人体部分灰度相差很大，因此可利用 Harris 角点检测的方法来解决这类问题。

Harris 算子是 Harris 和 Stephens 提出的一种基于信号的点特征提取算子[61]，具有计算简单、提取出的角点分布均匀合理及算子稳定的特点。算法思想是：在图像中设计一个局部检测窗口，当该窗口沿各个方向做微小移动时，计算窗口内的平均能量变化，当该能量变化值超过设定的阈值时，就将窗口的中心像素点提取为角点。记像素点 (x,y) 的灰度为 $f(x,y)$，图像的每个像素点 (x,y) 移动 (u,v) 的灰度强度变化表示为

$$\begin{aligned}E_{x,y}(x,y)&=\sum_{u,v}w_{u,v}\left(f(x+u,y+v)-f(x,y)\right)^2\\&=\sum_{u,v}w_{u,v}\left(u\frac{\delta f}{\delta x}+v\frac{\delta f}{\delta y}+o\left(u^2+v^2\right)\right)^2\end{aligned}\tag{4.4}$$

其中，$w_{u,v}$ 是高斯窗相对像素 (x,y) 移动 (u,v) 后对应的位置系数。Harris 算子就是通过微分运算和相关矩阵来检测角点的。

实验中为了有效快速提取人身体上的标记点，对背景进行布置，采用黑色布做背景，进行采集实验，基于 Harris 角点检测得到的标记点如图 4.6 所示。

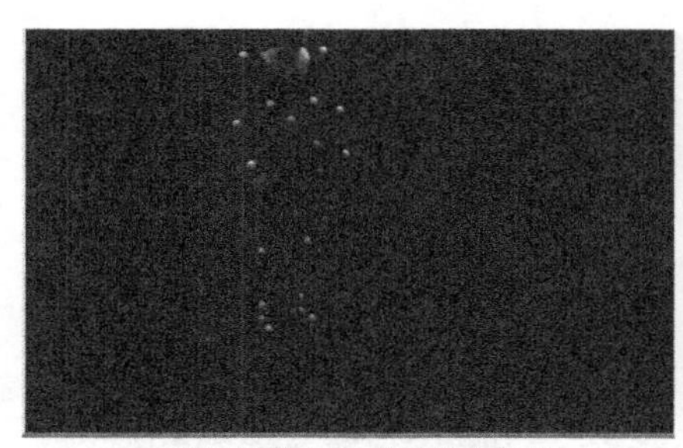

(a) 黑色布为背景的实验图

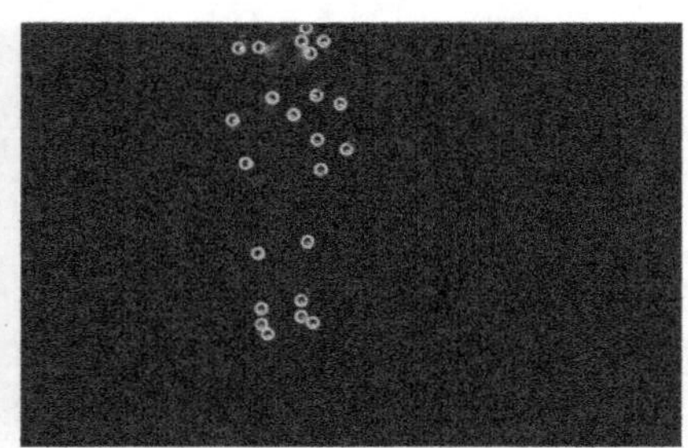

(b) 检测结果

图 4.6　Harris 角点检测标记点

4.4　基于迭代阈值的标记点检测

当用阈值进行标记点检测时，传统的固定阈值法、迭代法、自适应阈值法等方法在实践中存在如下问题：固定阈值法难以确定具体的阈值，且对光线较敏感；迭代法迭代次数较多，速度慢，结果不一定合适；自适应阈值运算速度慢，得到的二值化的特征点可能并非标记点。基于迭代阈值的标记点检测方法与传统方法相比，可通过增加一些先验知识，如视频采集的硬件环境、运动捕获中标记点的个数等，以较快的速度得到最终阈值，并能够适应光线的变化。

以下分别从图像预处理和特征点的定位两个环节展开。

1）预处理

预处理目的就是得到标记点的二值化阈值和去除噪声点的影响。常见的二值化方法包括动态二值化、局部加窗和形态学处理。在二值化阶段，为了适应光线的变化，根据标记点个数等先验知识，采用迭代法确定阈值。具体算法如下。

选择的阈值为 T_0：

$$T_0 = (T_{max} + T_{min}) / 2 \tag{4.5}$$

其中，T_{max} 为初始最大阈值，T_{min} 为最小阈值。

在运动捕获中标记点的个数是事先知道的，设投影到图像上的标记点个数最多为 N。因为在捕捉的过程中可能存在噪声点，所以图像上实际检测到的特征点个数大于 N，设为 N_0。

具体步骤如下。

（1）用式（4.5）得到阈值，并进行二值化，再检测轮廓的个数 n_0。

（2）若满足过程结束条件，则结束；否则，执行步骤（3）。

（3）若 $n_0 > N_0$，则更新 $T_{min} = T_0$；若 $n_0 < N_0$，则更新 $T_{max} = T_0$。

（4）继续执行步骤（1）。

当 $n_0 > N_0$ 或迭代次数大于最大迭代次数 N_{max}，上述过程停止。

二值化后，根据标记点的特征排除噪声点的影响，进行轮廓提取。根据特征提取算法，提取目标区域的形状特征和尺寸特征。运动捕获的标记点，经摄像机成像后为圆形（由于光照的影响，有时近似圆形）。所以可以根据形状和面积特征，剔除伪特征点，进而得到真正的标记点特征，为特征点匹配做好准备。

2）特征点的定位

定位就是获取特征点在图像中的位置，这将用于下一帧特征点的预测和运动数据的三维重建，因此定位的精度是影响三维重建精度的重要因素。质心法是一种常见的亚像素定位法，且定位精度高。本章就采用质心法对特征点进行定位。

经过上述特征点识别后得到特征点的轮廓，在轮廓区域内用质心法求取特征点的亚像素级位置。

$$\begin{cases} x_c = \sum_i \sum_j x I_{i,j} \Big/ \sum_i \sum_j I_{i,j} \\ y_c = \sum_i \sum_j y I_{i,j} \Big/ \sum_i \sum_j I_{i,j} \end{cases} \tag{4.6}$$

其中，(x_c, y_c) 为特征点定位的坐标，$I_{i,j}$ 为轮廓区域内像素位置 (x, y) 处的灰度值。

将迭代阈值标记点检测方法用于基于标记点的手部运动捕捉中，效果如图 4.7 所示，自适应阈值的方法仅仅得到了标记点的位置。

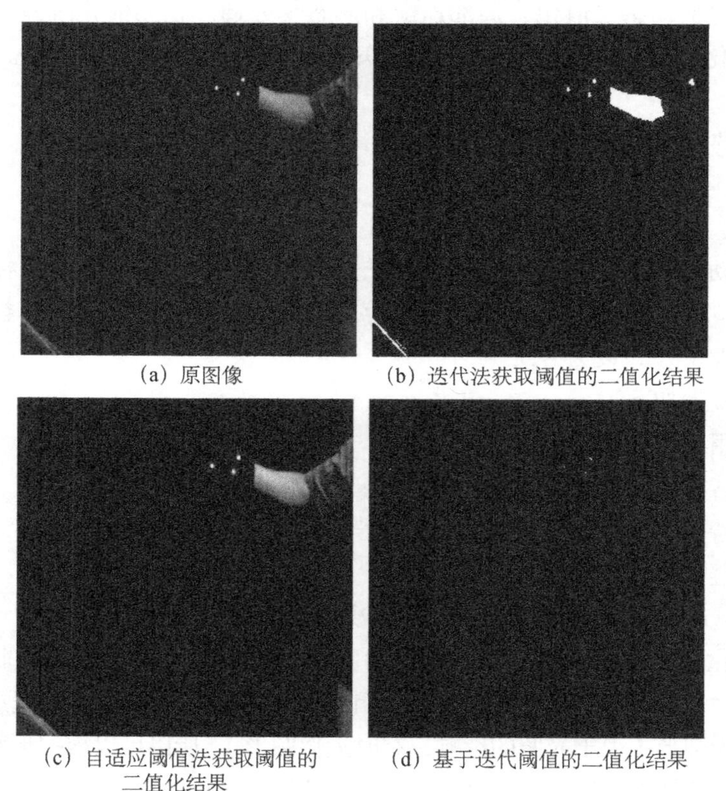

(a) 原图像　(b) 迭代法获取阈值的二值化结果

(c) 自适应阈值法获取阈值的二值化结果　(d) 基于迭代阈值的二值化结果

图 4.7　基于迭代阈值的方法与传统方法结果的对比（见彩图）

4.5　本章小结

本章在运动捕获应用中的多标记点的检测方面，分别针对室内、室外环境，给出了瞬时差分和背景差分相结合的标记点检测方法、基于形态学处理的标记点检测方法、基于 Harris 角点检测的方法及基于迭代阈值的标记点检测方法及实验结果，从而为后续研究提供有效的数据来源。

第 5 章　红外小目标检测

在红外图像目标检测中，由于红外图像自身具有较大的随机噪声和非均匀性干扰，给背景估计带来困难，从而影响目标的提取。尤其是对于红外图像中弱小目标的检测，目标成像在红外焦平面上尺寸小、信噪比低，且有时受自然气象条件（天气、风速、风向、气温、太阳辐射等）、背景环境（天空、地表）等因素的影响，很难有效地实时分离目标。因此近些年来，红外小目标的检测研究工作已愈来愈为人们所重视。弱小目标检测算法总体来说包括两大步骤[65-67]：第一步，对单帧图像进行背景抑制，找出少量候选目标点；第二步，根据目标像素在图像序列中运动的连续性原则，从候选目标中找到真正的目标点。奇异值分解（singular value decomposition，SVD）滤波方法以其良好的数值稳健性和自适应性常被用于图像的背景抑制与去噪中[68,69]，该方法可以有效地抑制背景，但过度地抑制也会将淹没在背景中的小目标排除在候选目标之外而使其丢失，这就无法有效进行第二步以获得真正的目标；粒子滤波（particle filter，PF）方法因能处理非线性、非高斯问题被广泛应用于动态系统状态估计中[70,71]，具有简单灵活、适用范围广和鲁棒性高的优点，但当图像中存在小目标被噪声遮挡时，会出现目标运动状态预测错误以致检测错误的现象。出现这一现象的原因是粒子滤波用于目标跟踪的过程实际是一个模板匹配与更新的过程，当小目标被遮挡时会引起目标区域灰度值的变化，若此时对目标模板不恰当地更新就会引起预测错误。

针对红外图像中小目标漏检和误检问题，本章介绍一种 SVD 背景抑制和粒子滤波相结合的红外小目标检测方法。该方法基于 SVD 背景抑制和粒子滤波，通过设定新的粒子滤波模板更新规则，使目标参考模型在目标被抑制的情况下维持不变，在目标未被抑制的情况下通过确定的目标位置及时更新，这样可提高粒子滤波的预测稳健性，从而避免因粒子滤波预测错误而导致检测错误的问题；当小目标被过度抑制时，通过粒子滤波获得目标状态的最优估计来确定此时的目标位置，这样可有效地避免因过度抑制背景而导致小目标丢失无法正确检测的问题。

5.1　奇异值分解基本原理

设矩阵 A 为 $m\times n$ 矩阵，不妨设 $m\geqslant n$，且矩阵 A 的秩为 r，$r\leqslant n$。则它的奇异值分解（SVD）为：

$$A=U\Sigma V^{\mathrm{T}} \tag{5.1}$$

其中，U 为 $m\times m$ 正交矩阵；V 为 $n\times n$ 正交矩阵；Σ 为 $m\times n$ 奇异值矩阵，其一般形式为：

$$\Sigma=\begin{bmatrix} \Lambda_{r\times r} & 0_{r\times(n-r)} \\ 0_{(n-r)\times r} & 0_{(n-r)\times(n-r)} \\ 0_{(m-n)\times r} & 0_{(m-n)\times(n-r)} \end{bmatrix} \tag{5.2}$$

其中，$\Lambda_{r\times r}=\mathrm{diag}(\sigma_1,\sigma_2,\cdots,\sigma_r)$，$\sigma_1\geqslant\sigma_2\geqslant\cdots\geqslant\sigma_r>0$ 为矩阵 A 的非零奇异值；若 $U=[u_1\ u_2\ \cdots\ u_m]$，$V=[v_1\ v_2\ \cdots\ v_n]$，则式（5.1）为：

$$A=U\Sigma V^{\mathrm{T}}=\sum_{i=1}^{r}\sigma_i u_i v_i^{\mathrm{T}} \tag{5.3}$$

其中，σ_i 为矩阵 A 的第 i 个奇异值；$\sigma_i u_i v_i^{\mathrm{T}}$ 为由第 i 个奇异值 σ_i 分解重构出的矩阵，在这里称其为图像 A 的第 i 个成分，则矩阵可以认为是 r 个成分的线性和。

按照矩阵范数理论，奇异值常与向量 2 范数和矩阵 F 范数相关联：

$$\|A\|_2=\max_{x\neq 0}\frac{\|Ax\|_2}{\|x\|_2}=\sigma_1 \tag{5.4}$$

$$\|A\|_{\mathrm{F}}=\sqrt{\sum_{i=1}^{m}\sum_{j=1}^{n}|a_{ij}|^2}=\sqrt{\sum_{i=1}^{r}\sigma_i^2} \tag{5.5}$$

其中，a_{ij} 表示矩阵 A 中第 i 行第 j 列元素。

基于此，可以选择合适的成分重构图像，以满足特定的图像处理需求。如果关注图像的轮廓，则可以将奇异值较大的部分作为原始图像的近似，这在图像去噪和压缩中得到了广泛应用。如果更注重图像的细节，则选择奇异值较小的部分作为图像的近似，以去除大部分的图像背景，这就是背景的估计与抑制。

因此利用奇异值分解，通过选取合适的成分集重构图像，即选择特定的成分集 $S=\{i,j,\cdots,k\,|\,0<i,j,\cdots,k<r\}$ 重构矩阵，即可得到背景抑制后的图像 $\tilde{A}$：

$$\tilde{A}=\sum_{i\in S}\sigma_i u_i v_i^{\mathrm{T}}\quad S=\{i\,|\,0<i<r\} \tag{5.6}$$

5.2 粒子滤波基本原理

粒子滤波[11,72]是一种基于蒙特卡洛（Monte Carlo）模拟的非线性滤波方法，它的核心思想是用随机采样的粒子表达密度分布，适用于任何能用状态空间模型表示的非线性系统，以及传统卡尔曼滤波无法表示的非线性系统，精度可以逼近最优估计，是一种最通用的贝叶斯（Bayes）滤波方法。

将粒子滤波应用于目标状态估计需要通过一种递推估计的思想来估计出目标的当前状态。所谓目标状态一般指目标的空间位置，对于要求对目标姿态进行测量的场合，则目标的状态还可能包括目标的旋转角度、尺度等。粒子滤波算法最终求出的是一种后验概率的表示形式，并通过由若干粒子的加权来得到目标的状态估计。每个粒子表示目标状态空间中的一个点，目标的实际运动情况是这个状态空间中的一个解，通过衡量每个粒子与真实解的距离，距离小的粒子获得较大的权值，距离大的粒子获得较小的权值，那么所有粒子的加权即可表示目标运动状态的估计值。

下面阐述粒子滤波理论应用于目标状态估计问题的几个要点，主要包括目标的先验特征、系统状态转移、系统观测量、后验概率的计算和重采样。

（1）目标的先验特征。

一般是区别其他目标的特征，可以是人为指定的某种特征描述，如可以是目标的灰度分布特征、轮廓、颜色等。对目标特征的描述决定了贝叶斯滤波的先验概率形式，粒子滤波中每个粒子的初始状态也由此决定。

（2）系统状态转移。

指的是目标状态的时间更新过程。以求解 t 时刻目标状态的后验概率为例，由于运动目标的自主运动趋势一般比较明显，粒子传播可以是一种随机运动过程，当目标只是做平移运动，则其运动服从一阶自回归过程方程：

$$x_t = ax_{t-1} + w_{t-1} \tag{5.7}$$

其中，x_t 为目标在 t 时刻的状态，w_{t-1} 是归一化噪声量，a 是常数。显然，当 $a=1$ 时，t 时刻粒子的状态将是 $t-1$ 时刻的状态叠加一个噪声量。当考虑目标的状态传播具有速度或加速度时，应当采用高阶自回归模型。可以看出，t 时刻系统的状态转移过程与当前时刻的观测量无关，也就是说这一步假设目标状态将以何种方式传播，是先验概率的传播过程，但还不能确定每个粒子的传播是否合理，这就需要在系统观测过程中进行验证。

（3）系统观测量。

最直观的是指 t 时刻所得到的视频图像，可以是灰度图像，也可以是各种经过处理后所提取的特征量，比如颜色、轮廓、纹理、形状等。使用观测量对系统状态转移的结果进行验证，实际上是一个相似性度量的过程。由于每个粒子都代表目标状态的一个可能性，系统观测的目的就是使与实际情况相近的粒子获得的权值大一些，与实际情况相差较大的粒子获得的权值小一些。

（4）后验概率的计算。

一般可以采用两种准则：一是最大后验准则，即以得到最大权值的粒子的状态为最终后验概率的表示形式。目前一般跟踪方法都采取这种准则，这种准则很直观，即“最相似的就是可能性最大的”。二是加权准则，即各粒子根据自身权值大小决定其在后验概率中所占的比例。加权准则更能体现粒子滤波跟踪方法的优越性，由众多粒子根据各自重要性来综合决定最终结果，也就是最相似的占有最大的比例。

（5）重采样。

在传播过程中，有一部分偏离目标实际状态的粒子的权值会越来越小，以至于最终只有少数粒子具有大的权值，此时仍需花费计算资源在这些小权值粒子上。这些小权值粒子尽管也代表目标状态的一个可能性，但是当可能性太小时，应当忽略这部分粒子，而将重点放在可能性较大的粒子上。重采样技术在一定程度上可以缓解这个问题。抛弃部分权值过小的粒子，而从权值较大的粒子衍生出一些粒子。

这样构成了基于粒子滤波的整个目标状态预测框架（图 5.1），从 $t = 0$ 时刻开始，系统进行初始化，确定目标状态的先验概率表示形式，给各个粒子赋初始值。在下一时刻，首先进行系统状态转移，各粒子遵循一定的状态转移方程进行自身的状态传播；然后得到观测值，进行系统观测，计算各粒子的权值（与目标实际状态的相似度）；最后粒子加权，得到后验概率输出，同时粒子经过重采样继续进行系统状态转移，构成一个循环目标状态预测框架。

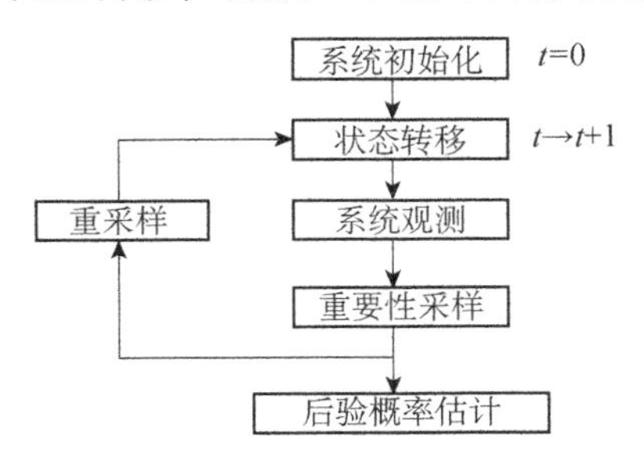

图 5.1　目标状态预测框架

根据目标状态预测框架，设系统 t 时刻的状态向量为 x_t，观测向量为 y_t 及观测序列 $y_{1:t}=\{y_1,y_2,\cdots,y_t\}$，则目标状态估计问题转化为计算后验概率 $p(x_t \mid y_{1:t})$。

粒子滤波的核心思想就是利用一组加权的随机样本 $\{x_t^{(n)},w_t^{(n)}\}_{n=1}^{N}$ 来近似表示后验概率 $p(x_t \mid y_{1:t})$，系统动态求解由贝叶斯迭代推理过程完成。其中 $x_t^{(n)}$ 表示第 n 个粒子，可由状态转移方程根据 $t-1$ 时刻的状态来计算，$w_t^{(n)}$ 表示第 n 个粒子的归一化权值，定义为

$$w_t^{(n)} = p(y_t \mid x_t^{(n)}), \quad \sum_{n=1}^{N} w_t^{(n)} = 1 \tag{5.8}$$

其中，$p(y_t \mid x_t^{(n)})$ 表示样本 $x_t^{(n)}$ 的观测概率，则 t 时刻的系统状态估计为

$$X_t = \sum_{n=1}^{N} w_t^{(n)} x_t^{(n)} \tag{5.9}$$

5.3 基于奇异值分解的背景抑制和粒子滤波的红外小目标检测

基于奇异值分解（SVD）的背景抑制和粒子滤波的联合检测算法步骤如下。

（1）利用 SVD 滤波方法对红外图像背景抑制，得到候选目标点。

（2）结合目标运动的连续性，采用粒子滤波算法预测目标的运动状态，得到一个目标搜索窗口。

（3）将 SVD 单帧检测得到的候选目标和粒子滤波预测得到的搜索窗口相结合进行判断：若搜索窗口内有候选目标点出现，则认为该目标为真实目标，并用此目标中心位置代替搜索窗口中心来更新粒子滤波中的目标参考模型，从而进一步精确目标位置，增强粒子滤波的预测稳健性；若搜索窗口内没有候选目标出现，则认为此帧目标被抑制掉，此时不更新目标参考模型，并将搜索窗口中心位置作为目标，这样通过结合粒子滤波上一帧的目标运动状态来获得此帧目标状态的最优估计，从而有效地解决目标被过度抑制的问题。

5.3.1 背景抑制

通过分析 SVD 的原理，可得与背景抑制有关的 SVD 主要理论特性如下。

（1）奇异值反映了矩阵的能量分布。奇异值愈大，其对应的成分占矩阵的比例就越大；奇异值愈小，其对应的成分占矩阵的比例就越小。

（2） 矩阵的扰动会使每个奇异值及相应的基底（矩阵分解后，SVD 奇异值对应的左右奇异矢量的内积）发生变化。奇异值越大，相同程度的扰动对它的影响越小；但是奇异值小的部分则会受到较大的扰动。

（3）对二维图像的 SVD 分解，奇异值大的部分对应的成分反映了图像的轮廓信息；奇异值小的部分对应的成分反映图像的细节部分。

因此，根据以上特性，将其应用于红外小目标检测的背景抑制中，关键就是要确定重构图像的成分集 S 。下面通过分析红外图像中小目标、背景与图像奇异值的关系，选取合适的集合 S 来重构图像，从而达到背景抑制的目的。

图 5.2 给出了云天背景下一幅无目标的红外图像（a）和同一场景下有目标的图像（b）；图（c）和图（d）分别为图（a）和图（b）对应的奇异值曲线；奇异值曲线由函数 $f(i)=20\lg(\lambda(i))$ （ $\lambda(i)$ 表示第 i 个奇异值）计算得到，图（e）为图（a）和图（b）的奇异值差值，图（f）为图（a）和图（b）的奇异值相对差。由于目标弱小且图像信噪比低，在图（b）中将目标圈出以使其清晰可见。

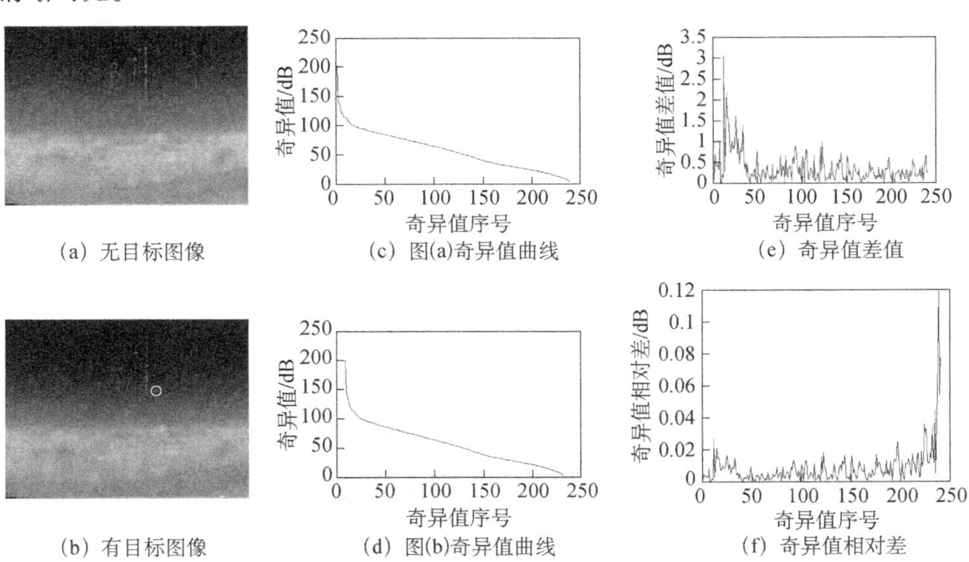

(a) 无目标图像　(c) 图(a)奇异值曲线　(e) 奇异值差值

(b) 有目标图像　(d) 图(b)奇异值曲线　(f) 奇异值相对差

图 5.2　红外图像中目标和背景与图像奇异值的关系

奇异值大小反映了对应成分在图像中占的比例。由图 5.2 可以看出，目标是否出现影响着图像的每一个奇异值，奇异值较大的部分（序号排在前面的奇异值）对应的相对差很小，序号排在中间位置的奇异值的相对差较大，奇异值小的部分（序号排在后面的奇异值）虽然相对变化很大，但由于其数值很小，对图像成分变化影响也很小。因此通过分析可以得出，奇异值大的部分所对应成分反映了背景信息；奇异值小的部分表征噪声特性；处于中间位置的部位往往反映了目标的变化。

根据上述分析，认为红外图像中小目标的成分集对应为中部，则经过 SVD 背景抑制后的图像可表示为

$$\hat{A} = \sum_{i=t_{\text{low}}}^{t_{\text{up}}} \hat{\lambda}_i u_i v_i^{\text{T}} \tag{5.10}$$

其中

$$\hat{\lambda}_i = \sum_{i=t_{\text{low}}}^{t_{\text{up}}} \sigma_i \Big/ \left(t_{\text{up}} - t_{\text{low}} + 1\right) \tag{5.11}$$

其中，t_{up} 和 t_{low} 是奇异值的上下截止点。对于截止点，可根据适当的门限准则来选取。通过实验发现，红外图像模型与可见光模型中各成分间奇异值关系类似，因此，t_{up} 可参照文献[73]，根据图像的强度来选择。分析表明，图像的第一个奇异值往往远大于其余奇异值[74]，并且在本算法中采用 SVD 背景抑制的目的是获取候选目标，因此为了在一定程度上避免漏检，t_{low} 的选择可直接排除第一个奇异值。

对图像进行背景抑制后，所得结果含有目标、少量噪声和背景残差。可用统计方法对图像进行阈值分割，根据 Neyman-Pearson 准则得到阈值分割门限[75]为

$$T = \mu + K\sigma^2 \tag{5.12}$$

其中，μ 和 σ^2 分别为图像的灰度均值和方差；K 为与虚警概率有关的系数，一般近似为图像的幅度信噪比。

采用 SVD 背景抑制，得到的实验结果如图 5.3 所示。

(a) 原始图像

(b) 候选目标

图 5.3　SVD 滤波结果

图 5.3 给出两个单帧图像背景抑制的实验结果。由实验结果可以看出，虽然

对单帧图像进行 SVD 滤波可以抑制大部分背景和噪声，但由于存在某些与目标特性相近的噪声，以及受分割阈值选取的影响，会出现两种难以确定目标的情况：一是同时检测到目标和噪声；二是真实目标未被检测到。因此下面将结合目标的运动特性，采用粒子滤波方法来预测目标在空间平面的位置，将预测结果和单帧检测得到的候选目标结果结合起来进行判决，提高检测性能，从而得到最终的小目标检测结果。

5.3.2　目标位置预测

根据粒子滤波的理论，将其应用于红外小目标位置预测中，其关键是要确定目标的状态转移模型和观测模型。

在实验中，用 X_t 表示目标 t 时刻的状态向量，通常为目标中心位置，由于粒子随机样本的多假设性使得粒子滤波并不十分依赖于系统的状态转移模型，因此采用二阶自回归模型作为状态转移模型来描述两帧之间的运动特性，即

$$X_t - X_{t-1} = X_{t-1} - X_{t-2} + U_t \tag{5.13}$$

其中，U_t 为零均值高斯随机过程。

下面通过比较参考目标和目标样本的相似性来确定目标的观测模型。对于红外目标，一般都没有明显的形状颜色信息，因此选择灰度分布特征描述红外目标，用直方图估计概率密度分布描述红外目标灰度分布，目标的灰度分布 $p_y = \left\{p_y^{(u)}\right\}_{u=1,\cdots,B}$（$B$ 为灰度量化等级）可表示为

$$p_y^{(u)} = \sum_{i=1}^{M} k\left(\left\|\frac{y - x_i}{h}\right\|^2\right)\delta\left[b(x_i) - \mu\right] \tag{5.14}$$

其中，y 表示目标的中心位置；x_i 表示目标区域中的像素位置；M 表示目标区域的总像素数；h 表示目标区域的大小；$k(\cdot)$ 表示核函数，选择高斯核函数；$\delta(\cdot)$ 为克罗内克符号（Kronecker symbol）；函数 $b(x_i)$ 为 x_i 的灰度值所属的灰度直方图中的条柱，然后对其进行归一化：

$$p_y^{(u)} = \frac{p_y^{(u)}}{\left(\sum_{i=1}^{M} k\left(\left\|\frac{y - x_i}{h}\right\|^2\right)\right)} \tag{5.15}$$

则对于目标样本的灰度直方图分布 $p^{(u)}$ 和参考目标的灰度直方图分布 $q^{(u)}$，系统的观测模型通过比较二者的相似性来建立，相似性度量采用巴氏（Bhattacharyya）系数[6]来定义：

$$D(p,q)=\sqrt{1-\sum_{u=1}^{B}\sqrt{p^{(u)}q^{(u)}}} \tag{5.16}$$

采用高斯密度作为测量灰度直方图的似然函数，则观测模型可定义为

$$p(y_i \mid x_i) \propto \mathrm{e}^{-\lambda D^2(p,q)/2} \tag{5.17}$$

其中，λ 为控制参数，则根据粒子滤波理论，样本的权值为

$$w_t^{(n)} = p(y_t \mid x_t^{(n)}) = \frac{1}{\sqrt{2\pi}}\mathrm{e}^{-\lambda D^2(p,q)/2} \tag{5.18}$$

由上可以看出，相似值越小，所对应的样本权值越大，代表样本越可靠。根据状态转移模型和观测模型得到 x_t 和 w_t 后，即可根据式（5.9）估计出 t 时刻的目标状态 X_t，得到 t 时刻目标中心位置 (x_0, y_0)。

5.3.3 算法实现

将 SVD 背景抑制和粒子滤波相结合进行目标检测的基本思想是：若粒子滤波预测窗口中有候选目标出现，则认为此目标为真实目标，并用此目标中心位置更新粒子滤波中的目标参考模型，从而增强粒子滤波的预测稳健性；若搜索窗口内没有候选目标出现，则认为目标被抑制掉，则此时不更新目标参考模型，并将预测窗口中心作为目标位置，这样通过结合粒子滤波上一帧的目标运动状态来获得当前帧目标状态的最优估计，从而有效地解决目标被过度抑制的问题。二者相辅相成，进而使该检测算法更鲁棒。

下面给出第 t 帧红外图像中小目标检测的具体步骤。

（1）对第 t 帧红外图像采用 SVD 滤波算法进行背景抑制，得到候选目标点。

（2）采用粒子滤波算法根据第 $t-1$ 帧图像中的目标状态预测第 t 帧图像中的目标状态。

①采样：从 $t-1$ 时刻样本集 $\left\{x_{t-1}^{(n)}, w_{t-1}^{(n)}\right\}_{n=1}^{N}$ 中，根据样本的权值 $w_{t-1}^{(n)}$ 选择 N 个样本。

②更新：根据状态转移方程计算 t 时刻样本集 $\{x_t^{(n)}\}_{n=1}^{N}$，并计算样本 $x_t^{(n)}$ 对应的权值 $wx_t^{(n)}$，并对权值进行归一化。

③选择性重采样：若有效粒子数目小于某阈值，选择 N 个权值相等的粒子。

④预测：计算样本均值 $X_t = \sum_{n=1}^{N} w_t^{(n)} x_t^{(n)}$，得到 t 时刻的目标中心位置 (x_0, y_0)。

（3）以 (x_0, y_0) 为中心、win-size 为半径的矩形窗口作为搜索窗口，在此窗口内搜索是否存在候选目标。

①若存在，则认为此目标为第 t 帧图像中的真实目标，同时根据此目标中心位置，采用 $q_t^{(u)} = (1-\alpha)q_{t-1}^{(u)} + \alpha p_{X_t}^{(u)}$（$\alpha$ 为模型更新系数，q_{t-1} 为第 $t-1$ 帧的参考模型，p_{X_t} 为第 t 帧图像 X_t 的目标模型）对参考模型进行部分更新。

②若不存在，考虑到预测错误的情况，目标点有可能在搜索窗口外围，则逐步扩大搜索窗口半径，使得 win-size = win-size + k（k 为窗口扩展参数，win-size < win，win 为预先设定的搜索窗口阈值）。若在此窗口内存在候选目标，则执行步骤（3）中的①；若此窗口内仍不存在候选目标，则认为目标被抑制掉，以预测的目标中心位置 (x_0, y_0) 作为目标中心，此时不更新目标参考模型。

那么第 t 帧红外图像中小目标检测算法的具体流程图如图 5.4 所示。

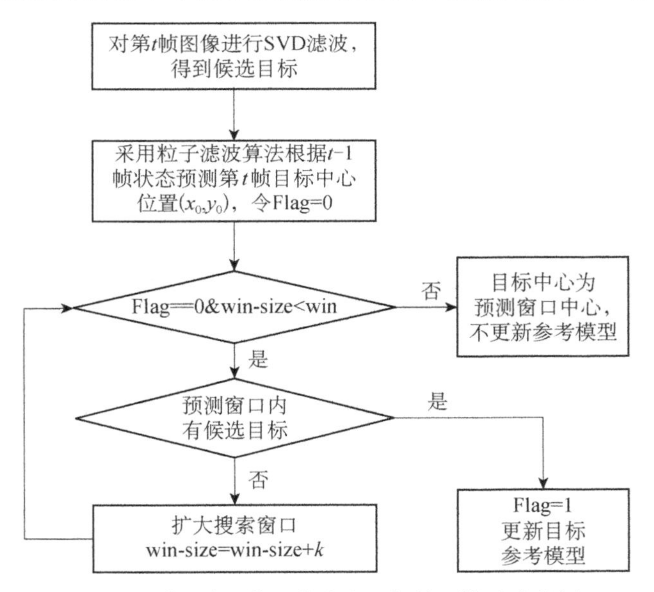

图 5.4　第 t 帧红外图像中小目标检测算法流程图

5.4　实验结果与分析

采用一组连续采集的 450 帧云天背景下的红外序列进行实验，单帧图像分辨率为 320×240 像素。实验中选用粒子数 $N=100$，预测窗口半径 win-size = 5，搜索窗口半径阈值 win = 10，窗口扩展参数 $k=2$，参考模型更新参数 $\alpha=0.2$。

以下实验结果图中的目标点及候选目标点均以红圈圈出，以示清楚。

实验中对本章所提方法和传统方法进行了对比，图 5.5 给出了对比结果。图 5.5（a）表明由于目标被背景淹没或受分割阈值影响，SVD 滤波会在抑制背景的同时将目标也抑制。由图 5.6（a）可以看出，序列第 343～第 450 帧中小目标被连续抑制，这是因为目标朝向云层运动，逐渐淹没于背景中，这时采用传统的基于 SVD 滤波的检测算法，由于候选目标中不包含真实目标，不能检测出目标。但采用本章所提方法，通过结合粒子滤波预测窗口，可检测出目标，图 5.6 给出了采用本章所提方法对第 395 帧图像检测的结果。

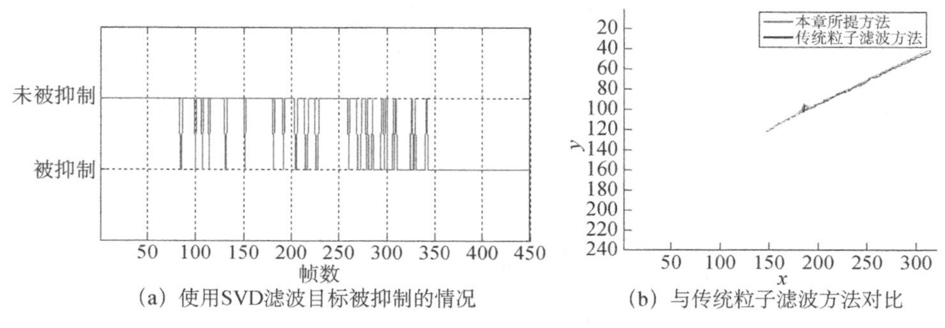

（a）使用SVD滤波目标被抑制的情况　（b）与传统粒子滤波方法对比

图 5.5　实验结果对比（见彩图）

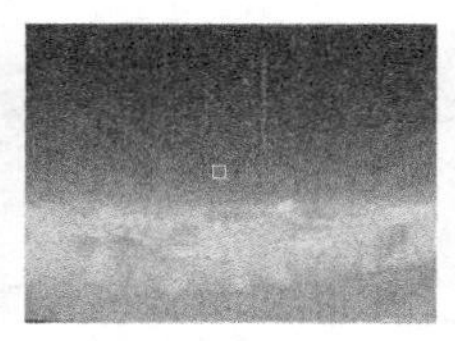

（a）原始图像第395帧　（b）SVD滤波后的结果　（c）粒子滤波预测　（d）最终检测结果

图 5.6　SVD 滤波抑制真实目标后的检测结果（见彩图）

图 5.5（b）为本章所提方法与传统的基于粒子滤波检测方法的对比结果，两条轨迹分别为采用两种方法检测到的目标中心位置(x_0, y_0)的连线。由图可以看出，传统方法的检测结果从某一帧开始一直在点（185, 102）邻域内上下波动，而此位置点首次出现于图像序列第 260 帧，这是由于此帧内目标点被噪声条遮挡，影响目标参考模型，继而导致后续帧连续预测错误。在本章所提方法中，当目标运动离开噪声条后，可在搜索窗口内检测到 SVD 滤波得到的候选目标，根据此目标中心及时更新粒子滤波参考模型，从而保证了后续帧不会出现连续检测错误。图 5.7 给出了两种方法对第 264 帧图像的具体检测结果。

(a) 原始图像264帧

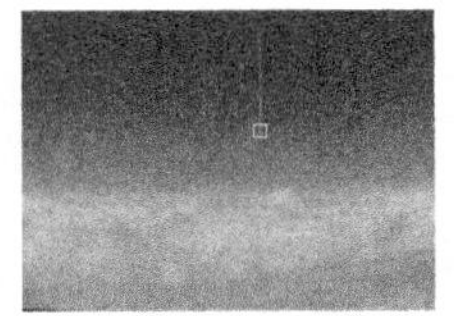
(b) 传统方法预测

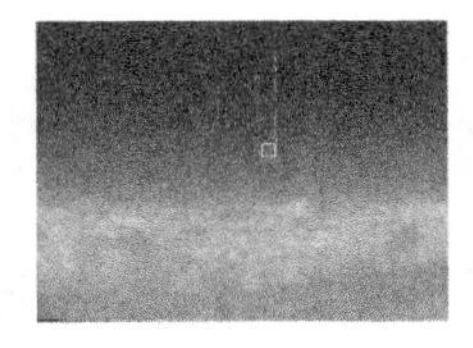
(c) 本方法预测结果

(d) 本方法检测结果

图 5.7　原始图像 264 帧小目标检测结果（见彩图）

5.5　本 章 小 结

本章针对自然场景下红外视频中运动目标的检测技术进行了研究，介绍了基于 SVD 背景抑制和粒子滤波结合的红外小目标检测方法。该方法在一定程度上避免了噪声的干扰，解决了因预测错误而导致的检测错误问题及因过度抑制背景而导致小目标丢失无法正确检测的问题，实验验证了该方法的有效性。

第 6 章　运动背景下目标检测

当场景与摄像机之间位置保持相对不变时，背景图像的大小和位置在不同帧中将保持不变，可以直接利用帧间同一位置像素的亮度或颜色的变化来进行运动目标检测[76]。然而在许多实际应用系统中，常常面临的是摄像机也需要运动的场景，即当目标运动的同时，跟踪摄像机抖动或云台会相应地发生缓慢运动，例如，在单目视觉监控系统中，常采用摄像机静止和运动结合的工作方式以扩大视野范围；在自动车辆驾驶技术中，安装在车辆上的摄像机需要在运动过程中完成对道路、前方车辆和行人等目标的图像采集工作。通常摄像机的运动形式可以分为两种：一种是摄像机的支架固定，但摄像机可以偏转、俯仰，以及缩放；另一种是摄像机安装在移动的载体上，例如，被安装在飞行的飞机或行走的机器人上。在这些情况下，目标和背景都在运动，使得被监视场景背景图像的位置、大小和形状在不同帧中有所改变，导致运动目标在图像上造成的变化与背景本身的变化混淆在一起。若要准确检测出运动目标，则处理起来比较复杂和困难[77,78]。

背景稳定，即将连续几帧图像的相同背景稳定在同一幅图像的相同位置上，从而使运动目标暴露出来。背景稳定通常是通过匹配序列图像实现的，实际上可将运动背景下运动目标检测转化为类似于静止背景下运动目标检测问题。在图像匹配中，基于特征点的匹配是较为常用的一种方法。基于特征点的图像配准技术主要有两类方法：①通过比较两幅图像的特征点及其周围像素的灰度、曲率等来计算特征点之间的相似程度，建立特征点之间的一一对应关系。由于仅考虑单个特征点之间的相似程度，常存在特征点误匹配的情况。②改进的方法是建立特征点集之间的变换关系（如豪斯多夫（Hausdorff）距离），这类方法可以容忍点与点之间匹配的不准确，但是要求预先确定图像之间变换模型的参数搜索范围，而且在图像差异较大时计算量很大。常用的方法在建立特征点间一一对应关系时难以排除误匹配的特征点。本章给出一种两步匹配特征点的方法，采用由粗到精的匹配策略，较好地解决了特征点误匹配的问题[79]。该方法首先使用常见的模板匹配方法完成特征点之间的粗匹配；然后进行精匹配，即利用粗匹配得到的特征点对估计图像之间的几何变换参数，评估这些参数在粗匹配的特征点对中的适用情况，选择适用情况最好的一组参数作为图像之间的几何变换参数。精匹配有效地排除了粗匹配中匹配不准确的特征点对。

通过相邻帧间背景匹配[80]的目标检测。基于帧间背景匹配的运动目标检测算法充分利用慢运动背景图像序列的特点，在匹配相邻帧图像背景后进行变化检测，实现了对运动目标的检测和提取。该算法首先使用仿射变换模型来描述慢运动背景图像的运动变化，并使用基于光流约束方法求解该仿射变换模型参数，实现了相邻帧间图像的背景匹配；然后，使用背景匹配后的两帧图像差进行目标检测，并结合自适应二值化区分变化与未变化区域；最后，使用形态学等图像处理算法提取运动目标。

离散化摄像机随动跟踪方法针对摄像机监控场景，离散化摄像机转动，建立索引表；通过多帧差分和自适应背景方法提取运动对象，并结合卡尔曼（Kalman）滤波器和多帧预测思想实现对特定目标的鲁棒跟踪；综合利用目标的信息、索引表和云台实现了对特定目标的随动跟踪。

针对这种运动背景下的运动目标检测，主要针对背景稳定中的图像匹配、基于相邻帧间背景匹配的目标检测和基于离散化摄像机运动的目标检测三个方面进行了研究。

6.1　基于特征点匹配的图像匹配

假设要进行配准的图像为 I 和 I'，其中，I 为基准图像，(x,y) 表示 I 中像素的位置；I' 为待配准图像，(x',y') 表示 I' 中像素点的位置。

当配准图像之间存在平移、旋转和由摄像机转动造成变形的情况，可使用透射变换模型来描述两幅图像之间的集合变换关系，其公式如下：

$$\begin{aligned} x &= (m_1x' + m_2y' + m_3) / (m_7x' + x_8y' + 1) \\ y &= (m_4x' + m_5y' + m_6) / (m_7x' + x_8y' + 1) \end{aligned} \tag{6.1}$$

其中，m_1、m_2、m_3、m_4、m_5、m_6、m_7 和 m_8 为透射模型的变换参数。

6.1.1　特征点匹配

为了获得特征点之间准确的匹配关系，给出了如下匹配过程。

1）特征点选择

Harris 算子使用图像的一阶差分，计算每个像素处的平方梯度矩阵，通过平方梯度矩阵的特征值分析，给出特征点的响应。该方法由于隐式地使用了滑动窗口，因此适用矩阵运算，效率很高。本节采用 Harris 算子来提取特征点。

分别对图像 I 和 I' 使用 Harris 算子提取特征点，形成初始特征点集合 $F=\{(x_i,y_i)\mid i=1,2,3,\cdots,n\}$，$F'=\{(x'_j,y'_j)\mid j=1,2,3,\cdots,n'\}$。其中 n 表示图像 I 中特征点的个数；n' 表示图像 I' 中特征点的个数。

2）特征点粗匹配

为 F 和 F' 中每个特征点建立一个以该特征点为中心的 $(2k+1)\times(2k+1)$ 模板；然后选择 F 中的一个特征点，将其模板与 F' 中每个特征点的模板进行比较，计算两个模板的相关程度。计算公式如下：

$$\mathrm{cor}_{ij}=\frac{\sum\limits_{u=-k}^{u=k}\sum\limits_{v=-k}^{v=k}[f(x_i+u,y_i+v)][f(x'_j+u,y'_j+v)]}{\sqrt{\sum\limits_{u=-k}^{k}\sum\limits_{v=-k}^{k}[f(x_i+u,y_i+v)-\bar{f}(x_i,y_i)]^2\sum\limits_{u=-k}^{k}\sum\limits_{v=-k}^{k}[f'(x'_j+u,y'_j+v)-\bar{f}(x'_j,y'_j)]^2}} \tag{6.2}$$

其中，(x_i,y_i) 和 (x'_j,y'_j) 分别为特征点集 F 和 F' 中的特征点；f 表示图像 I 的特征点的灰度；f' 表示图像 I' 的特征点的灰度；$\bar{f}$ 和 $\bar{f}'$ 分别表示模板中所有像素灰度的平均值。由式（6.2）可知，$-1\leqslant \mathrm{cor}_{ij}\leqslant 1$。

计算 F 中的每个特征点 (x_i,y_i) 与 F' 中的特征点的最大相关程度，并得到 F' 中与 (x_i,y_i) 对应的特征点，如式（6.3）所示：

$$\mathrm{cor}_i=\max_{j=1,2,\cdots,n'}(\mathrm{cor}_{ij}) \tag{6.3}$$

设置阈值 T_1，如果 F 中的某个特征点的最大相关程度大于该阈值，则将该特征点及其在 F' 中对应的特征点看作是一对粗匹配点。最终形成一个粗匹配特征点对集 $M=\{[(x_i,y_i),(x'_i,y'_i)]\mid i=1,\cdots,m\}$，$m$ 表示粗匹配的特征点对的数量。

3）特征点精匹配

精匹配可以剔除粗匹配中匹配不正确的特征点对，消除错误匹配，同时可以确定图像之间的变换参数。本节使用的消除错误匹配的方法与投票选举类似，就是找出支持者最多的一组参数：利用粗匹配得到的特征点对估计图像之间的几何变换参数，评估这些参数在粗匹配的特征点对中的适用情况，选择适用情况最好的一组参数作为图像之间的几何变换参数。具体步骤如下。

（1）从 M 中任选四个粗匹配特征点对，使用式（6.1）计算一组变换模型参数：

$$P_i=(m_1,m_2,m_3,m_4,m_5,m_6,m_7,m_8)\quad (1\leqslant i\leqslant C_m^4) \tag{6.4}$$

其中，C_m^4 表示从集合 M 中的 m 对匹配特征点对中选取 4 对用于计算一组变换模型参数。

（2）选择 M 中其他的粗匹配特征点对，如 $[(x,y),(x',y')]$。计算 (x',y') 在参数 P_i 下对应的点坐标 (x'',y'')。在 I 中提取以 (x'',y'') 为中心的模板，然后使用式（6.2）计算 (x'',y'') 与 (x,y) 的相关程度 cor。若相关程度 cor 大于某一预先设定的阈值 T_2，则认为特征点对 $[(x,y),(x',y')]$ 符合参数 P_i。

（3）重复步骤（2），直到所有的粗匹配特征点对都被判断是否符合参数 P_i。统计符合参数 P_i 的特征点对数 sum_i。

（4）重复以上步骤，直到选完集合中所有粗匹配特征点对。

（5）选择 sum 作为图像之间最终匹配的特征点对数，并将其对应的参数 P 作为图像之间变换模型的参数：

$$\mathrm{sum}=\max_i(\mathrm{sum}_i)\quad (0<i\leqslant C_n^4) \tag{6.5}$$

6.1.2　实验结果与分析

实验分别针对图像之间平移较大和摄像机转动的情况进行验证。图 6.1 给出了摄像机转动时获取的一系列图像（大小均为 240×320 像素）的配准结果。

(a) 第2帧

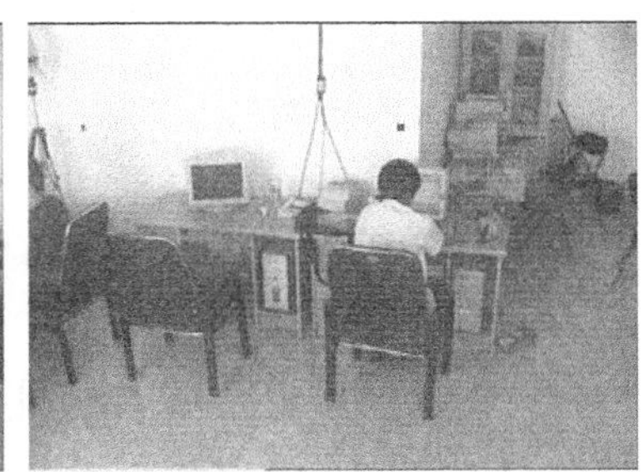

(b) 第32帧

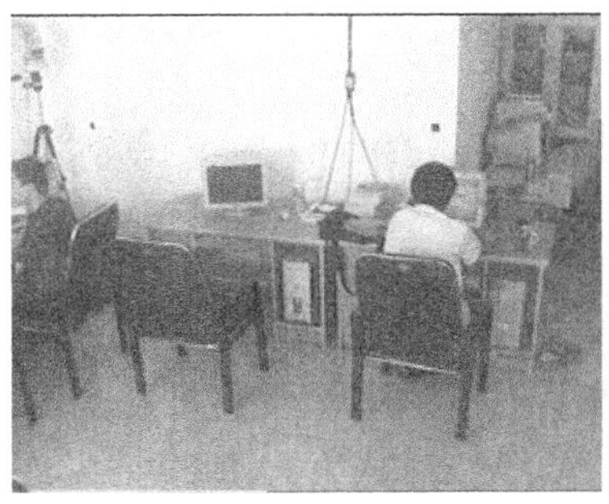

(c) 第40帧

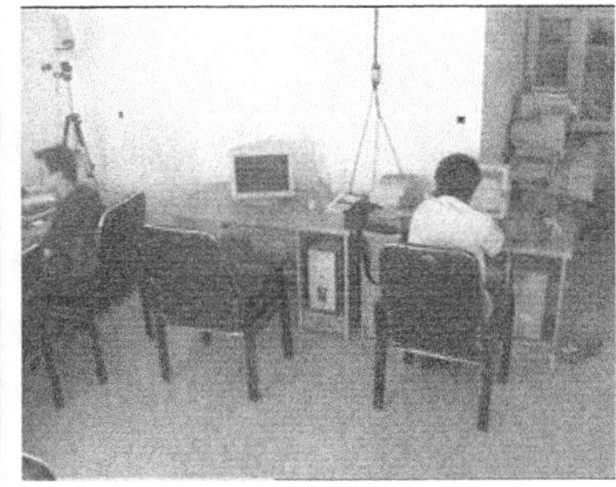

(d) 第65帧

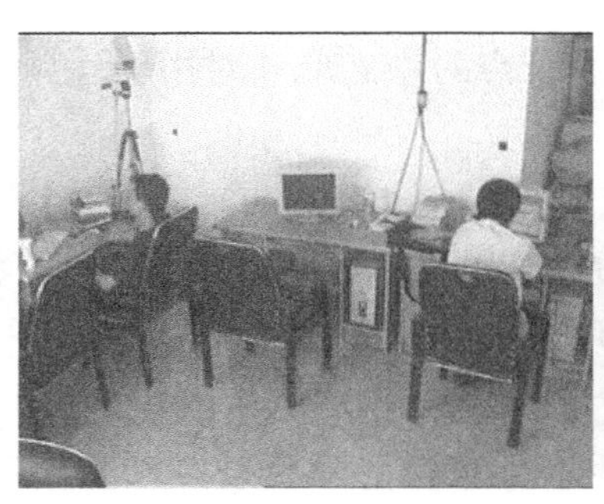

(e) 第138帧

(f) 第168帧

(g) 拼接结果

图 6.1　图像配准实验结果

该方法通过对图像间的特征点进行两步匹配，准确地提取出了图像间匹配的特征点对，有效地完成了图像配准。实验证明，摄像机发生较大转动时，提出的方法对获取的图像能够得到较好的配准效果。此外，当图像之间差异不是很大（重叠区域大）时，该方法可以通过限制基准图像中每个特征点的匹配点的搜索范围来减少运行时间。

6.2　基于相邻帧间背景匹配的目标检测

当背景与摄像机之间存在相对运动时，不能直接利用相邻帧的差来进行变化检测，但是如果能够确定相邻两帧中背景图像从第 k 帧图像 f_k 运动到第 $k+1$ 帧图像 f_{k+1} 的运动模型，那么就可以利用该模型计算第 k 帧图像 f_k 在第 $k+1$ 帧时刻的匹配估计图像 $\hat{f}_{k+1}$。这时估计图像 $\hat{f}_{k+1}$ 和第 $k+1$ 帧图像 f_{k+1} 实现了背景图像匹配。当背景匹配后，就可以直接利用 $k+1$ 帧图像 f_{k+1} 与背景估计图像 $\hat{f}_{k+1}$ 的差值来进行目标检测和提取。

6.2.1　运动背景图像匹配

1）背景图像的运动模型

当摄像机和被监视场景间存在慢速相对运动时，相邻帧间背景图像的变化可近似为由背景图像沿摄像平面的平移和围绕摄像机光轴的旋转运动所引起的。这样也可以近似认为背景中不同区域的图像变化模式是相对一致的，因此背景图像的运动变换只需要考虑图像的平移和旋转。仿射变换模型可描述二维长方形图像变形到任意平行四边形，从而可用于描述图像的旋转和平移运动变化。选用一个带有六个参数的仿射变换模型（式（6.6））来描述背景图像的运动。

$$\begin{cases} x_{k+1} = a_1 x_k + a_2 y_k + c_x \\ y_{k+1} = a_3 x_k + a_4 y_k + c_y \end{cases} \tag{6.6}$$

其中，(x_k, y_k) 和 (x_{k+1}, y_{k+1}) 分别为第 k 和 $k+1$ 帧图像中的像素坐标；a_1、a_2、c_x、a_3、a_4、c_y 为仿射模型参数。

2）基于光流约束的背景图像运动模型参数的求解

由式（6.6）可知，只要在第 k 帧中取 3 个点，并记下其位置坐标，然后在第 $k+1$ 帧中找到这 3 个点的位置坐标，那么就可以利用式（6.6）建立方程组，从而求解出模型参数。利用光流约束求解背景图像运动模型参数。设图像空间中像素的一般光流约束方程[81]可表示为：

$$\frac{\partial f(x,y,t)}{\partial x} V_x(x,y,t) + \frac{\partial f(x,y,t)}{\partial y} V_y(x,y,t) + \frac{\partial f(x,y,t)}{\partial t} = 0 \tag{6.7}$$

其中，$V_x(x,y,t) = \mathrm{d}x/\mathrm{d}t$ 和 $V_y(x,y,t) = \mathrm{d}y/\mathrm{d}t$ 分别表示连续坐标空间中 x 和 y 方向上位移对时间 t 的导数，即坐标速度的矢量分量。使用有限差分近似连续函数的偏导数，可以得到式（6.7）的离散表达式（式（6.8））及其简化后的形式（式（6.9））：

$$\frac{\partial f(x,y,t)}{\partial x} \frac{\Delta x}{\Delta t} + \frac{\partial f(x,y,t)}{\partial y} \frac{\Delta y}{\Delta t} + \frac{f_{k+1}(x,y) - f_k(x,y)}{\Delta t} = 0 \tag{6.8}$$

$$\frac{\partial f(x,y,t)}{\partial x} \Delta x + \frac{\partial f(x,y,t)}{\partial y} \Delta y = f_k(x,y) - f_{k+1}(x,y) = \mathrm{DF}(x,y) \tag{6.9}$$

当假设背景图像运动较慢时，可由式（6.6）近似得到 Δx 和 Δy：

$$\begin{cases} \Delta x = x_{k+1} - x_k = (a_1 - 1)x_k + a_2 y_k + c_x \\ \Delta y = y_{k+1} - y_k = a_3 x_k + (a_4 - 1)y_k + c_y \end{cases} \tag{6.10}$$

将式（6.10）代入式（6.9），可以得到式（6.11）：

$$\mathrm{DF}(x, y) = HA \tag{6.11}$$

其中：

$$H = \left[\frac{\partial f(x,y,t)}{\partial x}x_k, \frac{\partial f(x,y,t)}{\partial x}y_k, \frac{\partial f(x,y,t)}{\partial x}, \frac{\partial f(x,y,t)}{\partial y}x_k, \frac{\partial f(x,y,t)}{\partial y}y_k, \frac{\partial f(x,y,t)}{\partial y}\right]$$

$$A = \left[(a_1 - 1), a_2, c_x, a_3, (a_4 - 1), c_y\right]^{\mathrm{T}}$$

式（6.11）中的偏导数$\dfrac{\partial f(x,y,t)}{\partial x}$和$\dfrac{\partial f(x,y,t)}{\partial y}$可以用 Horn-Schunck 提出的四次有限差分（式（6.12）和式（6.13））近似得到：

$$\begin{aligned}\frac{\partial f(x,y,t)}{\partial x} \approx \frac{1}{4}[&f_k(x+1,y) - f_k(x,y) + f_k(x+1,y+1) - f_k(x,y+1) + f_{k+1}(x+1,y) \\ &- f_{k+1}(x,y) + f_{k+1}(x+1,y+1) - f_{k+1}(x,y+1)]\end{aligned} \tag{6.12}$$

$$\begin{aligned}\frac{\partial f(x,y,t)}{\partial y} \approx \frac{1}{4}[&f_k(x,y+1) - f_k(x,y) + f_k(x+1,y+1) - f_k(x+1,y) + f_{k+1}(x,y+1) \\ &- f_{k+1}(x,y) + f_{k+1}(x+1,y+1) - f_{k+1}(x+1,y)]\end{aligned} \tag{6.13}$$

那么，空间中符合光流约束的一个像素可按照式（6.11）建立与之相对应的一个方程，方程总共有 6 个未知参数$A = \left[(a_1 - 1), a_2, c_x, a_3, (a_4 - 1), c_y\right]^{\mathrm{T}}$。由此可知，只要在第$k$帧图像上至少选取 6 个以上像素点，利用式（6.11）建立方程组，通过求解方程组，就可得到背景运动模型参数。

总结背景运动模型参数求解主要步骤如下。

（1）在第k帧中选取至少 6 个以上像素点。

（2）利用式（6.9）计算第k帧和第$k+1$帧的$\mathrm{DF}(x,y)$。

（3）利用式（6.12）和式（6.13）估计这些点的$\partial f(x,y,t)/\partial x$和$\partial f(x,y,t)/\partial y$。

（4）计算矢量H，并利用式（6.11）建立方程组。

（5）用最小二乘法求解方程组得到未知向量A，从而求得模型参数。

3）运动背景匹配图像的计算

利用式（6.14）计算匹配估计图像$\hat{f}_{k+1}$。

$$\hat{f}_{k+1}(x,y) = f_{k+1}(x,y);\quad \forall x \in (0, \mathrm{Width});\quad \forall y \in (0, \mathrm{Height}) \tag{6.14a}$$

$$\begin{cases} x' = a_1 x + a_2 y + c_x \\ y' = a_3 x + a_4 y + c_y \end{cases} \tag{6.14b}$$

$$\begin{aligned} &\text{if } (x' \in (0,\text{Width}) \text{ AND } y' \in (0,\text{Height})) \\ &\text{then} \quad \hat{f}_{k+1}(x',y') = f_k(x,y) \end{aligned} \tag{6.14c}$$

其中，Width 和 Height 分别为图像的宽和高。

计算后得到的匹配估计图像 $\hat{f}_{k+1}$ 的背景图像与第 $k+1$ 帧图像 f_{k+1} 的背景图像已经实现了匹配，这样就可以利用匹配估计图像 $\hat{f}_{k+1}$ 与第 $k+1$ 帧图像 f_{k+1} 的差异来进行运动目标检测和提取。

6.2.2　运动目标检测和提取

1）变化检测及二值化

利用匹配估计图像 $\hat{f}_{k+1}$ 与第 $k+1$ 帧图像 f_{k+1} 的差来进行变换检测。当变化检测得到一幅新的图像后，使用统计上最佳的自适应二值化图像的方法将图像中变化的区域与未变化的区域分开。

2）形态学处理

由于存在着噪声的干扰以及目标与背景图像之间往往有小部分颜色或灰度相似，二值化后得到的图像中往往会含有许多孤立的点、孤立的小区域、小间隙和孔洞（如图 6.2（f）所示，在这里白色代表变化的区域），这些都会干扰运动目标的检测，因此需要将孤立的点、小区域去除，而将小间隙连接，同时又应该将小孔洞填充，采用图像形态学中二值图像的膨胀和腐蚀方法来实现（处理结果见图 6.2（g））。

3）区域标记和判别

当形态学处理完图像后，一些小的干扰区域已经被去除，小的间隙和孔洞也已经被填充，但是仍然会有面积相对较大的黑色孔洞存在（图 6.2（g））。这是因为引起背景变化的目标，往往在前后两帧图像中会有部分重叠，那么在变化检测时往往会在连通的白色区域之中产生较大的黑色孔洞。为了将这些较大的黑色孔洞填充，首先计算各个连通的黑色区域的面积，当某一黑色区域的面积小于给定的阈值时，就将该区域改为白区域，完成上述处理后就可以计算各个连通的白色区域的面积，当某白色区域的面积大于给定的阈值时就认为该区域为检测到的运动目标区域（图 6.2（h）和图 6.2（i））。

6.2.3　实验结果与分析

图 6.2 所示为前后两帧图像的运动目标检测过程。

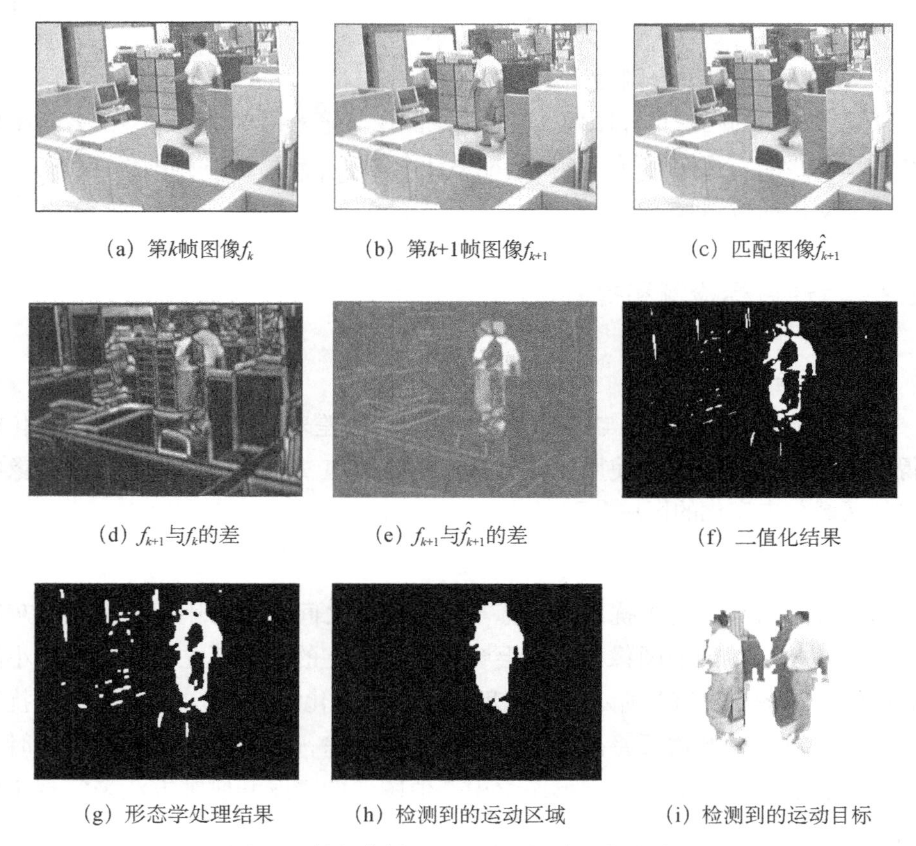

(a) 第k帧图像f_k　(b) 第k+1帧图像f_{k+1}　(c) 匹配图像$\hat{f}_{k+1}$

(d) f_{k+1}与f_k的差　(e) f_{k+1}与$\hat{f}_{k+1}$的差　(f) 二值化结果

(g) 形态学处理结果　(h) 检测到的运动区域　(i) 检测到的运动目标

图 6.2　帧间背景匹配运动目标检测实验结果

其中，图 6.2（a）为第 k 帧图像 f_k；图 6.2（b）为第 $k+1$ 帧图像 f_{k+1}；图 6.2（c）为计算得到的匹配估计图像 $\hat{f}_{k+1}$；图 6.2（d）为第 $k+1$ 帧图像 f_{k+1} 与第 k 帧图像 f_k 直接进行变化检测后的结果；图 6.2（e）为第 $k+1$ 帧图像 f_{k+1} 与匹配估计图像 $\hat{f}_{k+1}$ 进行变化检测后的结果。图 6.2（d）和（e）相比较可以看出由于背景存在运动，图 6.2（d）中许多未变化的地方也检测到较大的变化值，而图 6.2（e）则小得多，说明本节的方法较好地实现了背景图像的匹配。图 6.2（f）为对图 6.2（e）进行自适应二值化处理后的结果；图 6.2（g）为对图 6.2（f）连续两次形态学膨胀运算后，再进行一次腐蚀运算处理后的结果；图 6.2（h）为对图 6.2（g）区域标记后，删除小于阈值的黑色区域及删除小于阈值的白色区域后的结果，黑色区域面积阈值设置为 725，白色面积阈值设置为 900。在图 6.2（h）中可以看出存在大于白色区域面积阈值的区域，所以认为检测到运动目标。图 6.2（i）中图像为图 6.2（h）与图 6.2（b）和图 6.2（c）相叠加后提取到的运动目标。

本节提出的慢运动背景下基于帧间背景图像匹配的视频监视算法，解决了背景运动时给运动目标检测带来的困难，经过实际应用测试，该算法可靠有效。

6.3　基于离散化摄像机运动的目标检测方法

本节主要展示了基于离散化摄像机运动的目标检测方法的 3 个关键问题：①运动摄像机视野范围的离散化；②摄像机静止情况下的运动目标实时检测和跟踪，其中遮挡问题的处理是难点之一；③跟踪过程中的摄像机调度。以下将针对上述三个关键问题进行研究，并在此基础上，给出了随动跟踪的算法流程。

6.3.1　运动摄像机视野范围的离散化

根据摄像机云台的运动范围，本节给出了离散化摄像机运动的方法，建立了摄像机转动索引表和对应的背景索引表。

（1）摄像机转动索引表。

先向摄像机发复位命令；然后控制摄像机从初始角度开始，从左到右、从上到下对摄像机进行水平转动和俯仰运动（类似于人类的上下左右打量），每隔一定角度设置预置位，直到摄像机最大视野或需要监控的场所全被记录完毕。

（2）背景索引表。

对于每个预置位，采集 1 幅背景图像，并标记对应的索引号。也可以对每个预置位所在的场景，先进行统计分析，比如混合高斯模型[82]；然后建立背景索引表。

6.3.2　摄像机静止情况下的运动目标实时检测和跟踪

瞬时差分法可以很快地检测出可能的运动目标，并且能够快速适应场景突变和光照的变化。但是，容易受环境影响，并且容易形成空洞。相对而言，背景差分的方法能够提取完整的目标，但是容易受光照等影响。

因此，采用结合 3 帧差分和自适应背景提取相结合的方法[83]进行精确检测运动目标。首先，通过 3 帧差分自适应提取可能的运动目标区域；然后，对于可能的运动区域采用自适应背景提取方法进行精确目标提取。

卡尔曼滤波[84,85]是基于高斯分布的状态预测法，复杂度低，在现有跟踪系统中应用广泛。下面主要采用卡尔曼滤波器实现对特定目标跟踪[84]。

由于目标在相邻两帧图像间的运动状态变化较小，可以假设目标在微小时间间隔内是匀速运动，因此选用如下的运动模型作为卡尔曼滤波器的状态参量。

$$X=[x,V_x,y,V_y]^{\mathrm{T}} \tag{6.15}$$

其中，x 和 y 为目标质心在图像中的位置的横纵坐标，V_x 和 V_y 为目标在横纵坐标轴方向上的速度。

1）目标预测和更新

（1）目标状态参量预测。

目标跟踪问题的关键是在后一帧图像中寻找特定目标的最佳匹配。如果进行图像的全局搜索，则目标匹配的计算量太大，无法满足实时性的要求。故需对目标的运动进行必要的估计和预测，缩小搜索范围，那么在第 t 帧目标的状态预测 $\hat{X}_t$ 的表达式为：

$$\hat{X}_t=AX_{t-1} \tag{6.16}$$

其中，A 为状态转移矩阵，X_{t-1} 为目标在第 $t-1$ 帧时的状态。

（2）目标状态参量更新。

在目标匹配成功后，根据测量结果更新状态参量的预测结果以减少误差，采用式（6.17）～式（6.20）进行更新：

$$\hat{P}_t=AP_{t-1}A^{\mathrm{T}}+Q \tag{6.17}$$

$$K_t=\hat{P}_tC^{\mathrm{T}}(C\hat{P}_tC^{\mathrm{T}}+R)^{-1} \tag{6.18}$$

$$X_t=\hat{X}_t+K_t(Z_t-C\hat{X}_t) \tag{6.19}$$

$$P_t=(I-K_t)\hat{P}_t \tag{6.20}$$

其中，$\hat{P}_t$ 和 P_t 分别表示在时刻 t 的状态的先验误差协方差矩阵和状态估计误差协方差矩阵；K_t 表示时刻 t 滤波器修正矩阵；C 为测量矩阵；Z_t 表示时刻 t 的测量值；R 和 Q 分别表示状态矩阵和测量矩阵对应的噪声。

2）目标匹配

在摄像机运动后，对特定目标的跟踪主要是将摄像机转动前的目标特征和转动稳定后检测得到的目标链中的目标逐一比较，相似度最大的即为跟踪的目标。由于摄像机的角度不一致，这里的目标特征必须使用对角度不敏感的特征[86,87]。本节采用：颜色直方图、目标的相对大小和区域散度[88]三种特征。相似度主要通过相似度矩阵来计算[87]。在匹配成功后，需要更新目标特征。对于每个特征，利用式（6.21）进行更新。

$$F_{t+1} = \alpha F_t + (1-\alpha) F_{\text{object}} \tag{6.21}$$

其中，F_t 表示 t 时刻目标特征向量；F_{object} 表示 t 时刻匹配到的目标对应特征向量；α 为更新系数，常取为 0.8～0.95。

3）遮掩处理

若目标在第 $t_0 \sim t_1$ 帧范围内被背景（如树木、建筑物等）所遮掩，那么在 $t_0 \sim t_1$ 图像帧中便检测不到目标。在 t_0 时刻，对目标的运动参数根据之前帧的状态以及误差参量进行卡尔曼预测，将预测值作为遮掩时的真实值保留下来，成为 t_0+1 帧目标的状态参数值。如此继续，在第 t_1+1 帧之前，目标的运动参数便是第 t_1 帧的预测值。

6.3.3　摄像机调度

本节通过特定目标的位置和运动方向信息确定摄像机可能的转动状态，见式（6.22）。为了简单起见，优先 x 方向的旋转。

$$M_{\text{camera}} = \begin{cases} 1, & x < T \ \& \ V_x < 0 \\ 2, & x < T \ \& \ V_x > 0 \\ 3, & y < T \ \& \ V_y < 0 \\ 4, & y < T \ \& \ V_y > 0 \\ 0, & \text{其他} \end{cases} \tag{6.22}$$

其中，M_{camera} 表示摄像机的转动状态，1 表示摄像机往左转，2 表示摄像机往右转，3 表示摄像机向上转，4 表示摄像机向下转，0 表示摄像机不发生偏转；T 为给定的阈值。

摄像机的下一个转动预置位可以通过摄像机转动索引表和摄像机的转动状态 M_{camera} 确定，假设预置位表的初始记号为 0。摄像机的下一个转动预置位可通过式（6.23）求得。

$$P_{t+1}=\begin{cases}\max\left(P_t-1,W_{\mathrm{PT}}\left(P_t/W_{\mathrm{PT}}\right)\right), & M_{\text{camera}}=1\\ \min\left(P_t+1,W_{\mathrm{PT}}\left(P_t/W_{\mathrm{PT}}+1\right)-1\right), & M_{\text{camera}}=2\\ \max\left(P_t-W_{\mathrm{PT}},0\right), & M_{\text{camera}}=3\\ \min\left(P_t+W_{\mathrm{PT}},W_{\mathrm{PT}},H_{\mathrm{PT}}\right), & M_{\text{camera}}=4\\ P_t, & M_{\text{camera}}=0\end{cases} \tag{6.23}$$

其中，P_{t+1} 为下一个预置位；P_t 为当前预置位；W_{PT} 和 H_{PT} 分别表示预置位表的宽度和高度。

6.3.4　随动跟踪

综上所述，本节将随动跟踪主要分为预处理、视频理解和摄像机调度 3 个部分，这 3 个部分对应上述 3 个问题。

（1）预处理阶段。它主要是根据场景情况离散化摄像机，建立摄像机位置及对应的背景索引表。

（2）视频理解。主要在摄像机静止的情况下，实现对运动目标的实时检测和跟踪；在摄像机运动前后对特定目标的跟踪，主要利用转动前的目标特征和摄像机转动稳定后的检测目标链进行比较匹配，相似度最大的为对应的需要跟踪目标。

（3）摄像机调度。它是随动跟踪中一个很关键的部分。主要通过目标的位置和运动信息判断摄像机的转动方向，然后通过查找索引表，找到摄像机转动位置；最后利用云台和对应控制协议驱动摄像机转动。随动跟踪的工作流程见图 6.3。

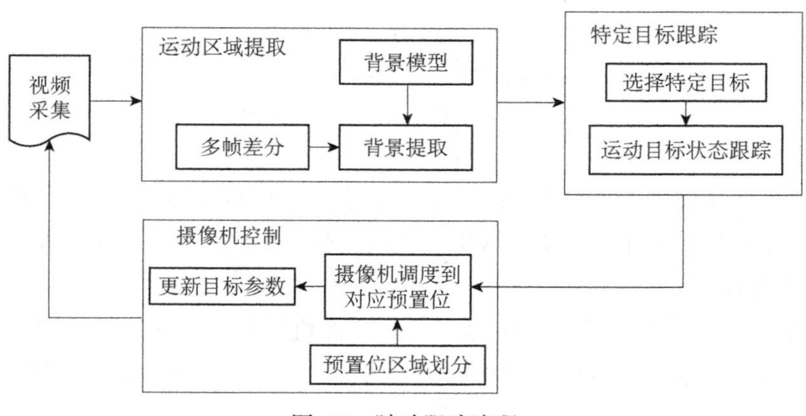

图 6.3　随动跟踪流程

6.3.5 实验结果与分析

实验对室外场景拍摄的视频进行了目标检测和随动跟踪（图像序列的拍摄帧率约为 25 帧/s）。图 6.4 展示了随动跟踪的结果，可以看出，在背景运动的情况下，可以跟踪检测出目标，在图 6.4（c）中人被树木遮挡住，此时遮掩处理对其运动轨迹做了有效的预测分析，目标没有消失，其运动轨迹仍然延续。在复杂自然环境中，本章的随动跟踪算法都能较好地检测和跟踪到真实目标，并能较好地处理目标发生遮掩以及形变的问题。

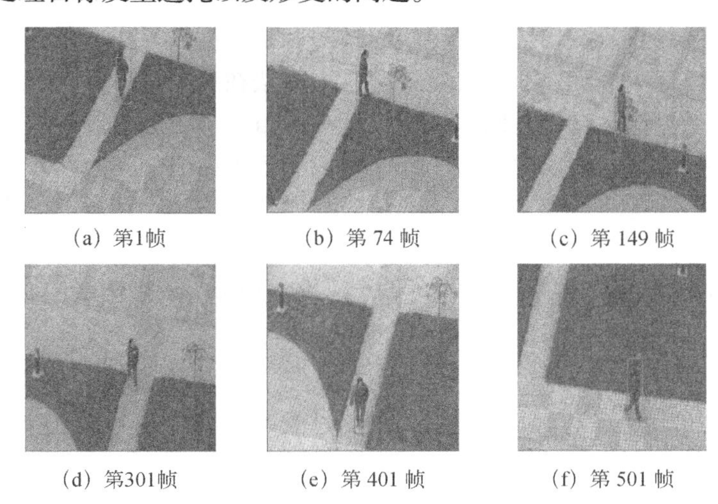

（a）第1帧　（b）第 74 帧　（c）第 149 帧

（d）第301帧　（e）第 401 帧　（f）第 501 帧

图 6.4　随动跟踪检测结果（见彩图）

另外，在运行时间方面，实验在配置为 Intel P4 2.66GHz CPU、256MB RAM 硬件环境下运行，其随动跟踪处理后的平均帧率均为 22～24 帧/s。

实验结果表明，该算法对于复杂场景中运动目标的检测和跟踪具有较好的鲁棒性和实时性；对特定目标的随动跟踪具有良好的实时性和稳健性，可以在背景运动的情况下检测出目标，有效地解决了摄像机运动时给目标检测带来的困难。

6.4 本章小结

本章主要围绕运动背景下的运动目标检测来进行，主要包括图像配准、基于帧间背景匹配的目标检测和基于离散化摄像机的目标检测三方面内容。在图像配准方面提出了两步匹配特征点方法，该方法首先使用常见的模板匹配方法完成特征点之间的粗匹配；然后利用粗匹配得到的特征点对估计图像之间的几何变换参数，评估这些参数在粗匹配的特征点对中的适用情况，选择适用情况最好的一组参数作为图像之间的几何变换参数，有效地排除了粗匹配中匹配不准确的特征点对。结合实验结果验证了该方法的可行性和有效性。该方法为将运动背景下目标检测转化为静止背景下目标检测问题建立了基础。基于帧间背景匹配的目标检测方法证明了采用仿射变换描述使用一个带有 6 个参数的仿射运动模型来表示整个背景图像运动的合理性，并使用基于光流约束方法求解该仿射变换模型参数，实现了相邻帧间图像的背景匹配，采用背景匹配后的两帧图像差来进行目标检测。通过实验表明，该算法在背景慢运动情况下可以有效地提取出运动目标。基于离散化摄像机运动的目标检测方法针对摄像机监控场景，离散化摄像机转动，建立转动索引表和背景索引表；通过多帧差分和自适应背景方法提取运动对象，并结合卡尔曼滤波器和多帧预测思想实现对特定目标的鲁棒跟踪；综合利用目标的信息、索引表和云台实现了对特定目标的随动跟踪。在跟踪的同时，避免了摄像机运动给目标检测带来的困难。

第 7 章　扩展卡尔曼滤波与均值漂移结合的目标跟踪

序列图像中的目标跟踪涉及计算机视觉、图像处理和模式识别等领域，所谓运动目标跟踪就是在一段序列图像中的每幅图像中找到感兴趣运动目标的位置。运动目标跟踪不仅能够提供目标的运动轨迹，也是复杂背景下的运动目标、场景分析的前提，同时运动目标的跟踪信息有助于提高目标检测及识别的准确率。经典的目标跟踪的方法有卡尔曼滤波、扩展卡尔曼滤波（extended Kalman filter，EKF）、粒子滤波[11]、均值漂移（Mean Shift）[89]、连续自适应均值漂移（continuously adaptive mean shift，CAM Shift）[90]等跟踪算法，这些跟踪方法主要涉及提高运动目标的搜索速度和提高目标匹配准确性两方面。目标跟踪主要面临着由目标在三维空间的运动投影到二维图像平面时的形变，及非刚性目标运动过程中本身形变带来的困难。总的来讲，目标跟踪的研究内容主要包括两方面，一方面是选取合适的目标特征以克服形变带来的匹配困难；另一方面是解决在大机动运动下的目标位置预测问题。

在实际的红外目标跟踪应用过程中，卡尔曼滤波对观测向量的信噪比以及观测向量状态变化的线性程度要求比较高，若检测的运动区域含有较多噪声，则会将运动检测的误差甚至是错误直接带入跟踪。使用传统的 Mean Shift 方法的系统中，直方图特征模板的计算量较大，且当目标长时间被遮挡时，目标容易丢失。针对卡尔曼滤波和 Mean Shift 方法在跟踪精度以及处理速度方面的不足，本章将扩展卡尔曼滤波与 Mean Shift 结合实现红外目标跟踪：当目标被遮挡时，卡尔曼滤波可用来预测红外目标的位置；当目标发生大机动运动时，Mean Shift 可用来实现目标的匹配。

7.1　基于均值漂移的目标跟踪

在运动目标跟踪过程中，通常需要提取目标的特征模板，该模板能够代表目标，并能最大程度地区分不同的目标。Mean Shift 算法使用目标区域每个像素到目标中心的归一化加权距离，及目标区域的像素值的直方图作为表征运动目标的特征模板，然后通过 Bhattacharyya 系数来度量当前运动目标的特征模板与候选目标特征模板的相似性。

由于根据 Mean Shift 计算得到的运动目标特征模板是进行了距离归一化的像素值的分布统计，因此该模板对于缩放、旋转以及光照变化等的影像较为鲁棒。以下重点介绍将 Mean Shift 用于目标跟踪的跟踪。

传统的 Mean Shift 就是根据跟踪目标的描述（通常称为特征模板），计算搜索区域内的候选目标的特征值，并根据一定的相似准则得出候选目标与目标特征模板的相似程度；选取与目标特征模板最接近的候选目标进行匹配，更新目标位置。这样的过程从上一帧目标的位置开始，在其邻域（搜索区域内）寻找与其模板特征最接近的候选目标。

在 Mean Shift 算法中，待跟踪目标的模板可描述为 $\{x_i\}_{i=1,\cdots,n}$，其中 x_i 表示目标区域中像素的位置，n 表示待跟踪目标模板中的像素数量。令函数 $b:\mathbf{R}^2\to\{1,2,\cdots,m\}$ 表示对应于某一位置像素的像素值的量化函数（m 为量化总级数），用于对像素进行特征映射；x 表示待跟踪目标区域的中心。那么对于 u 在目标区域出现的概率，可表示为：

$$q_u=C_u\sum_{i=1}^{n}k\left(\left\|\frac{x-x_i}{h}\right\|^2\right)\delta(b(x_i),u)\quad(u=1,2,\cdots,m)\tag{7.1}$$

其中，k 为 Epanechnikov 核函数；h 表示核函数的窗半径，反映目标区域的大小；$C_u\left(=1\Big/\sum_{i=1}^{n}k(\|x_i\|^2)\right)$ 为归一化函数；δ 是 Kronecker 函数，定义为：

$$\delta(i,j)=\begin{cases}1, & i=j\\0, & i\neq j\end{cases}$$

那么对于待跟踪目标，其特征表示为一个向量 $q(=[q_1,q_2,\cdots,q_u,\cdots,q_m])$。

同上所述，对于候选目标，令 y 表示候选目标区域的中心，其特征表示为向量 $p(y)=[p_1,p_2,\cdots,p_u,\cdots,p_m]$。那么根据 Bhattacharyya 系数计算其与待跟踪目标的相似度：

$$\rho(p(y),q)=\sum_{u=1}^{m}\sqrt{p_u(y)q_u}\tag{7.2}$$

其中，$\rho(p(y),q)$ 描述了待跟踪目标与候选目标的相似度，其值越大，候选目标和待跟踪目标越接近。

在目标跟踪过程中，令前一帧中得到的目标中心位置为 y_0，那么在当前帧中，从 y_0 开始，在邻域内搜索与 $\{x_i\}_{i=1,\cdots,n}$ 最相似的候选目标，即最大化 $\rho(p(y),q)$。将 $\rho(p(y),q)$ 在 y_0 处进行泰勒展开，可得：

$$\rho(p(y),q) \approx \frac{1}{2}\sum_{u=1}^{m}\sqrt{p_u(y_0)q_u} + \frac{C_x}{2}\sum_{i=1}^{n} w_i k(\left\|\frac{y-x_i}{h}\right\|^2) \tag{7.3}$$

其中，$w_i = \sum_{u=1}^{m}\delta[u_i - u]\sqrt{q_u / p_u(y_0)}$。式（7.3）中 $\frac{1}{2}\sum_{u=1}^{m}\sqrt{p_u(y_0)q_u}$ 这一项与 y 无关，因此只需最大化 $\frac{C_x}{2}\sum_{i=1}^{n} w_i k(\left\|\frac{y-x_i}{h}\right\|^2)$ 即可最大化 $\rho(p(y),q)$，就可更新目标在当前帧中的位置，从 y_0 移动到 y_1：

$$y_1 = \frac{\sum_{i=1}^{n} w_i g(\left\|\frac{y_0-x_i}{h}\right\|^2)x_i}{\sum_{i=1}^{n} w_i g(\left\|\frac{y_0-x_i}{h}\right\|^2)} \tag{7.4}$$

其中，$g(x) = -k'(x)$，核函数 $k(x)$ 的导数在区间 $[0,\infty)$ 上除了有限个点外都存在。

那么完整的 Mean Shift 跟踪算法总结如下。如果目标在当前帧 y_0 位置处具有特征 $\{q_u\}_{u=1,\cdots,m}$，那么重复以下步骤可以得到更新后的目标位置 y_1。

（1）估计当前帧在 y_0 处候选目标特征 $\{p_u(y_0)\}_{u=1,\cdots,m}$，计算 $\rho[p(y_0),q] = \sum_{u=1}^{m}\sqrt{p_u(y_0),q_u}$。

（2）计算 $\{w_i\}_{i=1,\cdots,m}$。

（3）使用 Mean Shift 方法计算目标的新位置，如式（7.4）所示。

（4）更新目标特征 $\{p_u(y_1)\}_{u=1,\cdots,m}$，计算 $\rho(p(y_1),q)$。

（5）如果 $\rho[p(y_1),q] < \rho[p(y_0),q]$，那么 $y_1 = \frac{1}{2}(y_1 + y_0)$，直到满足：

$$\rho[p(y_1),q] > \rho[p(y_0),q]$$

（6）如果 $\|y_1 - y_0\| < \varepsilon$，则停止；否则 $y_0 \leftarrow y_1 = y_0$，转步骤（2）。

在步骤（6）中，ε 取得更小，可以取得亚像素级的精度。

7.2　目标特征匹配与卡尔曼滤波更新

目标跟踪问题的关键是在后一帧图像中寻找待跟踪目标与当前帧检测所得候选目标的最佳匹配，以下称为特征匹配。如果进行图像的全局搜索，则匹配特征模板的计算量太大，无法满足实时性要求。故需要对目标的运动参数进行估计，缩小特征模板的搜索范围。在多种目标的监控区域中，目标的运动是变加速的非直线运动，因此采用扩展卡尔曼滤波进行目标运动参数的估计[1]。EKF的运动参数估计分为状态参数的预测和状态参数的更新，其具体公式可参阅12.1节。为了消除误检带来的影响，本章将当前帧的检测结果与Mean Shift跟踪结果结合起来实现对EKF的状态更新，将更新的目标与当前帧检测结果进行特征目标匹配时，会有以下两种情况。

（1）匹配成功。

若目标在当前帧的图像中可以被检测到，则保留特征匹配得到的候选目标位置(x_1, y_1)，同时进行Mean Shift跟踪得到更新的目标位置值(x_2, y_2)，两者加权平均得到最终目标位置(x, y)：

$$\begin{cases} x^k = \alpha x_1^k + (1-\alpha) x_2^k \\ y^k = \alpha y_1^k + (1-\alpha) y_2^k \end{cases} \tag{7.5}$$

根据最终目标位置(x, y)可更新得到目标在当前帧的状态向量（式（7.6））：

$$\begin{cases} x^k \\ \dot{x}^k = \beta(x^k - x^{k-1}) + (1-\beta)\dot{x}^{k-1} \\ \ddot{x}^k = \gamma(\dot{x}^k - \dot{x}^{k-1}) + (1-\lambda)\ddot{x}^k \\ y^k \\ \dot{y}^k = \beta(y^k - y^{k-1}) + (1-\beta)\dot{y}^{k-1} \\ \ddot{y}^k = \gamma(\dot{y}^k - \dot{y}^{k-1}) + (1-\gamma)\ddot{y}^{k-1} \end{cases} \tag{7.6}$$

其中，α、β和γ为更新因子，取值均在0～1之间；右上角标k和$k-1$分别表示当前帧（第k帧）及其前一帧（第$k-1$帧）；$\{x, y\}$表示目标位置，$\{\dot{x}, \dot{y}\}$表示目标速度，$\{\ddot{x}, \ddot{y}\}$表示目标加速度。

（2）匹配不成功。

目标在当前帧没有被检测到，此种情况发生的原因有二，一是目标已经完全被其他物体遮挡，二是目标已从监控场景中消失。实际上，目标在某一帧没有被匹配到，并不代表匹配不成功或是目标丢失。只有当发生连续多帧图像中目标没有被匹配上，才算匹配不成功。对于上述两种情况，可以设定匹配次数T_{lose}，并设定匹配阈值Thres，只有当匹配次数大于等于这个阈值，才认为匹配失败（式（7.7））。

$$\begin{cases} T_{\text{lose}} \geqslant \text{Thres}, & \text{目标消失} \\ T_{\text{lose}} < \text{Thres}, & \text{目标被遮挡} \end{cases} \tag{7.7}$$

对于已经消失的目标，则将其从目标链中删除。对于遮掩的目标需要如下的遮掩处理代替依据检测结果进行更新的卡尔曼滤波。

若目标在时刻 t_0 到时刻 t_1 这段时间内被遮掩，那么在这段时间获取的图像中便检测不到目标。因此在 t_0 时刻，根据目标的状态以及误差参量对其在时刻 t_0+1 的运动参数进行 EFK 预测，将预测值作为遮掩时的真实值保留下来，并作为时刻 t_0+1 目标的状态参数值。按照上述过程继续预测，把在时刻 t_1 通过 EKF 预测得到的目标在时刻 t_1+1 的运动参数作为状态参数，并将其与时刻 t_1+1 检测得到的候选目标匹配，若匹配成功，则通过此候选目标的状态进行 EKF 状态更新。

7.3　改进的均值漂移目标跟踪算法

在复杂背景图像中，用直方图作为运动目标的特征模板，依据颜色分布进行匹配，具有良好的稳定性。Mean Shift 算法是一个能够计算最优解的高精度目标跟踪算法，但由于目标需要由手工标定，特征模板计算量很大，且容易丢失遮掩情况下的目标，因此，对 Mean Shift 进行了以下四处改进，以实现跟踪目标的准确初始化及精确跟踪。

（1）利用检测结果，自动提取稳定的新目标。

为使 Mean Shift 跟踪过程完全自动化，不使用传统的人为标定目标初始位置，而是通过对一段时间内的连续的图像序列分析处理，充分利用运动检测的结果，计算运动区域内的运动目标的位置和大小。

（2）用检测到的目标计算特征模板。

在初始化目标位置时，利用运动目标检测的结果，只计算目标区域的特征；而在跟踪过程中，若检测失效导致没有检测到运动目标，则保留原特征模板，并降低目标的匹配阈值。

（3）在最佳匹配时刻更新模板。

为了减少每帧进行目标特征模板更新造成的累计误差，并不是每一帧都更新特征模板，而是当被跟踪目标与候选目标的相似度 $\rho(p(y),q)$ 达到一个较大值时，才更新运动目标的特征模板。在本章中，若 $\rho(p(y),q)>0.95$，则即时更新目标的特征模板，将当前帧图像计算出的特征模板 $\rho(y)$ 与目标模型在第一帧的特征模板 q 做递归滤波器（infinite impulse response，IIR）更新，以得到当前帧的特征模板：

$$p(y)=\alpha\cdot p(y)+(1-\alpha)\cdot q \tag{7.8}$$

其中，α 为更新系数，可以根据实验环境取经验数值。

7.4 实验结果与分析

算法采用 MATLAB 7.0 编程实现。实验针对分辨率为 320 × 240 像素的图像序列在 P4 2.8GHz CPU、512MB RAM 的硬件平台上进行，结果如图 7.1 所示，图中矩形框显示了目标的位置和大小。

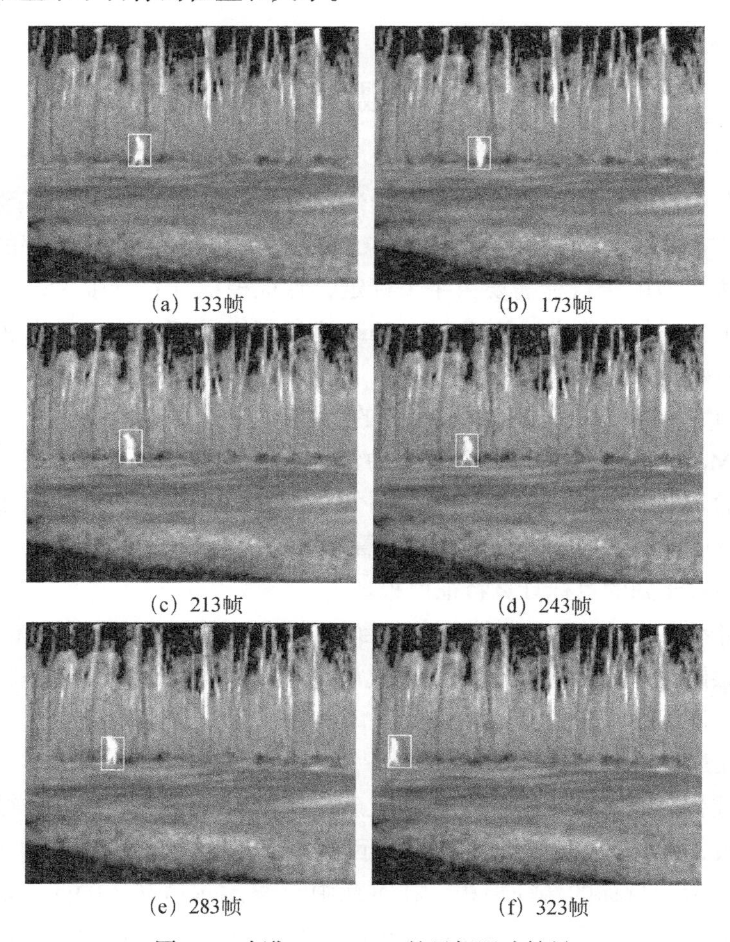

（a）133帧　（b）173帧　（c）213帧　（d）243帧　（e）283帧　（f）323帧

图 7.1　改进 Mean Shift 的目标跟踪结果

图 7.1（a）为基于背景差分法得到的目标检测结果，此时计算目标的特征模板以供后续跟踪使用。图（b）、（c）、（d）和（e）为基于改进后的 Mean Shift

算法的跟踪结果，在这一过程中，基于相似度的大小对目标特征模板进行更新，因此目标的位置和大小较为准确。在图（f）中，相对于其他图像的运动，此时目标突然加速，所以先利用EKF对目标位置预测后再使用目标特征模板进行跟踪。从图7.1可以看出，在跟踪过程中，目标的位置和大小得到了较好的保持，也就是进行了较为准确的跟踪；当目标运动速度发生突变时，预测的方法仍能保证较好的跟踪效果。

7.5　本章小结

为了避免将运动检测的误差或是错误带入目标的跟踪中，本章将Mean Shift方法和卡尔曼滤波相结合：当目标被遮挡时，卡尔曼滤波可用来预测红外目标的位置；当目标发生大机动运动时，Mean Shift可用来实现目标的匹配。实验针对含有较多噪声的红外视频进行目标跟踪，结果显示了较好的跟踪效果。

第 8 章　基于多子块模型的长时在线目标跟踪

在线目标跟踪算法一般采用单个矩形框对目标区域进行描述，该方法由于参数少，计算简单且易于表示和实现。但该方法存在如下问题：①目标为外观变化较大的非刚体时，精度较低；②矩形框中的背景区域会被当作目标像素处理，给目标的表示带来混淆。针对这些问题，本章使用一种结构化的表示方法——多子块模型表示目标，通过建立序列化的蒙特卡洛概率模型，评估每个子块的置信度，最后使用基于循环移位的核相关滤波（KCF）作为基础跟踪器。

多子块模型将矩形框分成多个不重叠的部分，每个子块单独提取特征，这样既能够使模型更加灵活，也能够减少背景区域在前景中的出现。另外，由于跟踪过程中的样本较少，检测器对于目标和背景的区分性能较差。核相关滤波跟踪算法使用目标周围区域的循环矩阵采集正负样本，利用岭回归训练目标检测器，并根据循环矩阵的傅里叶对角化性质将矩阵的运算转化为向量的点积，大大降低了运算量，提高了运算速度，使算法满足实时性要求。最后，将线性空间的岭回归通过核函数映射到非线性空间，在非线性空间通过求解一个对偶问题和某些常见的约束，同样可以使用循环矩阵傅里叶空间对角化简化计算。

本章首先研究单目标的在线跟踪框架，主要从目标外观表示模型、目标预测机制和目标更新机制三个方面进行总结和分析，并总结了多跟踪模型融合的策略；然后将可信赖子块跟踪器与核相关滤波结合，建立一个在线跟踪模型，从而有效解决长时跟踪中的部分遮挡和背景噪声问题。

8.1　在线目标跟踪框架

在线目标跟踪将第一帧中以矩形框（bounding box）的形式得到的目标作为待跟踪目标，后边的每一帧对目标进行跟踪，得到目标的位置并输出。在线目标跟踪仅根据第一帧图像中的目标位置，相对于指定类型的目标跟踪，其既没有目标的先验知识，也没有预先训练好的跟踪器，也就无法适应目标和背景的变化，因此在线跟踪需要一个不断学习和增长的模型，才能适应目标的变化。当目标被遮挡时，模型最好能感知到，在发生跟踪漂移和跟踪失败后能重新定位到目标。

对于在线目标跟踪来说，要实现长时鲁棒的目标跟踪，跟踪框架必须能够适应多种目标和场景的变化问题，包括：目标运动过程中的机动性较大，尺度、外形、几何变化，遮挡，出视场及长时跟踪带来的漂移等问题，背景复杂（光照变化、包含与目标相似的内容）等问题，因此跟踪框架要具备能够精确表达目标的能力。

但是在现有的基于学习的跟踪框架中，尤其是先检测后跟踪的模型中，会训练一个分类器，通过将候选样本输入分类器得到跟踪结果。而分类器的获取通常需要样本进行训练。主流的算法一般认为跟踪到的目标所在的区域为正样本，非目标区域的为负样本。对于这类方法，往往存在着样本数量少、样本标签的准确度较低等问题，这就导致跟踪的鲁棒性不高。

本节重点研究单目标的在线跟踪框架，主要从目标外观表示模型、目标预测机制和模型更新机制三个方面进行总结和分析，最后总结了多跟踪模型融合的策略。

1. 目标外观表示模型

目标外观表示模型在跟踪算法中尤为重要，因为要实现长时在线跟踪，一个准确且鲁棒的目标外观表示模型是必不可少的。目标表示模型包括目标区域描述、特征提取以及运动模型。

（1）目标区域描述。

目标区域描述是指目标在图像上所占区域的一种数学模型，模型的准确性直接影响到跟踪的性能。目前常用的描述方法有单矩形框表示法、轮廓表示法、目标块（target blob）表示法、多子块表示法、稀疏表示法、部件表示法，以及多矩形框表示法，如图 8.1 所示。单矩形框表示法使用一个矩形框表示目标，具有参数少、计算量小，当发生局部遮挡和形变时影响较小的特点。单矩形框表示法在跟踪算法中最为常见，例如，NCC[5]、TLD[23]，Struck[24]等算法都使用该方法表示目标。但对于外观变化大的非刚体目标跟踪，单矩形框表示法的精度低，其问题在于矩形框中背景区域的像素会被当作目标像素处理，给目标的表示带来混淆。轮廓表示法[91,92]使用目标的轮廓表示目标，具有参数多、模型复杂、计算量大的特点。轮廓表示法对于可以改变外观的目标有较高的自由度，主要用于行人跟踪和生物医学，且效果显著，但在一般的应用上却很少见。目标块表示法通常用于对目标进行分割的跟踪器中，如 HBT（hough-based tracking）跟踪方法[93]，该方法能够增强同一场景中相似目标的区分度，尤其当目标在其最小包围矩形框中只占小部分面积时，效果优于其他表示方法，但该表示方法严重依赖于分割结果，好的分割结果带来的错误信息少，鲁棒性高。多子块表示法将信息量较多的子块组织起来用于表示整个目标，例如，Frag-Track（fragments-based tracking using the integral histogram）[94]跟踪算法维持着固定的子块序列，而 ACT（adaptive coupled-layer tracking）[95]跟踪算法保持着松散的子块序列，LOT（locally orderless tracking）跟踪算法[8]和超像素跟踪（superpixel tracking）算法[96]使用多个超像素表示目标。该方法参数较多，模型较为复杂，适合于有遮挡出现的视频和非刚体目标的跟踪，对刚体和小目标跟踪效果不太好。稀疏表示法[97]能够很好地刻画目标，并且可以加快计算速度，近年来在目标检测上取得了很好的效果，因此稀疏表示被引入到目标跟踪中，形成压缩跟踪方法。该方法对运动中存在形变和遮挡的目标跟踪具有一定的鲁棒性，且跟踪速度能达到 35 帧/s。多矩形框表示法[98]以多个可选的矩形框而不是一个中心矩形框表示目标，增强了跟踪算法的鲁棒性。该方法能完全覆盖目标，在预测下一帧目标的位置时鲁棒性更好，但同时也加入了更多背景像素点进去，给之后的分类或匹配增加了一定的难度，这样一来，就会使得算法复杂度增加，在实现上难度更大。

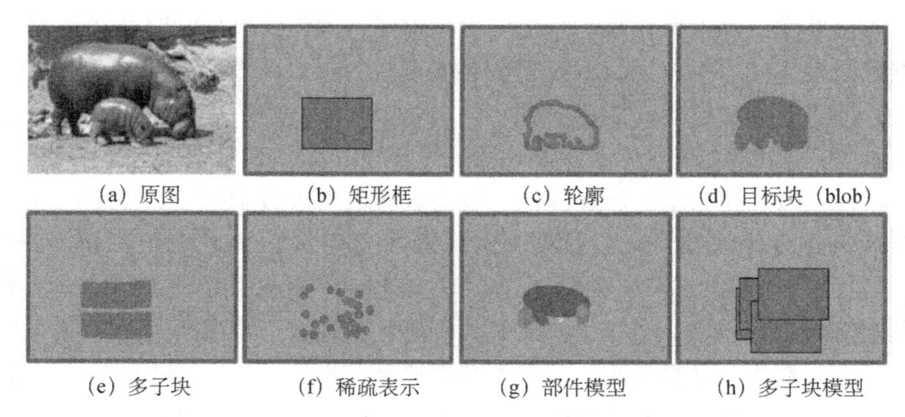

（a）原图　（b）矩形框　（c）轮廓　（d）目标块（blob）
（e）多子块　（f）稀疏表示　（g）部件模型　（h）多子块模型

图 8.1　目标的区域描述类型

（2）目标特征提取。

在目标特征表示方面，目前流行的在线跟踪的目标特征表示方法主要包括三种：原始像素、直方图，以及特征向量。原始图像的灰度值特征广泛应用于许多跟踪框架，如 NCC[5]、Struck[24]等。这些跟踪方法通常假设灰度特征在跟踪过程中保持不变，然而这样的假设在大多数情况下是不成立的，因此原始图像的灰度特征很难适应目标外观的变化，比如光照、旋转、变形等。由于使用原始像素来描述目标具有一定的局限性，因此有人提出采用颜色直方图来描述目标。颜色直方图是一种描述特征的向量，与空间位置无关，表示了目标区域的颜色值分布。对于目标分割难度较大的图像，使用颜色直方图是一个较好的选择。根据颜色空间和坐标系的不同，直方图可以分很多种，平时使用最多的是 RGB 颜色空间，灰度直方图是颜色直方图的一个特例。很多跟踪算法都使用颜色直方图作为特征描述子，例如，Mean Shift、HBT 和超像素使用了颜色直方图，Frag-Track 和 ACT 使用了灰度直方图。He 等人在 2013 年提出了位置敏感直方图（locality sensitive histogram，LSH）特征[99]，该方法是一种采用浮点数表示的直方图特征，而一般的直方图采用整数表示，这样使得特征保留了目标的局部信息，在跟踪过程中的表现优于一般的直方图。He 将该特征用于在线目标跟踪，并取得了很好的效果。特征向量因其具有较强的描述能力，在跟踪算法中使用最多，例如，Struck 跟踪算法使用了 Haar-like 特征[100]，KCF 跟踪算法[26]使用了方向梯度直方图（histogram of oriented gradient，HOG）特征[101,102]，压缩跟踪使用了压缩特征，同时积分直方图、LBP[103]等特征也使用较多。另外，SIFT（scale-invariant feature transform，尺度不变特征变换）[104]、SURF（speeded up robust features，加速稳健特征）[105]、ORB（oriented fast and rotated brief）[106]、BRISK（binary robust invariant scalable keypoints）[107]和 BRIEF（binary robust independent elementary features）[108]等基于特征点的描述子也得到了应用。单个特征很难对目标进行精准的描述，将特征进行融合来描述目标是一种较好的解决思路，这样的特征能适应目标的很多变化，比如外形变化、光照变化以及遮挡等。因此，基于特征选择以及特征融合算法受到了越来越多的关注。KCF 跟踪算法可以选择 HOG 或者图像的灰度值作为特征描述子，Struck 算法使用了多个不同的 Haar-like 特征进行融合，比起使用单个特征，该融合特征表现得更加鲁棒。

（3）运动模型。

运动模型主要用于建立相邻两帧图像之间的状态关系，因此可以估计目标在下一帧图像中的状态。在目标跟踪过程中，由于场景的变化是比较缓慢的，可以利用运动模型弥补外观模型的不足。此外，根据目标的运动信息，在目标预测中可以减少搜索的范围，提高计算效率。常见的运动模型有两种，其中光流法最为常见，另一种是图像配准。光流法直接估计图像中像素对应的运动，但是在实际应用场景中，帧间同一像素的亮度不可避免地会发生变化，且目标的运动也很难达到连续“小运动”的条件，因此使用原始像素的运动模型很容易受到外界因素的影响。很多学者尝试用特征来替代原始像素，希望得到更好的结果。图像配准方法首先提取特征，特征可以是 SIFT、SURF、BRISK、BRIEF 等，然后对提取的特征匹配[109]和估计。这种方法对刚体目标的旋转和缩放具有较强的鲁棒性，因此比较适用于刚体目标的跟踪。但对于非刚体目标的跟踪，当目标发生形变时，特征就会发生变化；对于较小的目标，提取特征具有一定的难度，这些问题的存在使得难以完成特征匹配，因此图像配准的方法不适用非刚体目标和小目标的跟踪，通常使用较少。Liu 等人在 2011 年提出 SIFT 流匹配算法[110]，利用 SIFT 特征替换原始像素特征进行匹配。该方法的性能得到了极大的提升，并且可以得到稠密的点匹配结果。目前，运动模型的研究已经取得了很大的进步，准确度和效率提高了很多。然而对于在线目标跟踪来说，仅仅使用运动估计模型实现的跟踪器，无疑会产生跟踪漂移和跟踪失败。此外，由于目标在运动过程中会发生变化，背景也会发生不可预测的变化，不可避免地出现目标离开摄像机的视野区域或是遮挡等问题，这就要求精确的图像匹配，而精确的图像匹配算法的成本太高，难以满足实时性要求，因此，可将运动模型和外观模型结合，利用各自的优势达到长时在线跟踪的目的，这已经是目标跟踪的一种趋势。

2. 目标预测机制

目标预测是为了通过现有的信息推测出目标在下一帧中可能出现的位置，通过推选出一定数量的候选样本以缩小目标搜索范围，实现准确的目标预测可以减少跟踪的计算量，实现实时跟踪，同时也是实现长时在线跟踪的基础条件。

第一种常见的预测机制是均匀搜索，即在距离上一帧目标一定像素距离范围内进行均匀搜索，得到候选样本，再输入到外观模型或运动模型，最后得到目标位置。NCC 跟踪算法就是使用均匀搜索作为目标预测机制的。由于目标出现的位置不会离上一帧图像太远，所以大多数情况下预测结果是准确的，但是当目标运动太快时，就会出现跟踪漂移。

均匀搜索实际上是为所有的候选样本设定了同样大小的重要性权值，而基于概率分布的高斯运动模型则根据候选区域到目标位置的距离为候选样本设定一个重要性权值：距离近的区域将得到更大的权重；反之，则得到一个小的权值。L1T（l_1 Tracker）[98]和 IVT（incremental visual tracking）[111]等算法使用了这种预测机制。当搜索区域过大时，这种方法有一定的优势，可以减少很多计算量，因为离目标近的区域有更大的权值，但如果摄像机发生抖动，则这种预测机制将会失败。

以上两种方法都需要搜索很大的空间。为了减少搜索空间和节省计算时间，卡尔曼滤波被用来预测目标的位置[95,112]，ACT 跟踪使用了卡尔曼滤波并取得了准确的预测结果；同时也有人使用光流法对目标的位置进行预测。各类预测机制如图 8.2 所示。

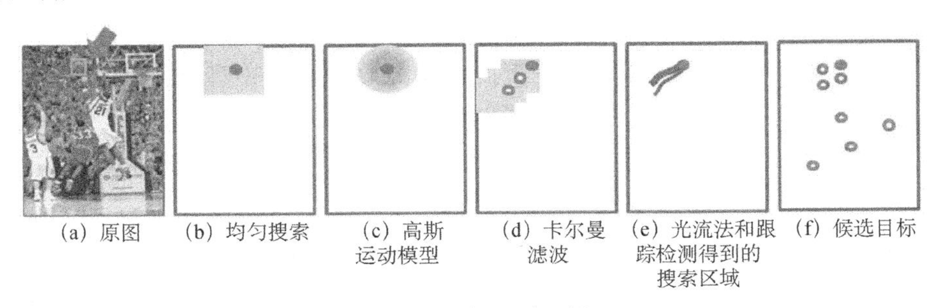

图 8.2　目标预测机制

当目标运动很快，或者发生遮挡时，预测的搜索范围可能失效，此时无法得到候选样本。因此有人提出了跟踪检测的方法，如 TLD 跟踪算法中就是用到了该预测机制，当目标被遮挡后，能重新定位到目标位置。

最理想的预测机制是当跟踪过程中目标发生旋转、尺度变化、变形时依然能准确地预测目标的位置及搜索范围，然后利用外观模型才能计算出准确的目标位置。

3. 模型更新机制

跟踪模型的主要任务是准确跟踪到目标，形成目标运动的轨迹。达到准确跟踪的前提是外观模型要实时更新，以适应目标和场景的变化，从而提高模型的鲁棒性。在更新过程中，如果只使用目标的当前状态信息，则当目标运动过程中发生变化时就会使得跟踪失败，因此要维持一个正确的跟踪模型，不仅需要目标当前的状态信息，还需保留一定的历史信息，这样就能适应目标运动过程中的各种变化了。

一般来说，更新方式分为直接更新、不更新以及选择性更新三类。直接更新无须对跟踪结果进行评估，而是无条件地对外观模型进行更新。不更新则始终保持目标的外观模型不变，这种方法很少，且效果很差。选择性更新会对跟踪结果进行评估，并根据评估结果决定是否对模型进行更新，以及如何更新。

不更新模板的跟踪方法在早期的跟踪算法中出现，由于其不能适应目标的变化，已逐渐被淘汰。NCC 跟踪算法就是其中之一，始终保持原始的模板不变。该方式适合于刚体目标的跟踪。

选择性更新模型的跟踪算法需要对结果进行决策以判断跟踪结果的好坏，进而确定是否更新模型，以及如何更新模型，因此该策略是最复杂的更新策略。一般模型会将具有较高置信度的跟踪结果作为更新标准，当目标被遮挡或者运动出视场时则会得到较低置信度的跟踪结果，此时模型不会更新，同时也不会将背景看作目标区域，以免给模型带来一些坏数据，因此能够保证模型的正确性。TLD 算法就是通过选择性更新策略来保证跟踪结果的准确性和鲁棒性的。

选择性更新策略综合了直接更新和不更新策略这两种方法的优点。但是在跟踪过程中，先验知识的缺乏以及准确跟踪结果反馈机制的缺失，使得跟踪模型很难适应目标的变化，从而导致跟踪失败。所以，如何选择鲁棒的模型更新机制仍需要进一步研究。

4. 多跟踪模型融合

由于在跟踪过程中场景是复杂多变的，同时目标也会发生变化，单个跟踪模型很难得到准确的跟踪结果。将多个跟踪模型进行融合，取长补短，最终得到一个融合模型是许多研究者的做法，这种方法有助于实现长时准确的在线跟踪。

TLD 算法[23]将目标的外观模型和运动模型结合在一起：外观模型为当前帧检测到的目标建立了二值分类器，运动模型则使用光流法。如图 8.3 所示，目标检测与跟踪同时进行，若目标外观模型对应的分类器输出函数值较高，则将检测结果作为最终的跟踪结果；否则，将加权平均的检测与跟踪结果作为最终的目标位置。TLD 具有一定的重新找回目标的能力，当跟踪器漂移时仍能找回目标。VTD（visual tracking decomposition）[113]和 VTS（visual tracker sampler）[114]跟踪器建立了多个外观模型和多个运动模型，将所有的跟踪器输出进行交互，并对输出结果的鲁棒性进行判断，最终一个最可信的结果作为跟踪结果，如图 8.4 所示。利用多个跟踪模型对目标进行跟踪，当其中部分跟踪模型发生错误时，其他跟踪模型仍然能跟踪成功并发挥作用。

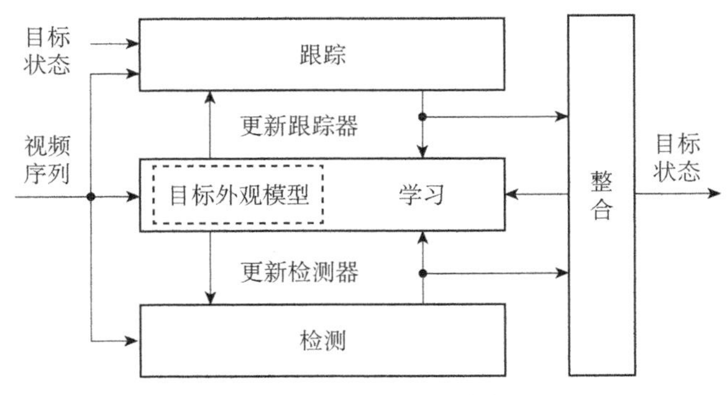

图 8.3　TLD 的模型融合策略

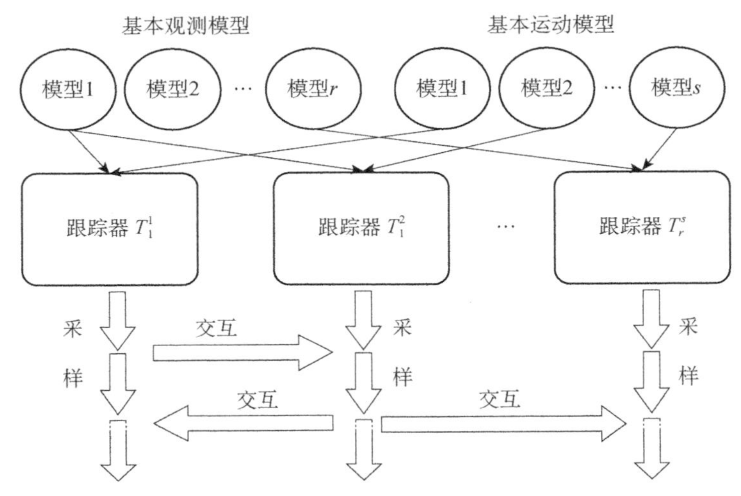

图 8.4　VTD 跟踪算法中的多模型融合示意图[113]

T_r^s 表示有观测模型 r 和运动模型 s 组合得到的跟踪器

Ju 等[115]将多种特征以及多个跟踪器进行组合，不仅使目标的表示更加完整，还丰富了模型，可以适应目标和场景的变化。利用跟踪器的交互输出最后的跟踪结果。

以下将具体介绍可信赖子块及融合可信赖子块和核相关滤波器的目标跟踪方法。

8.2　可信赖子块

本节主要介绍跟踪器如何评估可信赖子块。首先介绍序列化的蒙特卡洛框架；其次介绍如何计算代表每个子块的可信赖程度的似然函数，包括子块的可跟踪度量和子块与整体目标关系两方面。

8.2.1 序列化的蒙特卡洛框架

跟踪算法的关键是找到并跟踪目标上的可信赖子块，如何得到可信赖子块非常复杂，本章建立一个序列化的蒙特卡洛框架来估计一个概率分布，下面给出整个推理过程。

一般地，使用一个矩形框来表示一个子块（子块用变量 x 表示，x 包含子块在图像中的宽度、高度及中心的横纵坐标，那么 x 满足 $x \in \mathbf{R}^4$），给定之前所有帧图像的观测量 $z_{1:t-1}=\{z_1,z_2,\cdots,z_{t-1}\}$，对于当前帧（第 t 帧）子块 x_t 决定其是否可依赖的概率密度函数可表示为：

$$p(x_t \mid z_{1:t-1})=\int p(x_t \mid x_{t-1})p(x_{t-1} \mid z_{1:t-1})\,\mathrm{d}x_{t-1} \tag{8.1}$$

其中，$p(x_t \mid z_{1:t-1})$ 是状态密度函数，根据贝叶斯法则，可以通过递归计算得到：

$$p(x_t \mid z_{1:t})=\frac{p(z_t \mid x_t)p(x_t \mid z_{1:t-1})}{p(z_t \mid z_{1:t-1})} \tag{8.2}$$

其中，$p(z_t \mid x_t)$ 是观测量的似然函数。$p(x_t \mid x_{t-1})$ 表示转移密度函数，用 N 表示高斯分布，则 $p(x_t \mid x_{t-1})$ 定义如下：

$$p(x_t \mid x_{t-1})=N(x_t;x_{t-1},\boldsymbol{\Psi}(x_{t-1})) \tag{8.3}$$

其中，函数 $\boldsymbol{\Psi}(x)$ 用于从 x 中提取子块的横纵坐标，其表达式为：

$$\boldsymbol{\Psi}(x)=[O,E]x$$

其中，O 为二阶零矩阵，E 表示二阶的单位矩阵。$p(x_t \mid x_{t-1})$ 使可信赖子块向目标周围移动，并且使得跟踪器对局部结构更加敏感。

通常，一个可依赖的子块具有两个特征：①可以被跟踪；②紧贴在目标附近。这两个特征可以通过观测量的似然函数表示为：

$$p(z_t \mid x_t)=p_t(z_t \mid x_t)p_0(z_t \mid x_t) \tag{8.4}$$

其中，$p_t(z_t \mid x_t)$ 表示一个子块可以被有效跟踪的置信度，$p_0(z_t \mid x_t)$ 表示子块在跟踪目标上的概率。

由于变量 $x \in \mathbf{R}^4$，若直接在四维空间上进行推导，则状态空间太大，因此采用粒子滤波估计后验概率，即子块是否可依赖的概率密度函数 $p(x_t \mid z_{1:t-1})$。第 i 个粒子的权重 $w_t^{(i)}$ 可以通过如下方式计算：

$$w_t^{(i)} = w_{t-1}^{(i)} \, p(z_t \mid x_t^{(i)}) \tag{8.5}$$

如此一来，可以将可信赖子块看作粒子，那么目标就能被看作一个由可信赖子块粒子组成的集合，对目标的跟踪就是对这些粒子的跟踪。为了简化模型，一个子块的粒子定义为 $X_t^{(i)} = \{x_t^{(i)}, V_t^{(i)}, y_t^{(i)}\}$，$V_t^{(i)}$ 表示子块 $x_t^{(i)}$ 在时间窗口上的运动轨迹；$y_t^{(i)}$ 表示子块 $x_t^{(i)}$ 的标签，其值为+1 或者−1，因此跟踪目标可以表示为：

$$M_t = \{X_t^{(1)}, \cdots, X_t^{(N)}, x_t^{\text{target}}\} \tag{8.6}$$

其中，N 表示目标可信赖子块的数量；x_t^{target} 为被跟踪的目标的最终状态。将跟踪和子块的估计融为一体，在每次重新计算粒子权重时，只有 M_t 的长度尽可能长，才能保证跟踪的性能有所提高。

在序列化的蒙特卡洛框架下的可信赖子块跟踪通过仿射变换估计目标的状态，并直接使用粒子滤波推导可信赖子块是否在目标区域范围上。相比于传统的滤波方法，该跟踪方法无须在每一帧移除所有粒子并且重新采样状态空间，而是通过基础跟踪器跟踪子块的位置，通过粒子权重获得每个可信赖子块的后验概率，进而估计跟踪目标的尺度和位置。因此，整个过程保证始终可以跟踪到目标的可信赖子块，跟踪结果比矩形框描述方法更鲁棒。

8.2.2　子块的可跟踪性度量

本节采用峰-旁瓣比（peak-to-side lobe Ratio，PSR）[116]作为一个子块能否被有效跟踪到的置信度度量方法，它用来在信号响应中衡量信号峰的强度，被广泛应用于信号处理领域。本节将 PSR 泛化为在跟踪器中子块的可跟踪置信度函数：

$$s(X) = \frac{\max(R(X)) - \mu_{\Phi}(R(X))}{\sigma_{\Phi}(R(X))} \tag{8.7}$$

其中，$R(X)$ 表示响应图；Φ 是在峰值附近的区域，本节中取响应图的 15%；μ_{Φ} 和 σ_{Φ} 分别表示 R 中除去 Φ 的区域（旁瓣）均值和标准差。可以看出 $s(X)$ 随着 $R(X)$ 的峰值的增加而增加。因此，$s(X)$ 可以被当作衡量一个子块是否被跟踪到的置信度。由于 Φ 与子块的尺寸成正比，所有 $s(X)$ 可以处理目标尺度的变化。图 8.5 列出了一个测试图像的以各像素位置为中心的子块的 $s(X)$ 的分布，假设子块的尺寸固定。可以看到图像中有许多峰值，并揭示了图像的大致结构。通常，对于图像中的像素位置 (i, j)，$R(X)$ 模板和采样的子块之间的距离成反比，定义为：

$$R_{i,j}(X) \propto \frac{1}{d(T, f(X + u(i,j)))} \tag{8.8}$$

其中，$d(T, f(\cdot))$ 表示模板 T 与图像中观测量之间的距离，$f(\cdot)$ 表示特征提取函数，$u(i,j)$ 表示坐标 (i,j) 的偏移量。

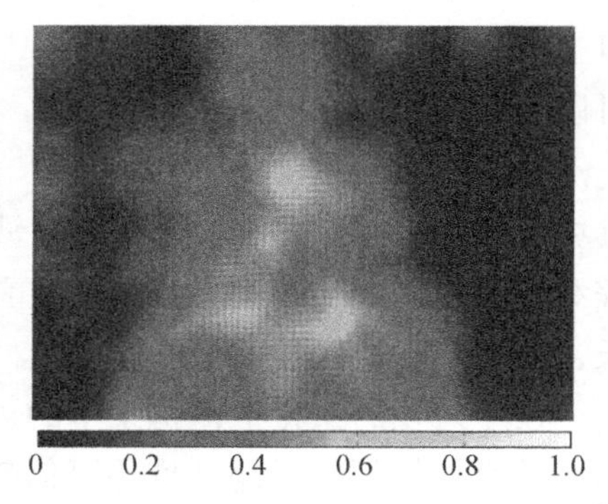

图 8.5　跟踪目标的中心在不同位置所对应的下一帧图像是否可以被跟踪到的置信度（见彩图）
目标的尺寸固定

在 8.6 节中，将采用 KCF 作为基础子块的跟踪器，直接使用相关滤波器的响应图来得到跟踪置信度函数 $s(X)$，因此可跟踪观测量的似然函数可进一步表示为：

$$p(z_t \mid x_t) \propto s(X_t)^{\lambda} \tag{8.9}$$

其中，λ 是一个权衡系数，在本章实验中设为 2。

8.2.3　子块与整体目标的关系

使用目标的运动轨迹信息来获取一个子块落在特定目标上的概率，在这里，同时跟踪了前景子块和背景子块粒子，并且记录了每个子块连续 k 帧的轨迹：$V_t = \left[v_{t-k+1}^{\mathrm{T}}, \cdots, v_t^{\mathrm{T}}\right]^{\mathrm{T}} \in \mathbf{R}^{2k}$，其中 $v_t = \Psi_2(x_t - x_{t-1})$ 表示运动向量，$\Psi_2 = [E_{2\times2}, O_{2\times2}] \in \mathbf{R}^{2\times4}$ 是一个选择位置向量的矩阵。

由于子块的粒子会取代不同的目标，所以记录了过去 k 帧的运动向量，使得轨迹更加鲁棒性，使用 l_2 范数计算轨迹之间的距离。

在这里通过一个以目标为中心的矩形框将图像划分为两部分，而不是使用聚类方法将所有轨迹进行聚类，然后设置矩形框内部的子块的标签为+1，即看作正例，设置矩形框外部的子块的标签−1，即为负例。以图 8.6 中黄色矩形框（Small）内区域为例，其中的红色矩形框为子块粒子，衡量一个子块与其标签相同的一类子块之间的距离的函数表示如下：

$$l(X_t) = y_t \left(\frac{1}{N^-} \sum_{j \in \Omega_t^-} \left\| V_t - V_t^{(j)} \right\|_2 - \frac{1}{N^+} \sum_{i \in \Omega_t^+} \left\| V_t - V_t^{(i)} \right\|_2 \right) \tag{8.10}$$

其中，$y_t \in \{+1, -1\}$ 表示子块是否在黄色矩形框 Small 内部，若在内部则为+1，否则为−1；Ω_t^+ 表示时刻 t 标签为+1 的所有子块粒子的集合，相反 Ω_t^- 则是标签为−1 的所有子块粒子的集合；N^+ 和 N^- 分别表示这两个集合的元素个数。

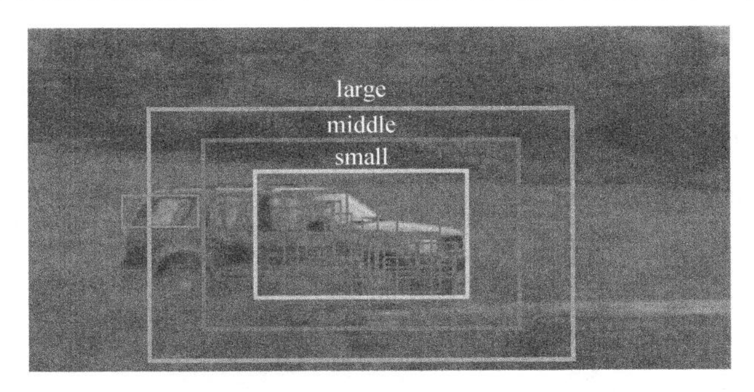

图 8.6　设置子块粒子标签示意图（见彩图）

矩形框从大到小依次记为 large、middle 和 small，其余矩形框为子块

如果子块分布均匀集中，$l(X_t)$ 的取值会比较大。当所有的运动轨迹比较接近时，$l(X_t)$ 的取值会接近 0。因此，需要重新给子块设置标签的值，并且重点关注目标上的子块，由 $l(X_t)$ 定义的子块属于目标的概率公式有如下关系：

$$p_o(z_t \mid x_t) \propto \mathrm{e}^{\mu l(X_t)} \tag{8.11}$$

其中，μ 表示权重系数，通常取 1。如果前景和背景没有明显的运动，则 p_o 的值会接近 1，对观测有些微的影响。

8.3　可信赖子块跟踪器

基于得到的可信赖子块粒子的表示，可以根据统计方法[117]估计目标的状态，通过每一个子块粒子对应的向量 $d_t^{(i)} = \Psi_2(x_t^{(\text{target})} - x_t^{(i)}) \in \mathbf{R}^2$ 计算其相应子块的尺度变化：

$$D_t^{(i)} = \left\{ \frac{\left\| r^{i,j} \right\|}{\left\| d^{i,j} \right\|}, i \neq j \right\} \tag{8.12}$$

其中，$r^{i,j} = \Psi_2(x_t^{(i)} - x_t^{(j)})$，$d^{i,j} = d_t^{(i)} - d_t^{(j)}$。最终目标的尺度可以通过集合的中

值得到 $c_t = \mathrm{median}(D_t^{(i)})$（函数 median(•) 表示取中值）。为了使结果更加鲁棒，可以使用高斯滤波输出最终结果。

目标的位置坐标可以通过 Hough voting 框架[93]估计得到，假设可信赖的子块具有结构的一致性，把归一化的子块粒子权重 $w_t^{(i)}$ 作为跟踪结果的置信度，通过所有的正例子块粒子投票得到最终矩形框的中心：

$$p_t^{\text{target}} = \sum_{i \in \Omega^+} w_t^{(i)} (\Psi_2 x_t^{(i)} + c_t d_t^{(i)}) \tag{8.13}$$

最后跟踪到的目标状态可以表示为：

$$x_t^{\text{target}} = [p_t^{\text{target}}, c_t \Psi_2 (x_{t-1}^{\text{target}})] \tag{8.14}$$

假正例（false positive）有非常小的权重，使得投票结果具有鲁棒性。当运动变化不明显时，假正例子块的位置距离正例不会太远。当子块粒子的数量增多时，目标的估计结果会更准确。某一帧图像的跟踪结果如图 8.7 所示。

图 8.7　某一帧图像的跟踪结果（见彩图）

红色矩形框表示有用的子块，绿色表示原理目标的子块，黄色矩形框表示最后的目标位置

传统方法在每一帧都需要对所有粒子进行重新采样，而本节方法保留了前一帧的子块粒子，只对其权值进行更新，只有满足以下三个准则时才重采样。

（1）子块远离目标（C1）。

如图 8.6 定义中心一致、不同大小的两个矩形框：青色矩形框（large）和粉色矩形框（middle）。当粒子远离跟踪的目标时，则认为其重要性会下降，因此将 large 矩形框外的粒子去掉，同时，对 middle 矩形框外的粒子进行重采样。

（2）背景和前景之间的粒子失去平衡（C2）。

由于计算过程中粒子的规模是固定的，因此必须保持前景粒子和背景粒子数量之间的平衡来维持模型的稳定性。特别地，当正样例的数量超过一定的阈值 γ 时，对权值较小的正例进行重采样；同理，当负样例的数量超过一定的阈值时，将权值较大的进行重采样。

（3）较低的跟踪置信度（C3）。

对具有较低跟踪置信度的粒子进行重采样，这个准则潜在地减少了计算复杂度并提高了鲁棒性。

在重采样的过程中，子块粒子的基础跟踪器时常会重新初始化。因此，新的外观模型将从新的子块中学习。另外，每个跟踪器会单独更新。整个算法的流程如算法 8.1 所示。

算法 8.1　可信赖子块跟踪模型算法框架

输入：跟踪模型 M_{t-1}，第 t 帧图像 I_t

输出：更新后的模型 M_t，新的目标状态 x_t^{target}

（1）对每一个 $X_{t-1}^{(i)} \in M_{t-1}$：

①在图像 I_t 中使用 $T_{t-1}^{(i)}$ 对 $X_{t-1}^{(i)}$ 进行跟踪；

②更新 $x_t^{(i)}$，$V_t^{(i)}$ 和 $X_t^{(i)}$。

（2）根据式（8.4）和式（8.5）计算粒子的权重 $W=[w_t^{(1)},\cdots,w_t^{(N)}]$。

（3）根据式（8.13）计算目标的位置 p_t^{target}。

（4）根据准则 C1、C2 和 C3 对位置 p_t^{target} 重采样。

（5）根据式（8.14）得到目标的状态 x_t^{target}。

（6）返回 M_t 和 x_t^{target}。

8.4　线性回归与循环移位

大部分基于检测的在线目标跟踪算法，有的样本不足，导致分类器判别能力差；当样本数量大时，又会导致计算量太大，计算时间太长。大部分主流算法只使用了少量的训练样本以保证算法的实时性，在一定程度上牺牲了准确度和鲁棒性。所以，亟须提出一种既能保证实时性又能尽量选取足够的样本进行训练的跟踪算法作为基础跟踪器。

8.4.1　线性回归模型

由于岭回归具有解析解（闭式解），使用岭回归模型能够得到与复杂方法同样的效果，如支持向量机（support vector machine，SVM），训练的目标是为输入样本 x 寻找一个函数 $f(x)=w^{\mathrm{T}}x$ 使得平方误差最小。

$$w = \arg\min_{w} \sum_{i} (f(x_i) - y_i)^2 + \lambda \|w\|^2 \tag{8.15}$$

其中，w 表示用于分类的权重；x_i 为输入样本；y_i 表示输入样本 x_i 的标签；λ 为正则化系数，防止过度拟合。线性回归的最小二乘解可表示为：

$$w = (X^{\mathrm{T}} X + \lambda I)^{-1} X^{\mathrm{T}} y \tag{8.16}$$

其中，矩阵 X 的每一列表示一个样本 x_i；向量 y 的每一个元素 y_i 对应 x_i 的回归值；I 为单位矩阵。在复数域表示为：

$$w = (X^{\mathrm{H}} X + \lambda I)^{-1} X^{\mathrm{H}} y \tag{8.17}$$

其中，X^{H} 表示 X 的共轭转置矩阵，$X^{\mathrm{H}} = (X^*)^{\mathrm{T}}$，$X^*$ 表示 X 在复数域的共轭矩阵。

通常，计算一个大的线性系统非常耗时，不可能达到实时，下面介绍一个突破该限制的方法。

8.4.2　循环移位

为了方便理解，以单通道一维的数字信号为例，然后将该结果直接可以推广到多通道二维图像上。

给定一个 n 维的行向量（该向量可以看作一维化的图像样本），表示目标上一个感兴趣子块向量化的结果，用 x 表示，并将其作为基础样本。我们的目标是训练一个分类器，以基础样本 x 作为正样本，x 的变换样本（偏移样本）作为负样本，因此可以使用一维向量的循环移位矩阵来得到负样本。循环移位矩阵 P 表示如下：

$$P = \begin{bmatrix} 0 & 0 & 0 & \cdots & 1 \\ 1 & 0 & 0 & \cdots & 0 \\ 0 & 1 & 0 & \cdots & 0 \\ \vdots & \vdots & \vdots & & \vdots \\ 0 & 0 & \cdots & 1 & 0 \end{bmatrix} \tag{8.18}$$

乘积 $Px = [x_n, x_1, x_2, \cdots, x_{n-1}]^{\mathrm{T}}$ 是将 x 向右循环移动一位，表示一个小的变换。可以将多个变换连接为一个大的变换，$P^u x$ 表示 u 次小的变换。而当 u 为负数时表示向左移动。一维信号的循环移位如图 1.7 第二行所示，二维图像的循环移位变换如图 1.7 第三行所示。

由于循环性质，每循环 n 次又可以得到相同的信号 x，这意味着可以通过下式得到所有的信号：

$$\{P^u x \mid u = 0,1,\cdots,n-1\} \tag{8.19}$$

8.4.3　循环矩阵

为了计算循环样本的回归值，使用式（8.19）计算 x 的循环移动 $n-1$ 次的结果，并将其联合形成数据矩阵 X，称为循环矩阵：

$$X = C(x) = \begin{bmatrix} x_1 & x_2 & x_3 & \cdots & x_n \\ x_n & x_1 & x_2 & \cdots & x_{n-1} \\ x_{n-1} & x_n & x_1 & \cdots & x_{n-2} \\ \vdots & \vdots & \vdots & & \vdots \\ x_2 & x_3 & x_4 & \cdots & x_1 \end{bmatrix} \tag{8.20}$$

循环移位的效果如图 1.7 第二行所示，其模式是确定性的，由第一行的数据 x 决定。

从式（8.20）可以发现，所有的循环矩阵都可以通过对角矩阵的离散傅里叶变换（DFT）得到，不管生成向量 x 如何，都可以表示如下：

$$X = F\mathrm{diag}(\hat{x})F^{\mathrm{H}} \tag{8.21}$$

其中，F 表示与 x 无关的常数矩阵，$\hat{x}$ 为 x 通过离散傅里叶变换得到的向量，$\mathrm{diag}(\hat{x})$ 为基于 $\hat{x}$ 生成的对角矩阵。常数矩阵 F 叫作离散傅里叶矩阵（DFT 矩阵），可被用于计算任意输入向量的离散傅里叶变换，比如对于向量 $x \in \mathbf{R}^n$，其离散傅里叶变换为 $\hat{x}=Fx$，且 F 为酉矩阵[26]。DFT 矩阵示意图如图 8.8 所示。

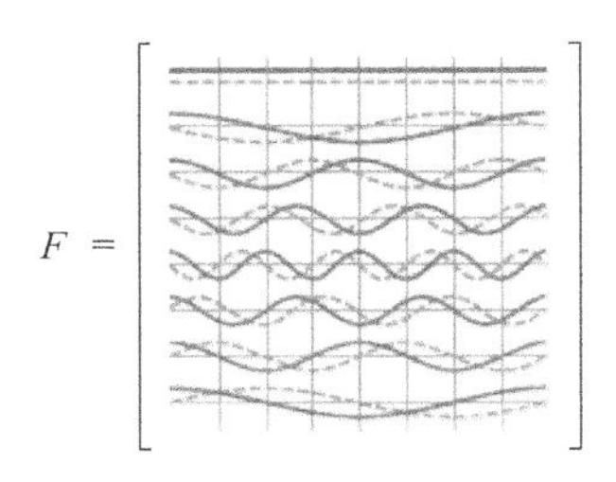

图 8.8　DFT 矩阵的基向量示意图

所有行组成一系列不同频率的正弦波，实线和虚线分别表示复数域的实部和虚部

将以上的知识用于式（8.17）的线性回归，其中训练数据由循环移位得到，利用对角矩阵计算是非常省时的，因为所有运算都可以通过对角矩阵元素之间的乘积完成，即矩阵的阿达马（Hadamard）积。

对于 $X^{\mathrm{H}}X$，可以被看作去中心化的协方差矩阵，使用式（8.21）替换可以得到：

$$\begin{aligned} X^{\mathrm{H}}X &= (F\mathrm{diag}(\hat{x})F^{\mathrm{H}})^{\mathrm{H}}F\mathrm{diag}(\hat{x})F^{\mathrm{H}} \\ &= F\mathrm{diag}(\hat{x}^{*})F^{\mathrm{H}}F\mathrm{diag}(\hat{x})F^{\mathrm{H}} \end{aligned} \tag{8.22}$$

由于对角矩阵具有对称性，共轭转置这时可以等价于共轭。另外，可以把 $F^{\mathrm{H}}F$ 合并为单位矩阵 I，因此，最终表示如下：

$$X^{\mathrm{H}}X = F\mathrm{diag}(\hat{x}^{*})\mathrm{diag}(\hat{x})F^{\mathrm{H}} \tag{8.23}$$

因为在对角矩阵上的运算可以看作对每个元素的运算，定义元素对应的积运算为 $\odot$ ，因此有：

$$X^{\mathrm{H}}X = F\mathrm{diag}(\hat{x}^{*} \odot \hat{x})F^{\mathrm{H}} \tag{8.24}$$

由于括号内的结果是信号 x 的自相关性（在离散傅里叶域上叫作能量谱），对于随时间变化的一维信号，它表示时变过程在不同时间间隔上的变化，对于图像信号，则反映了其在空间上的变化。

以上步骤总结了一般的处理方法，将循环矩阵用对角化的形式表示。使用对角化性质递归地表示线性回归：

$$\hat{w} = \mathrm{diag}\left(\frac{\hat{x}^{*}}{\hat{x}^{*} \odot \hat{x} + \lambda}\right)\hat{y} \tag{8.25}$$

或者更好地表示为：

$$\hat{w} = \frac{\hat{x}^{*} \odot \hat{y}}{\hat{x}^{*} \odot \hat{x} + \lambda} \tag{8.26}$$

式（8.26）中的分数为对应元素相除，很容易通过离散傅里叶反变换恢复为空间域中的 w ，该变换的代价与离散傅里叶正变换相同。

8.5 核空间的岭回归

为了找到一个非线性映射函数 $\phi(x)$ ，使映射后的样本在新的空间中线性可分，那么在新的空间上就可以使用岭回归来寻找一个分类器 $f(x_i) = w^{\mathrm{T}}\phi(x_i)$ ，所以这时得到的权重系数为

$$w = \min_{w}\|\phi(X)w - y\|^2 + \lambda\|w\|^2 \tag{8.27}$$

其中， w 是 $\phi(X) = [\phi(x_1), \phi(x_2), \cdots, \phi(x_n)]^{\mathrm{T}}$ 向量张成空间中的一个向量，所以可以令 $w = \sum_i \alpha_i \phi(x_i)$ ，上式就变为

$$\alpha = \min_{\alpha}\|\phi(X)\phi(X)^{\mathrm{T}}\alpha - y\|^2 + \lambda\|\phi(X)^{\mathrm{T}}\alpha\|^2 \tag{8.28}$$

该问题是一个对偶问题，令目标函数关于向量 α 的导数为 0，可做如下

推导：

$$J(\alpha)=\alpha^{\mathrm{T}}\phi(X)\phi(X)^{\mathrm{T}}\phi(X)\phi(X)^{\mathrm{T}}\alpha-2y^{\mathrm{T}}\phi(X)\phi(X)^{\mathrm{T}}\alpha+C+\lambda\alpha^{\mathrm{T}}\phi(X)\phi(X)^{\mathrm{T}}\alpha$$

$$\frac{\partial J}{\partial\alpha}=2\phi(X)\phi(X)^{\mathrm{T}}\phi(X)\phi(X)^{\mathrm{T}}\alpha+2\lambda\phi(X)\phi(X)^{\mathrm{T}}\alpha-2\phi(X)\phi(X)^{\mathrm{T}}y=0 \quad (8.29)$$

$$\alpha^{*}=(\phi(X)\phi(X)^{\mathrm{T}}+\lambda I)^{-1}y$$

其中，C 为不包含 α 的常数项。

对于核方法，一般不知道非线性映射函数 $\phi(x)$ 的具体形式，而只是刻画在核空间的核矩阵 $\phi(X)\phi(X)^{\mathrm{T}}$，那么令 K 表示核空间的核矩阵，由核函数得到 $K=\phi(X)\phi(X)^{\mathrm{T}}$，于是 $\alpha^{*}=(K+\lambda I)^{-1}y$，此时分类器可表示为

$$f(z)=w^{\mathrm{T}}\phi(z)=\alpha^{\mathrm{T}}\phi(X)\phi(z) \quad (8.30)$$

在推导循环矩阵时，可知循环矩阵能够通过傅里叶对角化来简化计算（式（8.21））。所以 α 的计算过程中，通过 K 的对角化将求逆运算变为元素运算，那就需要，对应的核函数能够使 K 成为一个循环矩阵。

对于核矩阵 K，当其对应的和函数 k 满足条件 $k(x,x')=k(Mx,Mx')$ 时，K 为循环矩阵，其中 M 是置换矩阵。如常见的高斯核、多项式核、加性核等都满足该条件。

若 K 是循环矩阵，则

$$\begin{aligned}\alpha&=F\mathrm{diag}(\hat{k}^{xx}+\lambda)^{-1}F^{\mathrm{H}}y\\ \hat{\alpha}&=\frac{\hat{y}}{\hat{k}^{xx}+\lambda}\end{aligned} \quad (8.31)$$

其中，k^{xx} 表示循环矩阵 K 的第一行，$K=C(K^{xx})$。对于两个不同的向量 x 与 x'，它们之间的核相关向量为

$$k_i^{xx'}=k(x',P^{i-1}x) \quad (8.32)$$

8.6　融合可信赖子块与核相关滤波的目标跟踪

为了检测到感兴趣目标，一般不会单独计算候选样本 z 的回归函数值 $f(z)$，而是对几个图像区域，使它们互相之间可以通过循环移位得到，这样可以节省计算时间。定义 K^{z} 为所有训练样本和所有候选样本的核矩阵，令训练样本和候选样本的基础样本分别为 x 和 z，那么循环矩阵 K^{z} 中的每一个元素可以通过 $k(P^{i-1}z,P^{j-1}x)$ 得到。

同样，只需要第一行就可以确定核矩阵：

$$K^z = C(k^{xz}) \tag{8.33}$$

其中，k^{xz} 为 x 和 z 的核相关向量。那么计算所有候选样本的回归函数：

$$f(z) = (K^z)^{\mathrm{T}} \alpha \tag{8.34}$$

注意，$f(z)$ 为向量，包括了 z 的所有移位结果的输出。为了更加有效的计算，将其对角化，可得

$$\hat{f}(z) = \hat{k}^{xz} \odot \hat{\alpha} \tag{8.35}$$

直观的理解是，对所有位置的 $f(z)$ 可以看作是一个在 k^{xz} 上的空间滤波。每一个 $f(z)$ 是核矩阵中相邻值的线性组合，其权重通过学习得到的系数向量 α 决定，所以这是滤波运算，在离散傅里叶变换域计算更加高效。核化滤波器在跟踪图像上的响应如图 8.9 所示。

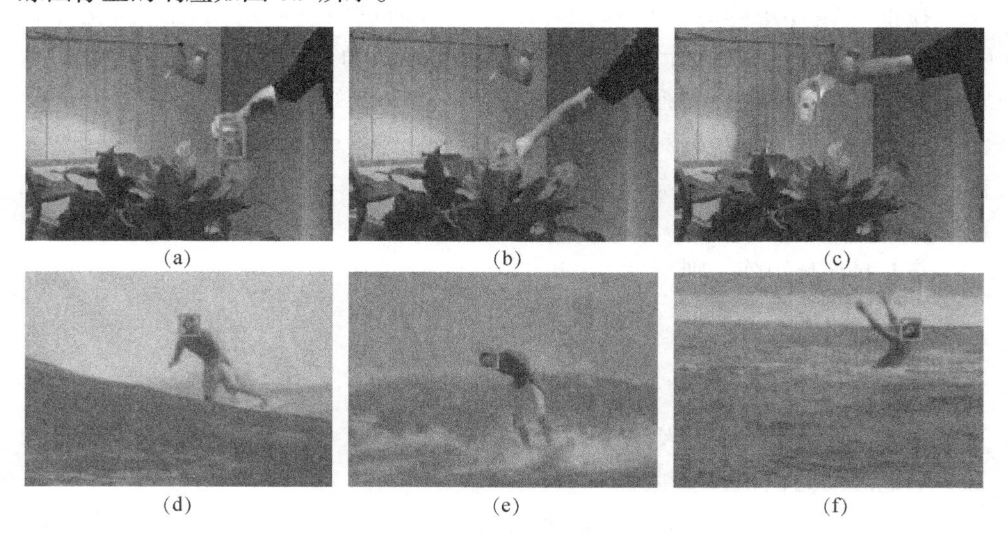

(a)　(b)　(c)　(d)　(e)　(f)

图 8.9　核化滤波器在跟踪图像上的响应（见彩图）

红色表示具有较高的响应值，蓝色表示较低的响应值

那么每个子块的跟踪过程示意图如图 8.10 所示，其中左图中的红色虚线框表示跟踪到的目标区域，红色实线框为目标区域扩充后的结果，其他颜色的矩形框为红色实线矩形框移位后的效果。由这些样本就可以训练一个分类器，当输入下一帧图像时，首先在预测区（红色实线框内）采样，然后对该采样进行循环移位，如图 8.10 右图所示，使用训练好的分类器对矩形框计算响应值，白色框中的响应值最大，那么根据白色框的位置就可以得到目标区域。

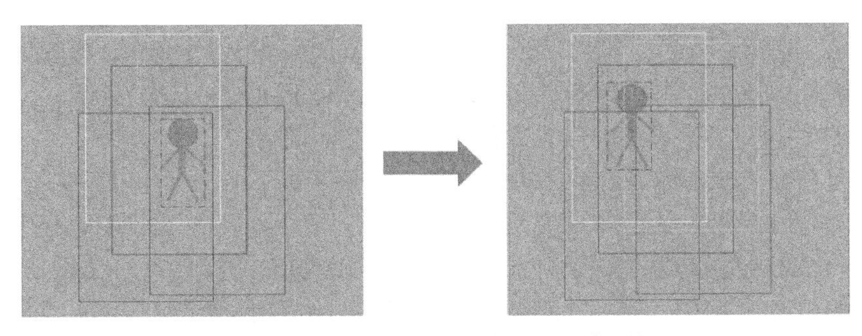

图 8.10　子块跟踪过程示意图（见彩图）

8.7　实验结果与分析

本节将给出本章算法的实现细节，对跟踪性能和结果进行讨论和分析，通过在 20 组视频上测试，并与其他算法比较，验证本章算法的有效性。

8.7.1　实验设置

本节给出实验涉及的数据集、参数设置、硬件环境及评价指标的介绍。

1）测试数据

为了测试本章算法的性能，在标准数据集[118]中选择了 20 组具有代表性的测试数据，这 20 组视频包含了不同的目标，如人脸、行人、宠物、篮球等，涉及多种具有挑战性的场景，如光照变化、嘈杂背景、尺度变化、遮挡等。

2）参数设置

在本章算法中，采用 HOG 特征（8 个 bin、9 个方向和 31 维度）作为目标表示特征。也可使用灰度特征，其鲁棒性不如 HOG 特征。预测框的大小选定为子块大小的 2.5 倍。

3）运行速度

使用 MATLAB 实现算法，并在 Intel-i5 CPU、8GB RAM 上运行。平均速度达到 4.5 帧/s（FPS）。

4）评价指标

首先对本章算法在 20 个序列的平均性能进行分析；然后对算法在各种跟踪难点上的性能进行分析；最后与多种主流算法 Struck[24]、KCF[26]、STC（spatio-temporal context）[119]、SCM（sparsity-based collaborative model）[120]和 TGPR（transfer learning based visual tracker using Gaussian processes regression）[121]等进行对比，并且对这些算法的性能进行了定量及定向评估。

为了完成与其他算法结果的对比实验，使用了以下两个常用的评估准则。

（1）跟踪结果中心与真实目标区域中心的像素距离，即中心位置误差（center location error，CLE），该结果体现了跟踪的准确程度（precision）。将跟踪视频中 CLE 小于给定的阈值的视频帧占总帧数的百分比称为准确率（precision rate，PR）。

（2）重叠率（overlap ratio，OR），单位为百分比，定义为

$$\mathrm{OR}=\frac{\mathrm{Area}(B_T\cap B_G)}{\mathrm{Area}(B_T\cup B_G)}$$

其中，B_T 和 B_G 分别表示跟踪结果矩形框和标定矩形框；Area 表示矩形框内的像素数目。该结果体现了跟踪的成功率（success rate，SR），当某一帧的重叠率大于设定的阈值时，则该帧被视为成功的（Success），将跟踪视频中成功的帧数占总帧数的百分比称为成功率。

不管是成功率还是准确率，选择不同的阈值可以得到不同的结果，实验时中心位置误差的阈值为 20，重叠率的阈值为 0.5。

8.7.2　定量评估与分析

首先，展示本章算法的跟踪结果示例。图 8.11 展示了本章的融合可信赖子块与核化滤波器的跟踪模型在 sylv 视频序列上的连续跟踪结果，黄色粗直线框表示最后的跟踪结果，虚线框表示子块的跟踪结果，该视频序列中目标外观发生了变化，本章算法能够表现出很好的跟踪效果。图 8.12 展示了本章算法在其他不同序列上的跟踪效果。

其次，将本章提出的算法（Ours）实验结果与 Struck[24]、KCF[26]、TLD、STC[119]、SCM[120]、TGPR[121]和 CN（color names）[122]等进行对比，表 8.1 列出了表现最好的 5 种方法在 20 个视频序列上的实验结果。将每种算法应用于选定的 20 个视频序列，计算每种算法在不同的视频序列上的 OR（重叠率）、CLE（中心位置误差）以及帧率（FPS），并统计 OR>0.5 的视频序列数目（$m_{\mathrm{OR}}>0.5$）、CLE<20 的数目（$m_{\mathrm{CLE}}<20$），及平均运行帧率（m_{FPS}）。表 8.1 中粗体表示最好的跟踪结果。

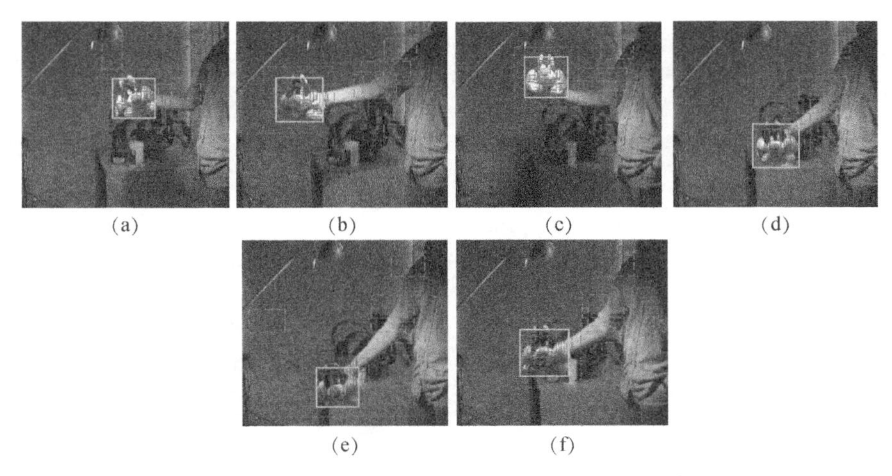

图 8.11　在 sylv 视频序列上的连续跟踪结果（见彩图）
黄色粗直线框表示最后的跟踪结果，虚线框表示子块的跟踪结果

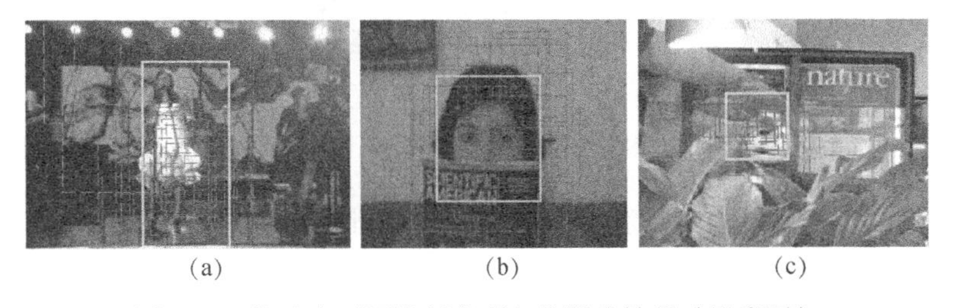

图 8.12　算法在不同视频序列上的跟踪结果（见彩图）

表 8.1　表现最好的算法在 20 个视频序列上 OR>0.5 的平均数量、CLE<20 的平均数量以及平均帧率

算法	$m_{OR}>0.5$	$m_{CLE}<20$	m_{FPS}
Struck	13	14	10.008
SCM	12	15	0.374
KCF	14	15	**339**
TGPR	15	17	0.727
本章提出的算法	**17**	**18**	4.54

通过结果可以看出，本章的算法的 $m_{OR}>0.5$ 和 $m_{CLE}<20$ 都高于其他算法，20 个序列中有 17 个 OR>0.5，18 个序列 CLE<20，由于算法自身的复杂度以及采用 MATLAB 实现，在时间上不是很理想，大约能达到 4.5FPS。

为了充分评价本章提出算法的性能，另外选出了 5 组最具挑战性的视频序列进行实验。针对这些视频中的具有挑战性的问题，图 8.13 给出了 Struck、SCM、TGPR、KCF 和本章算法的跟踪结果，以下将针对各组视频中各个算法的性能进行分析。

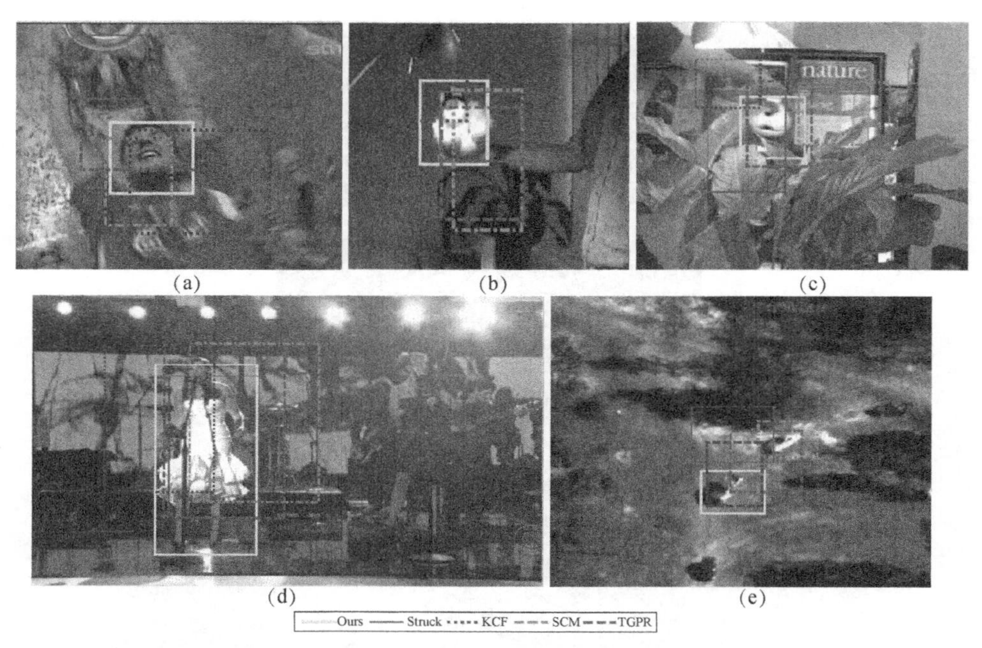

图 8.13 表现最好的 5 个跟踪器在几个视频序列上的跟踪结果比较（见彩图）

第 1 组视频有强烈的背景噪声干扰，以及快速的目标运动。算法 SCM、TGPR 和 KCF，出现了一定程度的跟踪漂移，只跟踪到了目标的部分；而 Struck 算法则完全跟踪失败；本章提出的算法由于有多个子块决定最终的位置，各子块分别完成各自的跟踪，因此提高了鲁棒性，最后正确地跟踪到了目标。

第 2 组视频序列中目标有尺度、旋转等姿态的变化以及外观的变化，已有的几种算法都能大致跟踪到目标，目标框也覆盖了目标的区域，不过目标的中心位置产生了较大的漂移，有较大的误差；本章提出的算法跟踪结果误差最小，在目标发生外观变化时，仍然能跟踪到目标。

第 3 组视频序列出现了遮挡、背景噪声干扰和光照变化等难点，其中 KCF 算法和 SCM 算法出现了较大的跟踪误差，本章提出的算法准确跟踪到目标。

第 4 组视频序列的难点是目标快速运动、有较强的光照、目标尺度有较大的变化以及背景噪声强烈等。当这些难点同时出现时，跟踪的难点也非常大，已有的几种算法都出现了跟踪漂移，并且很难再重新找到目标。

第 5 组视频序列有目标姿态变化以及相似背景等干扰，SCM 算法错误地跟踪到了别的相似目标；本章提出的算法会综合所有子块的结果，个别跟踪错误的子块会被丢弃，选择大多数跟踪正确的子块，因此最终可以得到一个鲁棒的跟踪结果。

图 8.14（a）表示在所有视频序列上的成功率和准确率曲线，图（b）表示在具有复杂背景的序列上的成功率和准确率曲线，图（c）表示在具有平面旋转的视频序列上的成功率和准确率曲线，图（d）表示在具有尺度变化的视频序列上的成功率和准确率曲线，可以看出，本章算法（Ours）在整体和各种挑战下的成功率和准确率都优于其他算法。

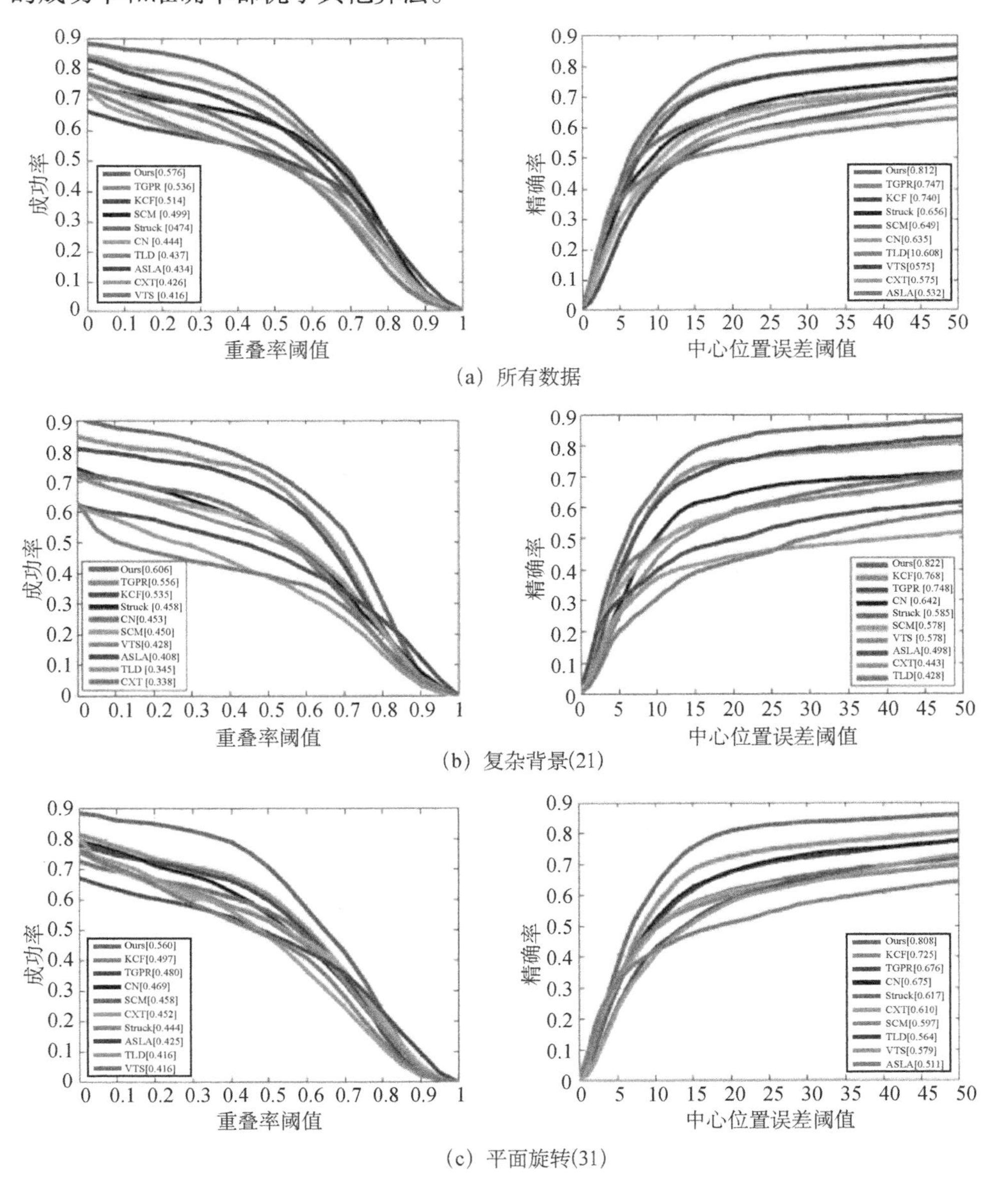

(a) 所有数据

(b) 复杂背景(21)

(c) 平面旋转(31)

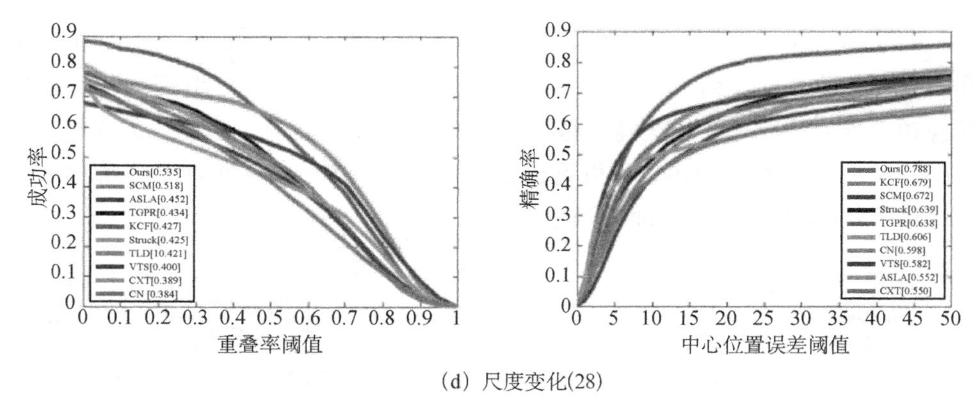

(d) 尺度变化(28)

图 8.14　标准数据集上的准确率和成功率（见彩图）

8.8　本章小结

本章方法一方面通过循环移位的方法构造训练样本，解决了样本的不足问题；另一方面，利用循环矩阵将训练和待检测数据进行离散傅里叶对角化，节省了大量的计算时间，将矩阵的求逆运算和乘积运算转化为矩阵对应元素之间的运算。

为了得到可信赖子块并完成较为鲁棒的跟踪，本章使用类似粒子滤波的方法，将每个子块看作一个粒子，通过衡量每个子块粒子的跟踪能力和运动相似性来估计可信赖子块的分布。在找到可信赖子块以后，使用可信赖子块组合表示整个目标。另外，设计了有效的更新框架，对每个子块进行更新，通过设定准则，淘汰一些子块，使得模型更加鲁棒和准确。通过在标准数据集上的实验，本章算法与其他目前主流的算法相比，虽然速度表现不是非常理想，但在准确率和鲁棒性上有一定的优势。

第 9 章 基于多轨迹分析的长时在线目标跟踪

在长时目标跟踪中，由于单一的特征类型难以全面描述目标，且难以区分目标和背景，尤其当遮挡、形变以及光照变化发生时，还会引起跟踪漂移，这就使得目标很难被长时跟踪到。针对长时跟踪出现的跟踪漂移问题，本章使用了多跟踪器的思路，通过使用多个特征联合以适应目标外观的变化；对多个跟踪器进行评估，得到最优的跟踪器，而最终的跟踪结果由最优跟踪器的结果决定；最后，所有跟踪器都会根据估计的结果进行更新。

Struck 跟踪方法[24]是一种先检测后跟踪的跟踪框架，该方法将目标跟踪问题先当作目标检测问题，从而在场景中将目标与背景进行区分，并找出目标的位置。该跟踪方法每次都将目标的支持向量存储在缓存区，保留了目标的历史信息，因此具有重新定位的能力，使跟踪器更加准确和鲁棒。反向跟踪器（如 TLD 跟踪[23]），将前向（forward）跟踪器的结果作为后向（backward）跟踪器的初始值，向视频序列的反方向进行跟踪，得到的轨迹称为反向跟踪轨迹。通过前向跟踪轨迹和后向跟踪轨迹的比较，可以分析跟踪器的准确性和鲁棒性，并及时做出调整。

本章主要介绍基于多轨迹分析的跟踪算法，建立了 3 个跟踪器，分别使用 Haar-like 特征[23]表征纹理、颜色直方图特征表征颜色和一个具有亮度不变性的特征。每个独立的跟踪器使用 Struck 跟踪算法，在一定的时间间隔上通过分析前向和后向跟踪轨迹，给出了三种衡量跟踪轨迹相似度的方法量化跟踪器的鲁棒性，得到一个最优的跟踪器，其跟踪结果作为最终的结果。

9.1 带核的结构化输出跟踪

Struck 跟踪方法在先检测后跟踪的技术上解决了生成样本标签的问题，以及位置的预测问题，而提出核化结构输出支持向量机的方法，避免了对候选样本的分类，在此基础上，又提出在线学习和支持向量缓存机制，避免训练数据量过大。

本节主要介绍 Struck 跟踪算法，x 表示目标矩形框的位置，d 表示上一帧图像到当前帧图像目标的偏移向量。Struck 跟踪，算法使用的判别式函数形式为：

$$f(x,d) = w^{\mathrm{T}}\boldsymbol{\Phi}(x,d)$$

其中，$\boldsymbol{\Phi}(x,d)$ 表示 x 和 d 的联合特征向量，用于将输入进行特征映射；w 表示在超平面上的归一化向量。此判别式函数可以简化为：

$$f(x,d) = \sum_{i,j}\beta_{i,j}k\left(\boldsymbol{\Phi}(x^{(i)},d^{(j)}),\boldsymbol{\Phi}(x,d)\right) \tag{9.1}$$

其中，$(x^{(i)},d^{(j)})$ 表示支持向量；$k(\bullet)$ 表示核运算，将向量映射到高维空间，使其线性可分；正样本的 $\beta_{i,j} > 0$，负样本的 $\beta_{i,j} < 0$。

Struck 跟踪算法根据 $x_t = x_{t-1} + \hat{d}_t$ 估计目标的矩形框位置，$\hat{d}_t$ 通过下式得到：

$$\hat{d}_t = \arg\max_{d_t} f(x_{t-1},d_t) \tag{9.2}$$

使判别函数最大化，得到 $\hat{d}_t$ 的值，在得到 x_t 的估计值后，根据第 t 帧中得到的目标，系统性地标记并生成训练样本，基于结构化的 SVM 学习并更新判别函数。图 9.1 给出结构化 SVM 模型得到的目标跟踪边界框。

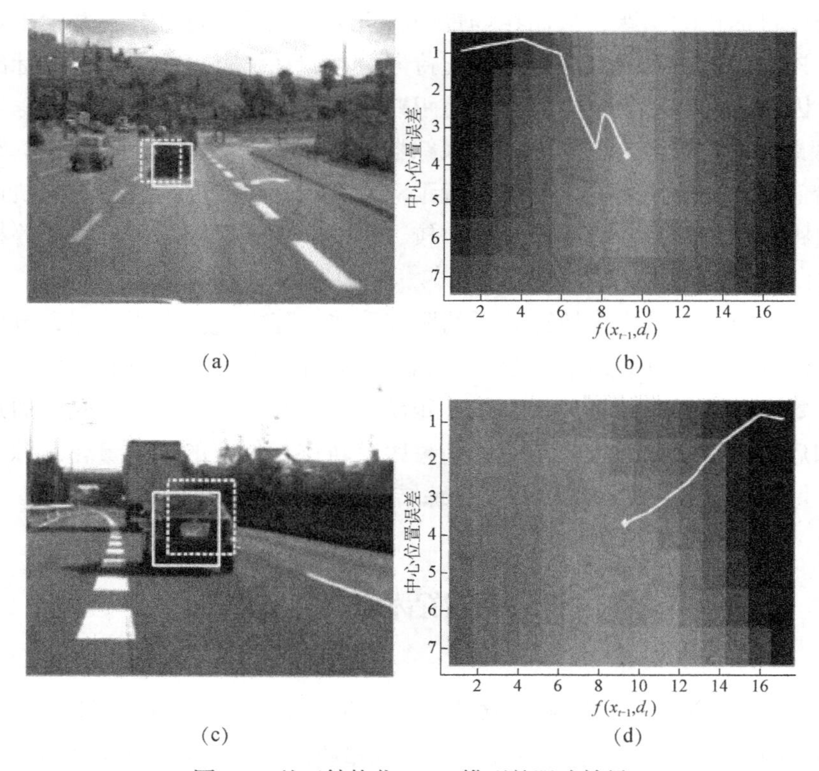

图 9.1　基于结构化 SVM 模型的跟踪结果

图（a）和（c）中白色的实线矩形框为标记目标区域，虚线框为结构化 SVM 跟踪结果；图（b）和（d）反映了对应于图（a）和（c）的结构化 SVM 输出 $f(x_{t-1},d_t)$ 与对应的跟踪目标区域真实目标区域的中心位置误差的关系为了避免支持向量数据量太大，影响模型的训练，因此提出支持向量缓存机制（图 9.2），通过一定的评估方法去除对模型影响最小的支持向量，在满足模型准确度的前提下，提升了模型的训练速度。

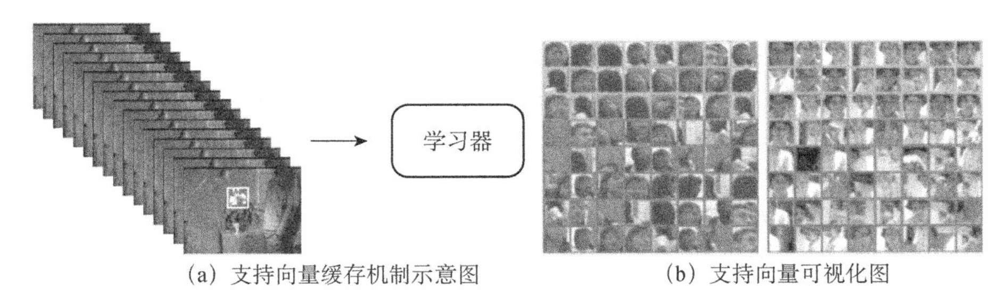

（a）支持向量缓存机制示意图　　（b）支持向量可视化图

图 9.2　支持向量缓存机制示意图和支持向量可视化图

9.2　多跟踪器分析

当跟踪目标在跟踪过程中外观发生改变，或者被遮挡时，都可能会造成跟踪失败。例如，一个目标在跟踪过程中，逐渐被非目标物体所遮挡，外观模型也会逐渐加入非目标物体的特征，以破坏外观模型，最终造成跟踪器跟踪失败。但是，模型却难以判别目标真实的外观变化和遮挡。为了解决这个问题，本章使用一个后向跟踪器，在时间的逆序上检测特定的目标，以前向跟踪器检测到的目标位置初始化后向跟踪器的目标位置，然后得到后向跟踪器的跟踪轨迹。通过比较后向跟踪器的轨迹和前向跟踪器的轨迹，能够近似得到前向跟踪器是否跟踪成功。本章使用多个前向跟踪器，基于前向后向分析，得到最准确且鲁棒的前向跟踪器。下面分别介绍多跟踪器的构造、跟踪轨迹的分析以及最优轨迹的选择。

9.2.1　多跟踪器

本节使用三个跟踪器，记为 Γ_1、Γ_2 和 Γ_3（图 9.3），均基于 Struck 跟踪器，分别使用不同的特征描述子，单独对目标进行跟踪，得到各自的跟踪轨迹，使用的特征如下。

（1）第 1 个跟踪器（Γ_1）选用 Haar-like 特征，主要体现目标的纹理信息，Haar-like 特征包括 6 种不同的类型和两种尺度，将矩形框分成 4×4 的块，因此每个这样的特征具有 192 个维度，即一个 192 维的向量，向量的每一个元素归一化到[−1,1]。

（2）第 2 个跟踪器（ Γ_2 ）使用颜色直方图作为特征描述子，目的是表现前景的局部颜色分布，同样将一个目标区域分为 4×4 的块，在每一块上将 CIELab 颜色空间的颜色直方图分为 48 份，因此最后得到的特征是 768 维。

（3）第 3 个跟踪器（ Γ_3 ）使用具有光照不变性的特征，在 CIELab 颜色空间中，首先获得一个 L 通道的梯度幅度值图像；然后得到梯度幅值的累积；接着将单通道的直方图和三通道的 CIELab 图像组合，得到一个 4 通道的图像；最后将这个图像划分为16×16的子块，并向下采样，得到 1024 维的特征向量，作为最终的特征。

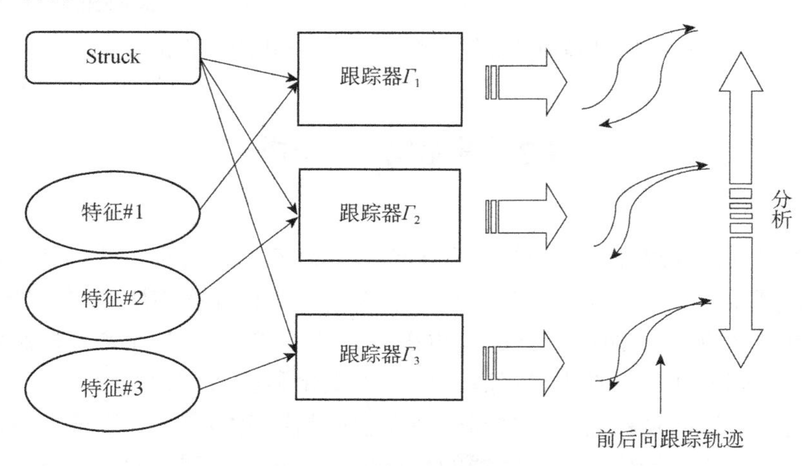

图 9.3　多跟踪器融合框架

为了度量两个特征向量 u 和 v 的相似度，使用交叉核运算，如下：

$$k(u,v)=\frac{1}{D}\sum_{i=1}^{D}\min(u_i,v_i) \tag{9.3}$$

其中，D 表示向量的维度，u_i 和 v_i 分别表示特征向量 u 和 v 的第 i 维分量。

9.2.2　轨迹分析

跟踪器 Γ_1、Γ_2 和 Γ_3 可以产生 3 组不同的跟踪轨迹，每一组包括前向和后向跟踪轨迹，图 9.4 为两个跟踪器的前向和后向跟踪轨迹示意图。需要衡量每一组跟踪轨迹的鲁棒性，并且选择三个跟踪器中最为鲁棒的作为最终的跟踪器，其前向跟踪轨迹作为跟踪结果。

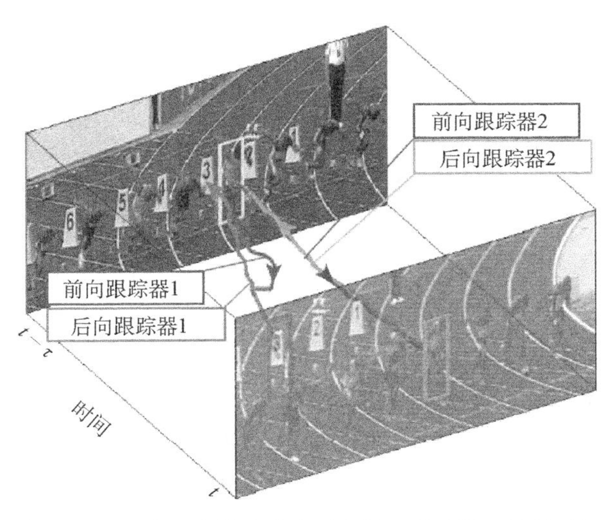

图 9.4　前向和后向跟踪器的对应轨迹示意图（见彩图）

因此需要一个跟踪轨迹鲁棒性的度量方式，接下来介绍如何计算跟踪器的鲁棒分数值。首先，对前向跟踪器，即从前一帧图像跟踪目标到当前帧，使用 $\vec{x}_t$ 表示前向跟踪轨迹第 t 帧图像中目标矩形框的位置，它是通过前向规则估计得到，从第 t_1 帧到第 t_2 帧的前向跟踪轨迹可以表示如下：

$$\vec{X}_{t_1:t_2} = \{\vec{x}_{t_1}, \vec{x}_{t_1+1}, \cdots, \vec{x}_{t_2}\} \tag{9.4}$$

其中，$t_1 < t_2$。在第 t_2 帧中使用 $\vec{x}_{t_2}$ 初始化后向跟踪器，向时间轴的相反方向进行跟踪。使用 $\overleftarrow{x}_t$ 表示反向跟踪轨迹的第 t 帧图像中目标矩形框的位置，从第 t_2 帧到第 t_1 帧的反向跟踪轨迹可以表示如下：

$$\overleftarrow{X}_{t_2:t_1} = \{\overleftarrow{x}_{t_2}, \overleftarrow{x}_{t_2-1}, \cdots, \overleftarrow{x}_{t_1}\} \tag{9.5}$$

在区间 $[t_1,t_2]$ 的第 t_2 帧上，有 $\vec{x}_{t_2} = \overleftarrow{x}_{t_2}$。

使用后向跟踪轨迹来校验前向跟踪轨迹的可信度，可使用 3 种度量方法：几何相似度、环形权重和外观相似度。

（1）几何相似度。

第 t 帧图像的几何相似度定义如下：

$$\varsigma_t = \exp\left(-\frac{\left\|\vec{x}_t - \overleftarrow{x}_t\right\|^2}{\sigma_1^2}\right) \tag{9.6}$$

几何相似度得到的是前向跟踪轨迹中的位置 $\vec{x}_t$ 和后向跟踪轨迹中的位置 $\overleftarrow{x}_t$ 的一种距离（图 9.5），其中 $\sigma_1^2 = 500$。理想情况下，后向轨迹应该和前向轨迹相同，此时，几何相似度 ς_t 为 1。

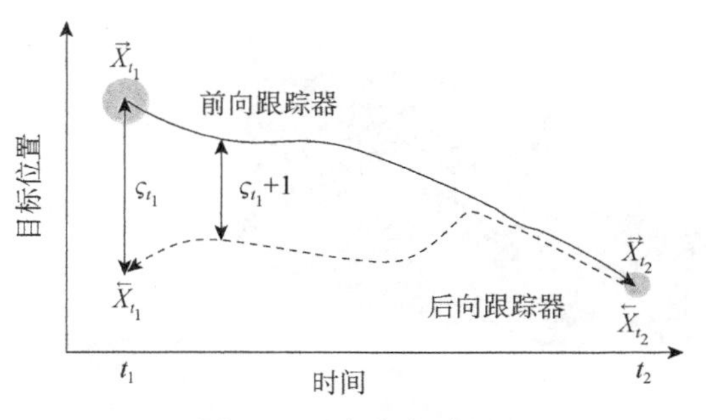

图 9.5　几何相似度量

（2）环形权重。

前向跟踪轨迹 $\vec{X}_{t_1:t_2}$ 和后向跟踪轨迹 $\overleftarrow{X}_{t_2:t_1}$ 的环形权重值用于度量前向和后向轨迹连接起来是否形成环路。如图 9.6 所示，跟踪器 1 和跟踪 2 的前向和后向跟踪轨迹形成了环形，而跟踪器 3 没有形成环形。跟踪器 1 中，前向轨迹和后向轨迹完全相同，形成环形，并且得到了最高的几何相似度 1；跟踪器 2 也形成了环形，但是后向跟踪轨迹在跟踪过程中偏离了前向跟踪轨迹，几何相似度 ς_t 减小了，这可能由短暂的遮挡造成的，但是跟踪器 2 也是成功的；跟踪器 3 中，尽管 $\vec{x}_{t_2}=\overleftarrow{x}_{t_2}$ ，但后向跟踪轨迹的结束位置 $\overleftarrow{x}_{t_1}$ 不一定与前向跟踪轨迹的开始位置 $\vec{x}_{t_1}$ 一致，即 $\vec{x}_{t_1}\neq\overleftarrow{x}_{t_1}$ ，那么前向与后向跟踪轨迹没有形成环形，跟踪失败。

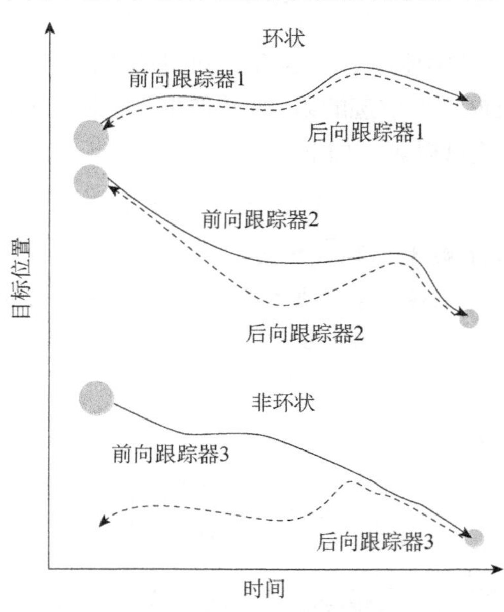

图 9.6　环形权重度量方法

通常，首先计算前行轨迹和后向轨迹中对应的矩形框覆盖比例：

$$\zeta_t = \frac{\Delta(\vec{x}_t, \overleftarrow{x}_t)}{\Delta(\vec{x}_t) + \Delta(\overleftarrow{x}_t)} \tag{9.7}$$

其中，$\Delta(x)$ 表示矩形框 x 的区域面积，$\Delta(\vec{x}_t, \overleftarrow{x}_t)$ 表示 $\vec{x}_t$ 和 $\overleftarrow{x}_t$ 的重叠区域的面积。当 $\zeta_t \leqslant 0.3$ 时，认为 $\vec{x}_t$ 和 $\overleftarrow{x}_t$ 不匹配。计算跟踪轨迹在一个短时间范围 $[t_1, t_1+\varepsilon]$ 中所有图像帧中不匹配的数量 Ω，用 Ω 校验 $\vec{X}_{t_1:t_2}$ 和 $\overleftarrow{X}_{t_2:t_1}$ 是否形成环形。然后，定义环形权值如下：

$$\chi = \begin{cases} 10^6, & \Omega \in \{0,1\} \\ 1, & 其他 \end{cases} \tag{9.8}$$

与 1 相比，10^6 是一个相对比较大的数，用于区分环形跟踪轨迹和非环形跟踪轨迹。为了计算 χ，只允许选取的前向轨迹的前 ε 帧图像中允许出现短暂的不匹配，本章实验中 $\varepsilon = 4$，$t_2 - t_1 = 30$。

（3）外观相似度。

外观相似度主要用来估计后向跟踪轨迹中某一帧的结果 $\overleftarrow{x}_t$ 的可靠性。假设 $\vec{X}_{1:t_1}$ 表示从第 1 帧到第 t_1 帧图像最终的跟踪结果组成的轨迹序列，目标外观始终维持一个大小为 4 的图像块 $S_{1:t_1}$，其中第一个为第一帧图像中的目标矩形框，其余 3 个为具有最高判别函数值的三个矩形框。用 $P(x)$ 表示矩形框 x 的中心，外观相似度定义如下：

$$\phi_t = \exp\left(- \frac{\sum_{Q \in S_{1:t_1}} \left\| K \cdot (P(\overleftarrow{x}_t) - Q) \right\|^2}{4wh\sigma_2^2} \right) \tag{9.9}$$

其中，$\sigma_2^2 = 900$；w 表示矩形框的宽度；h 表示矩形框的高度；K 表示高斯权重掩模；“$\cdot$”表示矩阵点乘运算；ϕ_t 的大小表示当前帧矩形框与前一帧矩形框的外观相似度。如果 ϕ_t 的值较小，则说明当前帧中的跟踪到的目标外观变化了很多，跟踪器出错的概率更大。

最后，综合以上 3 种相似度量方法，得到一个用于最终衡量跟踪过程 $[t_1, t_2]$ 的鲁棒性的值，表示如下：

$$\psi_{t_1:t_2} = \chi \sum_{t=t_1}^{t_2} \varsigma_t \phi_t \tag{9.10}$$

较大的鲁棒分数值 $\psi_{t_1:t_2}$ 意味着前向跟踪轨迹 $\vec{X}_{t_1:t_2}$ 的可信度越高。

9.2.3　最优跟踪轨迹选择

在跟踪过程中需要分析比较每一个前向跟踪器和对应的后向跟踪器的轨迹。考虑到计算量大、计算复杂度高，没必要在每一帧都分析跟踪轨迹的可信度，而是间隔 τ 帧做一次轨迹分析。比如，前一个区间为 $[t-\tau,t]$，则下一个区间为 $[t,t+\tau]$，第 t 帧为它们的交集，可以看作每隔 τ 帧图像做一次轨迹分析。

对区间 $[t-\tau,t]$，首先获得 3 个前向跟踪轨迹和对应的后向跟踪轨迹，通过式（9.10）分别计算 3 个跟踪轨迹的鲁棒性分数，并且选取最优的跟踪器得到最高的分数。令：

$$\overrightarrow{X}^*_{t-\tau:t}=\{\vec{x}^*_{t-\tau},\vec{x}^*_{t-\tau+1},\cdots,\vec{x}^*_t\} \tag{9.11}$$

表示最优跟踪器的前向跟踪轨迹，并作为最终的跟踪结果。然后，将所有的跟踪器恢复到前一个条件下，即在第 $t-\tau$ 帧的时候，使用最终的最优跟踪结果 $\overrightarrow{X}^*_{t-\tau:t}$ 对分类器进行更新。为了防止分类器加入分类能力较弱的样例（如几何相似度和外观相似度较低的样例），在第 t 帧如果几何相似度和外观相似度的乘积 $\varsigma^*_t\phi^*_t$ 低于预先设置的阈值 $\delta_1(=0.2)$，分类器就不会更新，在下一个区间 $[t,t+\tau]$ 上，所有的跟踪器又开始从 $\vec{x}^*_t$ 的位置开始对目标进行跟踪。

当一个非目标物体出现在目标的周围，使用较短的跟踪间隔 τ 很难得到有效的跟踪器，跟踪间隔 τ 应该足够长，才能使得跟踪器能够区分目标和非目标物体。另一方面，当跟踪间隔 τ 太长，跟踪失败的情况会更严重。因此，选择合适的跟踪间隔 τ 对模型很重要。通过实验对比，当 $\tau=30$ 时会得到最大的成功率（SR）和准确率（PR），如图 9.7 所示。

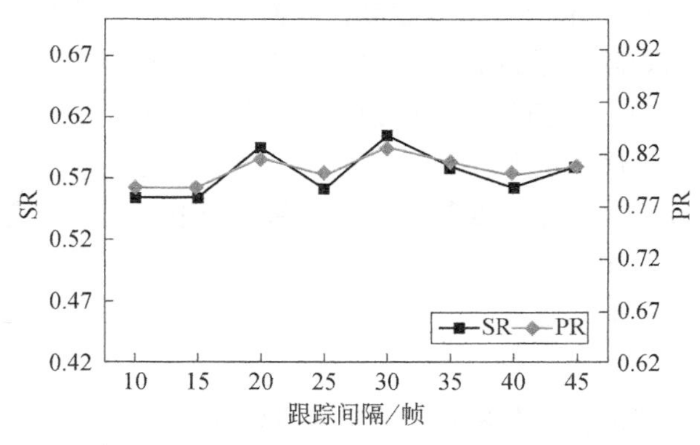

图 9.7　准确率（PR）和成功率（SR）对应不同跟踪间隔 τ 的折线图

当最优跟踪器的环形权重为 1 时，认为当前阶段的跟踪失败；当所有的跟

踪器在连续超过 $2\tau/3$ 的时间内都满足 $\varsigma_t\phi_t \leqslant \delta_2(\delta_2 = 0.004)$，认为跟踪失败。跟踪失败可能是由目标处于搜索区域以外造成的，此时不会更新所有的跟踪器，而是增加搜索半径。为了减少计算量，在增加的搜索范围内，只计算原样本数量的 1/64。

9.3　实验结果与分析

为了方便展示，本节使用多目跟踪器分析（multi-tracker analysis，MTA）表示本章研究的跟踪算法。

9.3.1　实验设置

（1）参数设置。

3 个跟踪器均使用 Struck 跟踪框架。外观表示分别使用 Haar-like 特征、直方图特征和具有光照不变的特征，跟踪间隔为 30 帧。在目标预测阶段，采样半径为 30，支持向量缓存的大小为 100 个支持向量。

（2）测试数据。

使用最新的标准数据集[118]对算法进行验证，该数据集包含 50 个测试视频序列，其中包括了亮度变化、遮挡问题、复杂背景、形变及长时跟踪等。

（3）评价指标。

使用与 8.7.1 节相同的评价指标：中心位置误差（CLE）（即精确率（PR））和重叠率（OR）（即成功率（SR））。

9.3.2　定量评估与分析

将本章算法 MTA 应用于“Basketball”等视频序列，如图 9.8 所示，该序列体现了跟踪的复杂性，具有目标遮挡、变形、快速运动，以及背景噪声较强等难点。并且该序列是一个长时跟踪序列，共 700 多帧，本章提出的跟踪器在整个跟踪过程都表现了较好的跟踪结果，体现了准确性和鲁棒性。

将本章算法 MTA 跟一些近年表现较好的算法（如 Struck[24]、KCF[26]、VTD[113]、SCM[120]、TLD 以及 MEEM（multiple experts using entropy minimization）[123]）进行比较。

图 9.8　MTA 在“Basketball”序列上的跟踪结果（见彩图）

红、绿和黄色分别代表 3 个跟踪器，左上角标号表示帧号

表 9.1 展示了 MTA 算法及其所用的 3 个跟踪器（ MTA_i 对应第 i 种跟踪器 Γ_i , $1\leqslant i\leqslant 3$ ）与其他跟踪算法的成功率和准确率对比。3 个跟踪器均基于 Struck，尽管使用单跟踪器，由于加入了跟踪失败的处理，抑制了跟踪错误的产生，其结果优于 Struck。当把 3 个跟踪器联合形成多轨迹跟踪后（MTA 算法），结果明显优于其他算法，在成功率和准确率上分别超过 Struck 算法 25.3%和 29.5%，因此 MTA 算法更具鲁棒性。

表 9.1　几种跟踪算法在标准测试集上的平均成功率（SR）和准确率（PR）

	Struck	SCM	TLD	VTD	KCF	MEEM	MTA_1	MTA_2	MTA_3	MTA
SR	0.475	0.499	0.437	0.416	0.514	0.579	0.508	0.538	0.524	**0.595**
PR	0.647	0.649	0.608	0.576	0.740	0.836	0.694	0.742	0.704	**0.838**

表 9.2 列出了表现最好的几个算法 Struck、KCF 以及 MEEM 在非标准测试集上的实验结果，其中数据格式表示为 PR（SR），括号外的数据表示准确率，括号内的数据表示成功率，粗体表示在该类数据上取得最好的跟踪结果，可以看出在大多数数据上 MTA 都获得了最好的准确率和成功率。

表 9.2　几种表现较好的算法在非标准测试集上的实验结果（数据格式为 PR（SR））

数据	Struck	KCF	MEEM	MTA
Badminton	0.65（0.46）	0.22（0.15）	0.52（0.37）	**0.89（0.63）**
Board	0.68（0.69）	0.70（0.73）	0.60（0.72）	**0.79（0.80）**
Bird2	0.10（0.10）	0.56（0.64）	0.99（0.75）	**1.00（0.77）**
GirlMov	0.19（0.18）	0.08（0.08）	0.87（0.63）	**0.92（0.67）**
SnowBoard	0.18（0.17）	0.08（0.10）	0.19（0.14）	**0.41（0.28）**
Surfer	0.97（0.58）	**1.00（0.68）**	0.98（0.62）	0.95（0.50）
Youngki	0.06（0.15）	0.07（0.21）	0.59（0.55）	**0.67（0.60）**
平均	0.40（0.33）	0.39（0.37）	0.68（0.54）	**0.80（0.61）**

图 9.9 体现了不同的跟踪器组合得到的跟踪结果，对所有可能的组合绘制了准确率和成功率的比较曲线。对单个跟踪器来说，MTA_1 使用了 Haar-like 特征，MTA_2 使用了颜色直方图特征，MTA_3 使用了光照不变特征。从图 9.9 可以看出，MTA_2 的结果优于 MTA_1 和 MTA_3，但是相对于 MTA_1 和 MTA_3 的联合 MTA_{13}，其结果较差。而 MTA 由于将所有跟踪器的跟踪轨迹进行了组合分析，其结果是所有组合中最好的。

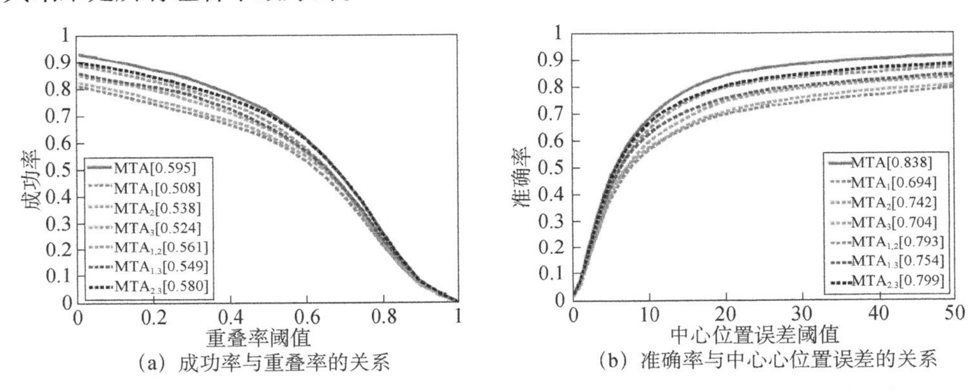

(a) 成功率与重叠率的关系　　(b) 准确率与中心心位置误差的关系

图 9.9　跟踪器所有可能组合在标准测试集上的成功率和准确率比较（见彩图）

图 9.10（a）展示了 MTA 跟踪器的跟踪过程，以“Basketball”视频序列为例，实线和虚线分别表示前向轨迹和后向轨迹。蓝、绿、橙色分别代表跟踪器 Γ_1、Γ_2 和 Γ_3。在该实验中 Γ_2 被选为最终的跟踪器。在图（a）中，由于穿绿色运动服的运动员被穿白色运动服的运动员遮挡，Γ_1 的后向跟踪轨迹在遮挡后跟随白色衣服的运动员，Γ_3 的后向跟踪轨迹也变得不稳定，因此基于多轨迹的分析，选择 Γ_2 作为最终的跟踪器。

图 9.10（b）、（c）和（d）比较了 MTA 算法与其他几种算法 Struck、KCF 和 MEEM 的跟踪结果。在“Basketball”和“Jogging”视频序列上，主要的挑战分别是复杂的背景和遮挡。已有的跟踪算法都跟踪失败，MTA 算法使用多轨迹分析方法选择了最可靠的跟踪器，成功地完成了跟踪过程。同样，在“Singer2”和“Skiing”视频序列中，许多特征难以从背景中区分目标。因此，其他的跟踪算法依靠特征的选择都出现了跟踪失败；MTA 体现了多跟踪器和多特征的优势，表现得更加鲁棒和准确。

(a) Basketball

(b) Jogging

(c) Singer2

(d) Skiing

图 9.10　本章算法 MTA 与 Struck、KCF 和 MEEM 在测试数据上的跟踪结果（见彩图）

9.4　本 章 小 结

本章针对长时在线跟踪产生的跟踪漂移问题，提出了一种鲁棒的解决方法，在基于多跟踪器的基础上，提出多轨迹融合的策略，该框架包括 3 个 Struck 跟踪器，分别使用不同的特征描述目标，分别为：Haar-like 特征，主要表征目标的纹理；颜色直方图特征，体现目标的颜色特征；光照不变特征，去除光照变化的影响。在跟踪过程中，首先，在一定的时间间隔上各跟踪器独自完成跟踪，得到前向跟踪轨迹；再以前向跟踪轨迹最后一帧跟踪结果初始化反向跟踪，并对视频序列进行反向跟踪得到后向跟踪轨迹；然后设计并计算两个轨迹之间的几何相似度、环形权重以及外观相似度，综合得到每个跟踪器的鲁棒分数，选择一个具有最高鲁棒分数的跟踪器作为最优的跟踪器，而跟踪结果就由最优跟踪器的前向跟踪轨迹决定；最后根据最优跟踪器的结果，对每个跟踪器进行更新。

实验结果表明，本章算法在长时跟踪上具有一定的优势，跟踪的误差相比其他算法有所降低，出现跟踪漂移次数较少，跟踪的结果也优于其他主流的算法。但模型的复杂性，使得算法计算量大，跟踪的实时性比较差，因此实现实时准确的在线跟踪仍需要进一步研究。

第 10 章　基于去冗余卷积特征的相关滤波跟踪

近年来，在大规模标准数据集和图形处理单元（graphics processing unit，GPU）的支持下，深度学习技术不断发展并在目标检测、分类领域取得了巨大成功。深度学习的兴起为解决目标跟踪问题提供了新方法。

现有的关于多层次深度卷积特征融合的研究，只关注卷积特征在不同层次间的差异，而忽略了同层次的特征本身在多个通道间所具有的差异性：一方面，网络训练的随机性，导致不同的通道特征对目标的刻画能力各有优劣；另一方面，特定的跟踪目标在短时间内的状态相对稳定，仅有一部分特征通道会对目标产生强烈响应。前者要求对特征通道进行有选择地使用，后者使得不必对全部通道进行使用。现有的算法对特征的通道不加判别地全部使用，既影响算法性能，又降低了计算效率。因此，需要一种方法对特征通道进行精简去冗余，保留对当前目标具有更好刻画能力的特征通道。本章通过定义特征通道的激活强度，实现了对特征通道的精简，使得去冗余后的特征能够更好地刻画当前被跟踪目标，既提升了跟踪算法的性能，又降低了计算复杂度。使用去冗余后的多层卷积特征，来训练多个相关滤波器，通过它们综合决策实现对目标的精准定位。同时，为适应目标的尺度变化，使用多尺度 HOG 特征来训练一个尺度滤波器，实现对目标尺度的准确估计。

针对现有算法只关注深度卷积特征在不同层次间所表现的差异，而忽略同层卷积特征在不同通道间所具有的差异性的问题，本章对特征的不同通道进行了更为精细的研究，提出基于去冗余卷积特征的相关滤波跟踪算法。该算法通过定义特征通道的激活强度，实现了对特征通道的精简，使得去冗余后的特征能够更好地刻画当前被跟踪目标，既提升跟踪算法的性能，又降低计算复杂度。使用去冗余后的多层卷积特征，来训练多个相关滤波器，然后通过多个相关滤波的综合决策实现对目标的精准定位。同时，为适应目标的尺度变化，使用多尺度 HOG 特征来训练一个尺度滤波器，实现了对目标尺度的准确估计。

10.1　基于相关滤波的多通道特征

相关滤波度量了目标和样本之间的相似程度，其核心是基于训练样本学习最优的全局相关滤波器，使得滤波器作用于目标本身时的响应值最大化。当新的样本到来时，相关滤波响应值最大的位置即为目标的最佳匹配位置，从而实现对目标的定位。同时依据目标的新位置采集的训练样本，对滤波器进行更新训练。相关滤波算法本身的高性能得益于基于循环矩阵的密集采样和频域中的高效计算能力。以下将对基于相关滤波的多通道特征展开介绍。

10.1.1　密集采样

在传统的跟踪算法中对分类器的训练，需要采集一定量的正、负样本，样本的标记通常以二值的方式：将正样本标记为 1，负样本标记为 0（或−1）。样本的正负性大多依据样本中心与目标中心的距离，或者依据样本与目标之间的重叠率决定。受实时性和计算效率的限制，算法通常只能采集少量的训练样本对分类器进行训练，这样的训练方式存在两个不足：其一训练数据有限，分类器的训练效果不好；其二，在目标周围广泛采集样本，导致这些样本的内容之间具有极大程度的交叉覆盖，这造成了训练样本之间的信息冗余。针对这些问题，基于相关滤波的跟踪算法实现了一种密集采样训练的方法，可以在一次训练过程中使用数千个训练样本。

在密集采样的样本生成方式中，首先以原目标图像的中心为中心选取一个图像区域，将原目标和目标周围的部分背景信息包含在内，将密集采样的原始样本记为 $x\in \mathbf{R}^{M\times N}$（$M$ 和 N 分别对应于选取的图像区域的高度和宽度）。将原始样本 x 进行不同程度的循环移位（对于图像这样的二维数据，循环移位是在水平和垂直两个维度上进行的），则得到用于训练的样本 $x_{m,n}$，其中 $(m,n)\in\{1,2,\cdots,M\}\times\{1,2,\cdots,N\}$ 表示原图像中心经过循环移位后在新生成样本中的位置，因此可以生成 $M\times N$ 个用于训练的样本。这就是所谓的密集采样方式，用这样的方式生成的样本规模远大于一般的样本生成方式。依据循环移位生成的样本其效果如图 10.1 所示。

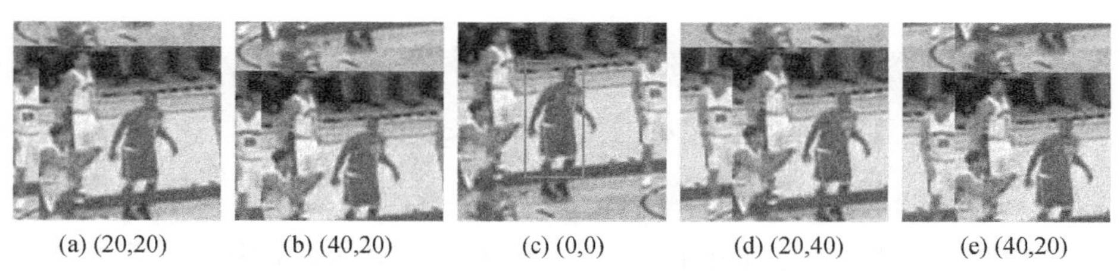
(a) (20,20)　(b) (40,20)　(c) (0,0)　(d) (20,40)　(e) (40,20)

图 10.1　密集采样方式生成的样本示意图

图（a）～（e）中（y,x）表示原始图像中心点的循环偏移量，y 为循环向下移位的偏移量，x 为循环向右移位的偏移量，其中图（c）（0, 0）为原始图像样本，方框表示原目标区域。以图（a）为例，（20, 20）表示将原始图像向下、向右各自循环偏移 20 个像素，其他样例的生成方式依次类推

密集采样方式中对于样本正负性的标记方式，同其样本生成方式相辅相成，不是采用二值化的样本标记方法，而是以循环移位量为变量的高斯标记函数 $y(m,n)$ 对循环生成的样本进行平滑标记。高斯标记函数 $y(m,n)$ 的形式为：

$$y(m,n)=\exp\left(-\frac{(m-M/2)^2+(n-N/2)^2}{2\sigma^2}\right) \tag{10.1}$$

其中，σ 是高斯函数带宽，$(m,n)\in\{1,2,\cdots,M\}\times\{1,2,\cdots,N\}$ 表示原图像中心经过循环移位后在新生成样本中的位置。

对于原始样本来说图像中心在 $(M/2,N/2)$，没有任何偏移，同自身的相似性最高，因而标签值也最高。而其他样本的标签值，则随其中心偏离程度增大逐渐降低。这样的样本标记方式，恰好反映了移位生成的样本和原始样本之间的相似程度。正如在图 10.1 中看到的，当在小范围内循环移位时，虽然周边背景图像数据被打乱，但是目标本身的信息得到了很好的保留，因此该样本同原目标相似度很高。随着循环移位量的增加，目标本身的信息也被逐渐打乱，样本同原目标相似度降低。

传统意义上用于训练的样本数量越多，其耗费在训练上的时间相应增加，但对于密集采样方式而言，由于是基于循环偏移的方式生成的样本，因此可以借助循环矩阵，将相关滤波训练、检测中的相关计算转化至频域进行快速实现，从而在使用大量样本进行分类器训练时，还能保证计算效率。

10.1.2　多通道特征

现有的深度卷积神经网络模型多以 RGB 彩色图像作为输入，它的每一层卷积的计算，涉及使用一个 4D 张量（卷积核$\in \mathbf{R}^{N\times C\times H\times W}$，$C,H,W$ 分别表示一个卷积核的通道数、高度和宽度，N 表示卷积核的数目）对一个 3D 张量（输入图像$\in \mathbf{R}^{C\times Y\times X}$，$Y,X$ 分别表示卷积层输入高度和宽度）执行卷积操作来提取不同的特征，从而输出一个 3D 张量的卷积特征（输出卷积特征$\in \mathbf{R}^{N\times Y'\times X'}$，$Y',X'$表示输出卷积特征的高度和宽度，$Y',X'$的数值会因卷积操作的零值填充数目和跨度的不同而不同于Y,X）。同时，该层卷积操作输出的 3D 张量，会作为下一层卷积层的输入。

基于深度卷积网络得到的中间层卷积特征为多通道的特征并且为二维特征矩阵。本章在 8.3 节和 8.4 节提供的一维信号（如铺展成向量的图像，或图像的特征向量）表示的基础上，将基于深度卷积网络得到的中间层卷积特征进行多维度、多通道上的扩展。对于二维信号x，其标签函数$y(m,n)$为二维矩阵，其训练所得的相关滤波核w同样为二维矩阵，并且它们的尺寸都和信号x相同。

将深度卷积神经网络的第l个卷积层的输出表示为$x^{(l)}\in \mathbf{R}^{D\times M\times N}$，其中$D,M,N$分别表示卷积特征的通道数、高度和宽度。在基于第$l$层卷积特征的训练相关滤波器的过程中，使用卷积特征$x^{(l)}$在$M,N$维度上循环移位生成的全部样本对滤波器进行训练，每个循环移位得到的样本可表示为$x_{m,n}$，$(m,n)\in\{0,1,\cdots,M-1\}\times\{0,1,\cdots,N-1\}$，并使用高斯函数（见式（10.1））对这些样本的相关度赋值。

基于第l层卷积特征训练得到一个同$x^{(l)}$具有相同大小的相关滤波核w，则训练的目标损失函数由式（8.15）改变为下式：

$$w^* = \arg\min_{w} \sum_{m,n} \| w\cdot x_{m,n} - y(m,n) \|^2 + \lambda \| w \|^2 \tag{10.2}$$

$$w\cdot x_{m,n} = \sum\nolimits_{d=1}^{D} w_d \odot x_{m,n,d} \tag{10.3}$$

其中，λ同样表示正则化参数（$\lambda\geqslant 0$），同时式中的内积运算的结果通过式（10.3）计算得到。

结合 8.4 节的推导过程，对式（10.2）的计算借助快速傅里叶变换转换至频域，加速计算，且按照通道逐个进行计算求解（使用大写字母表示对应变量的傅里叶变换）。以第l层卷积特征的D个通道为例（在符号中省略对卷积特征X和其标签函数Y的层数符号标记l），单个通道$d(d\in\{1,\cdots,D\})$的相关滤波核w^d，可以按照如下公式计算：

$$W^d = \frac{X^d \odot \bar{Y}}{\sum\nolimits_{i=1}^{D} X^i \odot \bar{X}^i + \lambda} \tag{10.4}$$

其中，$W^d = \mathrm{FFT}(w^d)$表示对卷积核w^d进行快速傅里叶变换，同理$Y = \mathrm{FFT}(y)$表示对样本高斯型标签矩阵$y=\{y(m,n)|(m,n)\in\{0,1,\cdots,M-1\}\times\{0,1,\cdots,N-1\}\}$的快速傅里叶变化；$\bar{X}^i$表示对相应通道的卷积特征$x^i$进行傅里叶变换后取其共轭复数；符号$\odot$表示按照对应位置取变量的点积。

当得到第 l 层全部 D 个通道的相关滤波核后，在下一帧的目标搜索区域图像块到来时，记其经过第 l 层卷积层所得到的卷积特征 z 尺寸为 $M\times N\times D$（$\bar{Z}^i$ 表示对 z 的第 i 个通道的卷积特征 z^i 进行傅里叶变换的共轭复数），则第 l 层的相关滤波响应图可以按照下式计算：

$$f_l = \text{FFT}^{-1}\left(\sum\nolimits_{d=1}^{D} W^d \odot \bar{Z}^d\right) \tag{10.5}$$

其中，FFT^{-1} 表示快速傅里叶逆变换运算。依据相关滤波响应图 f_l，搜索滤波响应最大的位置，该最大位置即为目标在第 l 层卷积层中的位置。

10.2　卷积特征去冗余

相较于使用传统的特征，将多层次多通道的深度卷积特征应用于相关滤波跟踪框架时，一个很重要的问题就是如何对滤波器参数进行更新，限制该问题的根本原因在于卷积特征的通道数目过多。对于基于传统特征的相关滤波器如 KCF[26]算法所使用的多通道 HOG 特征，以及部分基于多个传统特征融合的相关滤波跟踪算法，它们所使用的特征的通道数目都在 3 个左右，因此当新的视频图像数据到来时，滤波器完全可以依照式（10.4）进行更新，且其训练速度可以得到保证。但是对于现有的成熟的深度卷积神经网络，其卷积特征的通道数目随深度逐渐增至上百的数量级，如 AlexNet 卷积特征通道数目最大为 384，VGGNet 卷积特征通道数目最大为 512（有关各个卷积层（Conv）通道数目的详细对比信息见表 10.1）。

表 10.1　AlexNet 与 VGGNet 卷积特征的通道数目统计表

	Conv1	Conv2	Conv3	Conv4	Conv5
AlexNet	96	256	384	384	256
VGGNet	64	128	256	512	512

对基于岭回归模型的相关滤波跟踪，最优的滤波器的更新可以通过使用目前为止得到的全部跟踪样本，最小化输出误差，这相当于基于图像每个循环移位的位置 (m,n) 来解决 $D\times D$ 个线性方程，其运算数量级在 $O(D\times D\times M\times N)$，对于在线学习跟踪算法来说难以接受。基于传统特征的跟踪中通道数目仅在 3 个左右，即使使用逐渐积累的全部样本对滤波器进行更新计算，运算量也是可以接受的。当卷积特征通道数目达到 512 时，高计算量使得不可能使用基于全部积累得到的样本对模型参数进行更新。同时，随着时间的积累所得到的训练

样本也在逐步增加。对于该问题，现有的基于多通道深度卷积特征的相关滤波算法采取一种增量更新的策略[32,34]，以实现对最优相关滤波器的近似求解。记式（10.4）中 W^d 的分子和分母分别为 A^d 和 B^d，则滤波核更新的方法如下：

$$
\begin{aligned}
A_t^d &= (1-\eta)A_{t-1}^d + \eta X_t^d \odot \bar{Y} \\
B_t^d &= (1-\eta)B_{t-1}^d + \eta \sum\nolimits_{i=1}^{D} X_t^d \odot \bar{X}_t^d \\
W_t^d &= \frac{A_t^d}{B_t^d + \lambda}
\end{aligned}
\tag{10.6}
$$

其中，η 表示更新学习的速率。基于增量更新的策略，在原滤波器核的基础上，仅仅使用从当前帧得到的训练样本 X_t^d 对原有的模型参数进行部分更新，这得到的将是最优滤波器的一种近似值。

由上述分析结果可见，跟踪算法中所使用的卷积特征通道数目的多少，对于滤波训练和更新的计算量有着至关重要的影响。如果能够采取一种通道去冗余策略对卷积特征的通道进行筛选，保留对跟踪目标更为有用的特征通道，则可以在保证跟踪性能的同时，提升滤波器的训练和更新速度。因此本节给出了特征通道激活强度的概念，进而提出基于激活强度的去冗余方法。

10.2.1 特征通道的激活强度

对卷积网络的特定卷积层来说，该层所拥有的卷积核的数量决定了该层输出特征通道的数目，卷积特征的不同通道刻画了目标的不同方面，正如 RGB 图像的不同通道反映了图像不同的颜色属性。在实际操作中，网络每层卷积核的数目，完全受限于模型的参数容量和人们实践中的尝试性调整，设置方案是否合适很大程度上取决于人们过往的经验总结。此外，网络训练之初参数设置的随机性，导致了训练结果的随机性，这些训练得到的不同通道的特征，其性能难免各有优劣，且适合于不同的场景和不同的目标。在跟踪过程中，将感兴趣区域传递进入网络进行前向传递特征提取时，往往有部分特征不起作用，或者只起到部分作用，甚至于部分特征更多地关注于背景信息而忽略了目标本身，如图 10.2 所示。由图可见对于特定的目标，同一层卷积层得到的不同通道的卷积特征，其性能优劣各有差异。将这些特征全部用于跟踪特征表示，不仅会造成算法计算效率低下，还会对最终跟踪结果的性能产生影响。

(a)　　(b)

图 10.2　VGGNet-19 的 Conv4-1 卷积特征在不同通道上的示例（见彩图）

对于跟踪目标而言，一个性能良好的卷积特征，应当对跟踪目标本身表现出强烈的正响应，或者表现出强烈的负响应，而对目标周围背景信息则产生少的响应。因此，可以基于不同通道的卷积特征对目标区域响应程度的高低，对特征的通道进行筛选，本算法基于良好的特征应当对目标区域响应更高这一概念，定义了单通道特征的激活强度，并用它作为某个通道特征对目标的响应程度的度量，即对通道特征优良性的度量。

图 10.2（a）为测试用例，来自 OTB50（Visual Tracker Benchmark 网站的前 50 个视频序列）[124]测试集中的 Basketball 视频序列的第一帧图像；图（b）为基于 VGGNet-19 的卷积层 Conv4-1 得到的卷积特征的前 64 个通道的展示，绿色方框表示特征对样本输出强烈的正响应，橙色方框表示特征对样本输出强烈的负响应，红色方框表示特征对样本没有响应，或者对应于不相干的背景。

将目标搜索区域经过深度卷积网络的第 l 层后，所得到的多通道卷积特征记为 $Z^l \in \mathbf{R}^{C\times M\times N}$，其中 C,M,N 分别表示卷积特征的通道数、高度和宽度。将跟踪目标在特征中所占的区域表示为 $T^l \in \mathbf{R}^{C\times Y\times X}, T^l \subset Z^l$，则单通道特征 $Z_d^l \in \mathbf{R}^{M\times N}$ 的激活强度定义如下：

$$
\begin{aligned}
A_d^l &= \frac{\dfrac{1}{XY}\sum_{y,x}|T_d^l(y,x)|}{\dfrac{1}{MN-XY}\left(\sum_{m,n}|Z_d^l(m,n)|-\sum_{y,x}|T_d^l(y,x)|\right)} \\
&= \frac{MN-XY}{XY}\frac{\sum_{y,x}|T_d^l(y,x)|}{\sum_{m,n}|Z_d^l(m,n)|-\sum_{y,x}|T_d^l(y,x)|}
\end{aligned}
\tag{10.7}
$$

由上式可知，特征通道的激活强度越高，则该通道对于目标的响应比非目标区域更强，表示了该通道上的特征对目标的关注度更高，因此其对目标的刻画能力也更强，其效果图如图 10.3 中所示。与此相反，特征通道的激活强度越低，则表示特征对背景信息关注度越低。如果在跟踪过程中使用这部分低激活强度的特征，则其对于目标区域的关注度将被削减，进而影响跟踪的性能，其直接的结果将是跟踪器对目标的追踪逐渐出现漂移，并最终失去对目标的跟踪。

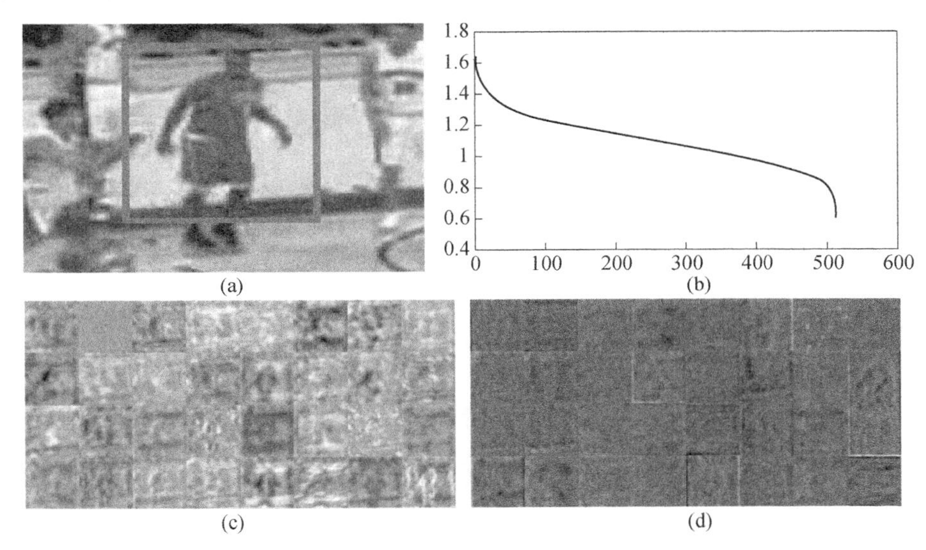

图 10.3　基于通道激活强度筛选的卷积特征展示图

图 10.3（a）为原测试样本图像；图（b）为使用 VGGNet-19 的卷积层 Conv4-1 得到的 512 个特征，依据其激活强度的降序排序结果而绘制出的激活强度排序曲线图；图（c）为激活强度排序中前 32 个通道上的特征展示图；图（d）为激活强度排序中后 32 个通道上的特征展示。可以看出基于激活强度排序后的前 32 个特征通道比后 32 个对目标具有更强的表示能力。

10.2.2　基于激活强度的特征通道去冗余

如上所述，通道特征的激活强度可以度量特征对于被跟踪目标的关注程度，从而间接地反映了特征对目标刻画性能的优良性。基于上述通道特征激活强度计算公式，可以实现对于卷积层中的特征通道的优良性排序，进而从其中挑选出性能优良的通道，下述内容将对基于激活强度的特征通道去冗余算法进行说明。

对于第 l 层上所得到的多通道卷积特征 $Z^l \in \mathbf{R}^{C \times M \times N}$，首先基于激活强度对特征的通道进行优良性排序，得到依照激活强度降序排列的通道列表

$\left[A_{d_1}^l, A_{d_2}^l, \cdots, A_{d_C}^l\right]$。根据排序得到的激活强度列表，对每层多通道卷积特征Z^l设定通道移除因子$r^l \in [0,1)$。通道移除因子表示了该层要移除的通道数目占总通道数的比例，对于第l层多通道特征Z^l，其通道总数目为C，则要移除的通道数目为$\lfloor r^l \times C \rfloor$，其中的$\lfloor\ \rfloor$符号表示对结果进行向下取整运算。以VGGNet-19的Conv4-1卷积层为例，其通道总数$C=512$，假定其通道移除因子为$r^9=0.3$，则要移除的通道数目为$\lfloor r^9 \times C \rfloor = \lfloor 0.3 \times 512 \rfloor = 153$个。确定了要去除的通道的数目之后，依照排序后的激活强度列表，将列表尾部的$\lfloor r^1 \times C \rfloor$通道标记为去除通道（图10.4）。在相关滤波器训练过程中只将保留下来的特征通道，用于本层滤波器训练。

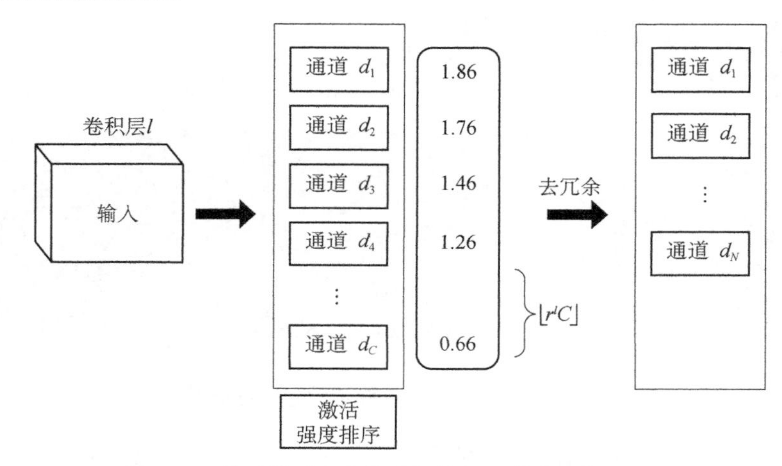

图 10.4　基于激活强度的卷积特征通道去冗余流程图

由于上述基于通道激活强度排序进行的通道去冗余算法计算量较大，因此需要确定去冗余操作执行的时机。可以采用的思路有：①只在第一帧开始时进行通道去冗余；②基于每一帧进行通道去冗余操作；③周期性执行通道去冗余。对于第一种方法其优势在于计算量最少，但是跟踪过程中目标的外观可能同初始状态出现了较大的差异，因而该策略将导致跟踪的漂移。而第二种策略不仅在计算量上不可忍受，而且不必要，虽然目标外观会在跟踪过程中发生变化，但在局部时间段内其外观形态将具有稳定性。因此本章将基于第3种策略，周期性执行通道去冗余。

对卷积层的激活强度在连续时间段内的稳定性进行了对比测试，其结果如图10.5所示。基于测试集中的Basketball视频序列，自第1帧开始对VGGNet-19的第10卷积层进行测试。对于该层的全部512个通道中每10个通道取1个，共取了51特征通道。固定这些通道，测试其在不同数量的连续帧间的稳定性。图（a）～（d）分别为连续 5 帧（共 5 条曲线）、连续 10 帧（共 10 条曲线）、连续 15 帧（共 15 条曲线）、连续 20 帧（共 20 条曲线）上的测试结果。依据实验结果中卷积层在连续 5 帧、10 帧、15 帧、20 帧间的激活强度曲线的吻合程度可以看出，通道的激活强度在短暂时间内呈现较强的稳定性，但随着时间长度的增加，目标外观所发生的改变会逐步打破这种稳定性，因此在确定通道去冗余操作周期时，需要同时兼顾算法的计算效率和结果的稳定性。

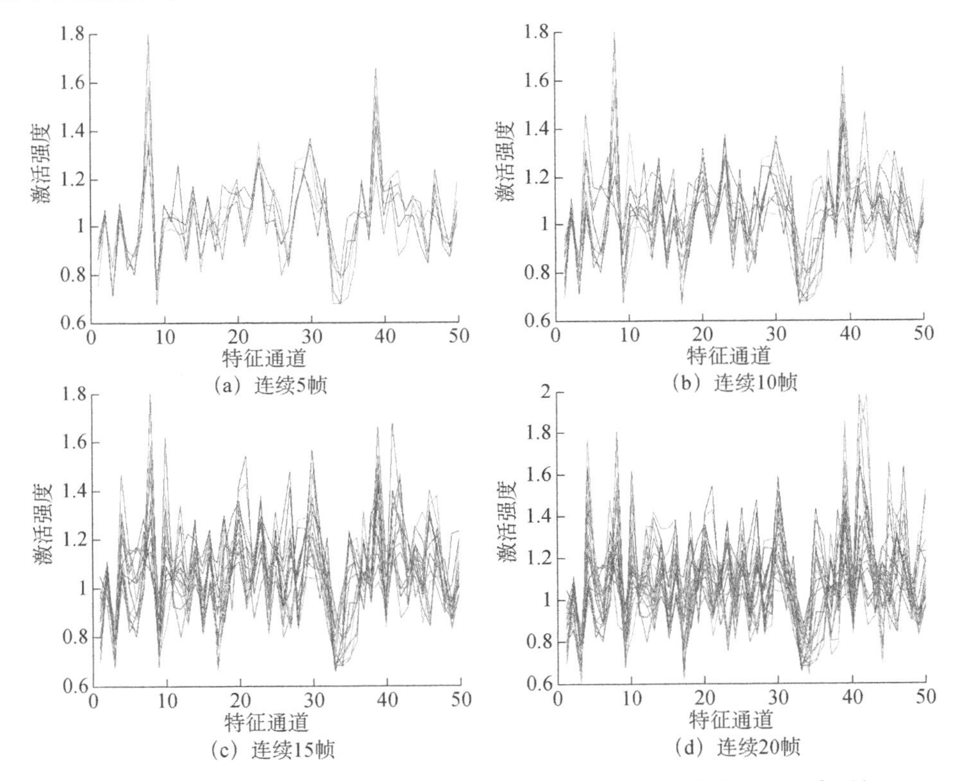

图 10.5　卷积层通道激活强度局部时间段内的稳定性测试曲线图（见彩图）

10.3　多层次卷积特征的综合应用

10.3.1　卷积特征的尺度归一化

在深度卷积神经网络结构中，在卷积层后通常使用一个池化层（pooling

layer）来降低卷积特征的空间分辨率，也就是随网络层数的加深而递减。如在VGGNet-19中伴随每个大的卷积层之后，会有一个尺度和跨度均为2的池化操作，最后一个卷积层pool5之后的卷积特征的空间尺度为7×7，仅为输入图片尺寸224×224的1/32。这样低的空间分辨率很难精准定位目标，同时不同卷积层的特征尺度上的差异会给基于多层次特征进行目标综合定位带来不便，因此需要将各层特征归一化至同一尺寸。可以采用双线性插值的方法，将全部卷积特征调整到统一的尺度。用h表示原始的特征图像，x表示上采样之后的特征图，二者存在如下关系：

$$x_i = \sum_k \alpha_{ik} h_k \tag{10.8}$$

由于特征图的通道数为3，因此x_i和h_k表示向量，式（10.8）中的插值权重α_{ik}同时依赖插值的位置i（实际为二维坐标，此处为表示上便利，使用一个变量i表示）和其周围的k个邻域特征向量。此处的插值发生在尺度空间内，因而可以被看作是对位置的插值。

10.3.2　基于多层次卷积特征的目标定位策略

如上所述，基于相关滤波的跟踪中，当新的图像数据到来时可以通过搜索响应图中最大值的位置确定目标的位置。对基于多层次卷积特征的相关滤波跟踪，可以在多个卷积层上得到多个目标定位。由于不同的卷积层特性不同，因此需要选用适当的策略对这些多个卷积层上的结果进行更好地综合应用。卷积神经网络模型的不同层次，对目标特征进行了不同程度的抽象表示：浅层卷积特征是对空间信息进行抽象；中层卷积特征同时包含了目标的空间信息和有关目标类别的高层次语义信息；深层卷积特征以及后续的全连接层则主要提供有关目标类别的高层语义信息。采用什么样的策略对这些多层次特征进行综合应用，对算法的目标定位准确性起了很大程度的决定作用。现有的策略主要有两种：由高层到低层的定位策略和逐层决策的定位策略。

1. 由高层到低层的定位策略

基于深层卷积特征主要用于目标类别区分，低层卷积特征能更好保留目标空间细节的特性，HCFT[32]提出对层次化的卷积特征进行从高层到低层，由粗到细的应用策略，具体方法如下。

给定卷积滤波的响应集合$\{f_1\}$，可以采用层次化的方法逐层推断目标位置，即最后一层的定位结果用来约束前一层中具有最大响应值的位置的寻找。用 $(\hat{m},\hat{n})=\arg\max_{m,n} f_l(m,n)$ 表示第 l 层中具有最大响应值位置，则第 $l-1$ 层最大响应值对应的位置可以通过下式来得到：

$$\begin{gathered}\underset{m,n}{\operatorname{argmax}}\ f_{l-1}(m,n)+\gamma f_l(m,n) \\ \text{s.t.}\ |m-\hat{m}|+|n-\hat{n}|\leqslant r\end{gathered} \tag{10.9}$$

其中，限制约束表示只有 $(\hat{m},\hat{n})$ 邻域内的 $r\times r$ 大小区域会被作为第 $l-1$ 层寻找最优位置的搜索区域；同时上一层响应的结果以加权的形式反馈给前一层，用于具有最大响应值位置的定位；γ 表示上层约束权值的大小。最终目标的位置通过在具有最高空间分辨率的特征层（即所使用的多个卷积层中最浅的层次）上最大化式（10.9）得到。

该方法的示意图如图 10.6（a）所示。这一方法的优点在于分别利用了高层和低层卷积特征的不同特性。通过使用高层特征所具有的关于物体类别的语义信息，快速地将跟踪目标同背景中的其他部分做区分，实现对目标范围的快速定位。并将高层处理的结果作为指导信息，融合进低层特征的定位工作中。

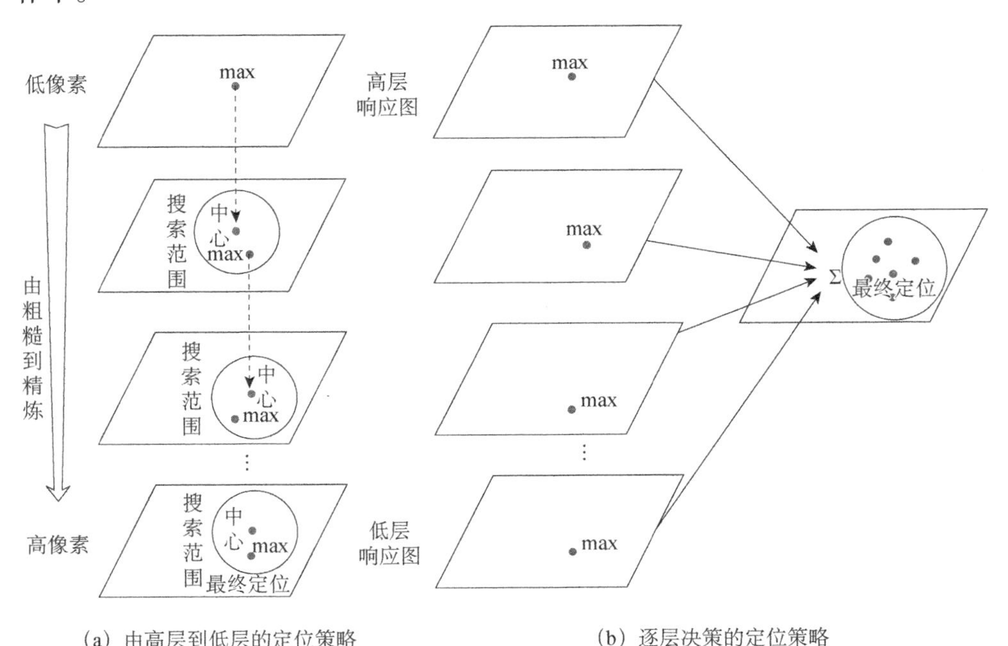

（a）由高层到低层的定位策略　（b）逐层决策的定位策略

图 10.6　基于多层卷积特征的定位策略比较（见彩图）

2. 逐层决策综合应用的定位策略

HDT[34]算法则把对不同卷积层定位结果的应用，看作一个综合决策的过程（图 10.6（b）），并通过改进的 Hegde 算法进行在线决策。传统 Hegde 算法给出多个卷积层定位结果，并用来初始化置信度权重，当前帧目标所在的最终位置通过这些定位结果的加权来决定。各层的置信度权重随最终的定位结果逐步更新，以反映该层定位的决策损失。那么目标在时刻 t 最终加权定位结果的计算公式如下：

$$(x_t^*, y_t^*) = \sum_{k=1}^{K} w_t^k (x_t^k, y_t^k) \tag{10.10}$$

其中，K 表示卷积层数；w_t^k 表示第 k 个卷积层定位结果的置信度权重，并且 $\sum_{k=1}^{K} w_t^k = 1$。得到最终的定位结果后，各层的定位结果会产生一个决策损失，各层权重的更新依据该决策损失而确定。对单个卷积层的定位结果的决策损失计算方法为：

$$\mathrm{Loss}_t^k = \max(f_t^k) - f_t^k(x_t^*, y_t^*) \tag{10.11}$$

其中，f_t^k 为第 k 个卷积层在当前视频帧上得到的响应图；max() 函数表示取响应图矩阵中的最大值；$f_t^k(x_t^*, y_t^*)$ 为响应图矩阵在位置 (x_t^*, y_t^*) 处的响应值。原始的 Hedge 算法通过后悔因子来产生新的权重分布，后悔因子定义如下：

$$r_t^k = \overline{\mathrm{Loss}_t}^k - \mathrm{Loss}_t^k \tag{10.12}$$

其中，$\overline{\mathrm{Loss}_t}^k = \sum_{k=1}^{K} w_t^k \mathrm{Loss}_t^k$，表示全部卷积层决策损失的加权平均。首先，$\mathrm{Loss}_t^k$ 越小表示卷积层 k 的定位越接近于最终目标定位，即该层的定位结果越可靠。因此，后悔因子 r_t^k 的值越大，表示卷积层 k 的决策比平均决策结果更优良，因此其被分配的当前决策权重偏低，应当对这一决定很“后悔”，故需要在后续的决策过程中，基于该后悔因子来调高该层的权重。定义到时刻 t 为止的累积后悔因子为：

$$R_t^k = \sum_{\tau=1}^{t} r_\tau^k \tag{10.13}$$

最终，各个卷积层的决策权重通过最小化其累积后悔因子来得到。最小化式（10.13）的结果为：

$$w_{t+1}^k = \frac{R_t^k}{c_t} \mathrm{e}^{\frac{(R_t^k)^2}{2c_t}} \tag{10.14}$$

其中，c_t 为尺度因子，通过求解 $\frac{1}{K}\sum_{k=1}^{K} \mathrm{e}^{\frac{(R_t^k)^2}{2c_t}} = \mathrm{e}$ 得到。

上述基于原始 Hedge 算法的权重更新假设目标平缓或运动速度恒定，在实际的跟踪环境中这通常是不切合实际的。对于运动随时间动态改变的目标来说，其历史累积后悔因子 R_{t-1}^k 应当随着时间 t 的改变而动态地变化。同时，由于不同的卷积层其特性不同，因此应当让它们在累积后悔因子中占据不同的比例，为此 HDT 算法提出自适应的 Hedge 算法，使得历史累积后悔因子能够随时间和卷积层的不同而动态调整。

基于目标的外观在短时间内不存在大的变化的假设，使用均值为 μ_t^k，标准差为 σ_t^k 的高斯函数来模拟时间段 Δt 内各个卷积层决策的损失，其中均值和标准差的定义如下：

$$\mu_t^k = \frac{1}{\Delta t}\sum_{\tau=t-\Delta t}^{t} \text{Loss}_\tau^k \tag{10.15}$$

$$\sigma_t^k = \sqrt{\frac{1}{\Delta t - 1}\sum_{\tau=t-\Delta t}^{t} (\text{Loss}_\tau^k - \mu_t^k)^2} \tag{10.16}$$

同时对各层卷积在 t 时刻决策的稳定性 s_t^k 做出如下的度量：

$$s_t^k = \frac{\left|\text{Loss}_\tau^k - \mu_t^k\right|}{\sigma_t^k} \tag{10.17}$$

稳定性 s_t^k 的值越小，表示该层卷积层做出的决策越稳定，因此可以使当前的后悔因子在累积后悔因子中占据更大的比例。与此相反，s_t^k 值越大，表示该卷积层的当前决策变化越大，因此有关其累积后悔因子的计算应当更大程度地依赖于历史累积值。基于这一理念，可对累积后悔因子的自适应更新如下：

$$\begin{aligned} R_t^k &= (1-\alpha_t^k)R_{t-1}^k + \alpha_t^k r_t^k \\ \alpha_t^k &= \min(g, \mathrm{e}^{-\gamma s_t^k}) \end{aligned} \tag{10.18}$$

其中，γ 为尺度因子；g 对当前帧后悔因子所占的比例做了最大限制，以防止所有的历史后悔因子全部被丢弃。同式（10.14）结果相一致，基于自适应更新累积后悔因子，决策权重的自适应调整策略如下：

$$w_{t+1}^k = \frac{\left[R_t^k\right]_+}{c_t}\mathrm{e}^{\frac{(\left[R_t^k\right]_+)^2}{2c_t}} \tag{10.19}$$

其中，$\left[R_t^k\right]_+ = \max(0, R_t^k)$；$c_t$ 同样表示尺度因子，通过求解 $\frac{1}{K}\sum_{k=1}^{K}\mathrm{e}^{\frac{(\left[R_t^k\right]_+)^2}{2c_t}} = \mathrm{e}$ 得到。$\left[R_t^k\right]_+$ 表达的理念是，累积后悔因子 R_t^k 度量了某卷积层此前一个时间段内的整体的决策分配权重情况，当 R_t^k 为负数时，表示对于该层分配的权重始终过高，则应当持续降低对该层权重的分配，若整个时段内持续降低权重，则认为完全不需要考虑其决策，故应将其权重设置为 0。

由高层到低层的定位策略考虑了不同卷积层的特点，但这种策略是一种从上到下的串联工作方式，使得低层定位太过依赖高层特征定位结果，如果高层定位或者中间层定位出现偏差，将对低层定位的准确性产生影响。而基于自适应 Hegde 算法的逐层决策综合应用策略，则能基于不同卷积层的当前结果对其动态调整，在利用了卷积层不同特点的同时，避免了由高层到低层的决策模式对高层结果的过分依赖。因此，本章后续算法将采用基于自适应 Hedge 算法的逐层决策综合应用的策略。

10.4　目标的尺度估计

在确定了跟踪目标的位置之后，另一个需要解决的问题是如何确定目标的尺度。跟踪过程中目标的尺度往往发生不同程度的变化，不准确的目标尺度确定既会引入过多背景信息干扰相关滤波器的训练，进而影响跟踪效果；也可能因尺度变大不能跟踪到完整的目标而导致目标丢失。同时，对于本章给出基于激活强度的通道去冗余方法，也需要以准确的目标尺度作为前提，因此本节给出目标尺度自适应计算的方法。

相关滤波框架本身没有针对目标尺度变化的处理，现有的基于相关滤波的跟踪算法，或者采用固定的目标尺度，或者采用空间金字塔的方式，在多个空间分辨率上寻找最佳的目标，并确定目标最终尺寸。深度卷积特征往往具有高的通道数目，且多层次卷积操作本身计算量较大，因而并不适合于在多尺度空间上进行目标尺度计算。受相关研究工作的启发，本节采用基于传统 HOG 特征的目标尺度估计方法[125,126]，通过使用 HOG 特征训练一个用于计算目标尺度的相关滤波器，实现对目标尺度的准确计算。

以多个卷积层联合决策得到的目标位置 (x_t^*, y_t^*) 为中心，在原目标尺度的基础上缩放不同的比例，来截取样本区域构建出目标金字塔。记原目标尺度为 $P \times Q$，尺度空间的大小为 K，则尺度空间可表示为：

$$S = \left\{ s \mid s = \left\lfloor -\frac{K-1}{2} \right\rfloor, \cdots, \left\lfloor \frac{K-1}{2} \right\rfloor \right\} \tag{10.20}$$

其中，s 表示尺度因子，表示相邻两个样本间的尺度比例。对每一个 $s \in S$，可得到一个样本图像块 J_s，其尺寸为 $sP \times sQ$，并且它的中心在 (x_t^*, y_t^*) 处。为了进行尺度滤波器的训练，需要将所有样本重新缩放至 $P \times Q$，并逐一提取其 HOG 特征来构建尺度特征金字塔，可以将该特征金字塔看作多通道特征，训练得到尺度相关滤波器 W_s 。将尺度滤波器 W_s 作用于样本图像块 J_s 的 HOG 特征得到的响应图，记为 f_s ，则最终目标的尺度通过最大滤波响应值所在的尺度来决定，如下式：

$$s^* = \arg\max_s (\max(f_1), \max(f_2), \cdots, \max(f_K)) \tag{10.21}$$

10.5　算法框架及流程

本节给出基于去冗余卷积特征的相关滤波跟踪算法的整体流程（图 10.7），主要包含两个部分：目标的定位和目标的尺度估计。

（1）在目标的定位中，使用预训练的 VGGNet 网络，提取目标搜索区域的多层卷积特征。将各层的特征通道按激活强度的高低排序，依照各层设定的去冗余因子和其特征通道数目，去除激活强度较低的特征通道，实现对卷积特征的去冗余。使用去冗余后的多层卷积特征，训练多个用于定位的相关滤波器，通过它们的加权决策来实现目标的最终定位。

（2）在目标的尺度估计中，通过构建目标的多尺度 HOG 特征金字塔，训练一个尺度相关滤波器，完成对目标尺度的准确估计。

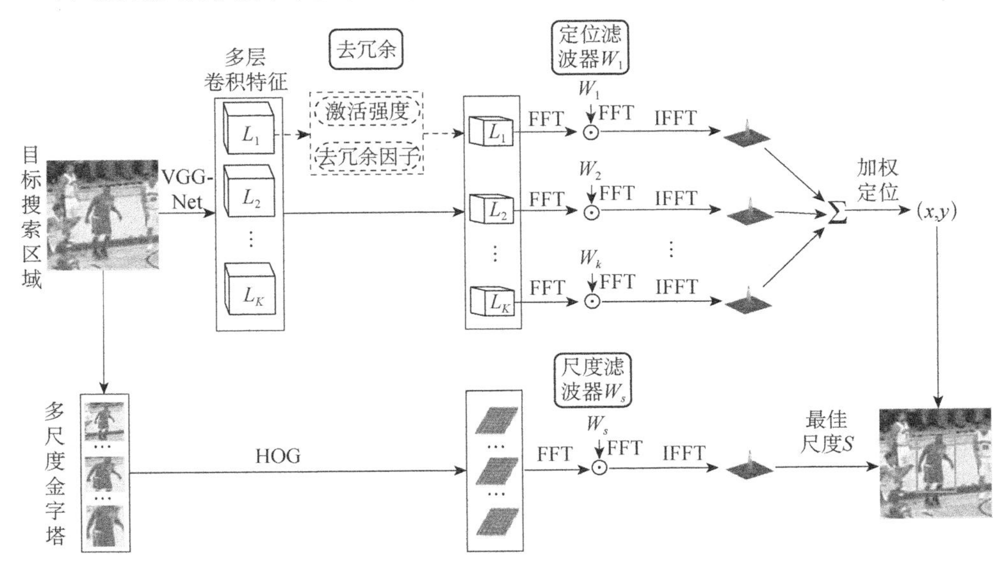

图 10.7　基于通道去冗余卷积特征的相关滤波跟踪算法流程图

基于去冗余卷积特征的相关滤波跟踪算法的具体实施过程如算法 10.1 所示。

算法 10.1　基于卷积通道去冗余的相关滤波跟踪算法

输入：初始目标状态 $s_0=(x_0,y_0,w_0,h_0)$ ，各卷积层初始的决策权重 $\{\alpha_1^l\},l\in\{1,\cdots,K\}$ ，以及卷积层的去冗余因子 $\{r^l\},l\in\{1,\cdots,K\}$ 和通道去冗余操作的周期 M 。

输出：t 时刻，估计的目标状态 $s_t=(x_t,y_t,w_t,h_t)$ ，学习到的相关滤波器 $\{w_t^l\}$ ，去冗余后的卷积通道集合 $\{D_t^l\}$ ，其中 $l\in\{1,\cdots,K\}$ 。

重复：

（1）以上一帧目标位置 (x_{t-1},y_{t-1}) 为中心，在当前帧截取感兴趣目标搜索区域，提取其卷积特征，并使用空间插值方法对卷积特征进行尺度归一化；

（2）对所有卷积层 $l\in\{1,\cdots,K\}$ ，依照去冗余通道 D_{t-1}^l ，使用 w_{t-1}^l 计算响应图 f_t^l ，并确定单层的目标定位 p^l ；

（3）使用自适应 Hedge 算法，计算最终目标位置 $p_t=(x_t,y_t)$ ，并更新卷积层决策权重集合 $\{\alpha_t^l\}$ ；

（4）使用基于 HOG 特征的目标尺度自适应算法，计算目标尺度 (w_t,h_t) ；

（5）以 $p_t=(x_t,y_t)$ 为中心，截取作为训练样本的感兴趣区域，提取其卷积特征，并使用空间插值方法对卷积特征进行尺度归一化；

（6）如果 $t\%M==1$ ，则对所有卷积层 $l\in\{1,\cdots,K\}$ 使用基于通道激活强度的去冗余算法，更新 $\{D_t^l\}$ ；

（7）对所有卷积层 $l\in\{1,\cdots,K\}$ ，更新相关滤波核 w_t^l 。

直到跟踪视频序列结束。

10.6　实验结果与分析

实验首先对本章给出的通道激活强度进行了多方面测试，包括稳定性、特征选择能力，以及它对训练的相关滤波核的影响。其次，在标准跟踪数据集上，对本算法在多种情况下的表现进行了评估。最后，依据算法在测试集上的表现，同当前主流的跟踪算法做了比较分析，并以此分析本跟踪算法的优缺点。

10.6.1　实验设置

实验使用 MATLAB 和 C++语言混合编程实现，其中 MATLAB 版本为 2015b，算法中所涉及的有关卷积特征的计算和网络训练使用 MatConvNet-1.0-beta20 工具箱实现。硬件环境的配置为 Intel i7-5930K CPU @2.90GHz 3.50GHz、64GB RAM，并使用 NVIDIA GeForce GTX1080 的 GPU 来加速卷积特征的计算。实验中所用的网络模型为基于 ImageNet 数据集上预训练的 VGGNet-19 网络，选用其中的 6 个深度卷积层（10～12 层和 14～16 层）来提取目标的多层次深度特征。

1）测试集

实验选用标准跟踪数据集 OTB50[124]进行测试对比。该数据集共包含 50 个测试视频序列，这些视频数据尺寸不一，同时包含有灰色图像和彩色图像，并涵盖了快速移动、运动模糊、局部与完全遮挡、离面旋转、尺度形态变化和光照变化等多种具有挑战性的情况。

2）数据预处理

实验中对所用的原始图像的预处理，同 VGGNet-19 训练时所采用的方法一致，即在 RGB 通道上分别对图片进行去中心化，其效果如图 10.8 所示。由于 VGGNet-19 的输入要求为 3 通道彩色图像，因此将灰度图像在 RGB 通道上进行了等值扩展，使用图像的灰度值作为其 3 个通道上的颜色值。同时，因算法计算过程中需要用到 FFT 变换，为避免应用 FFT 时出现边缘效应，使用 Hanning 窗对得到的卷积特征进行处理。

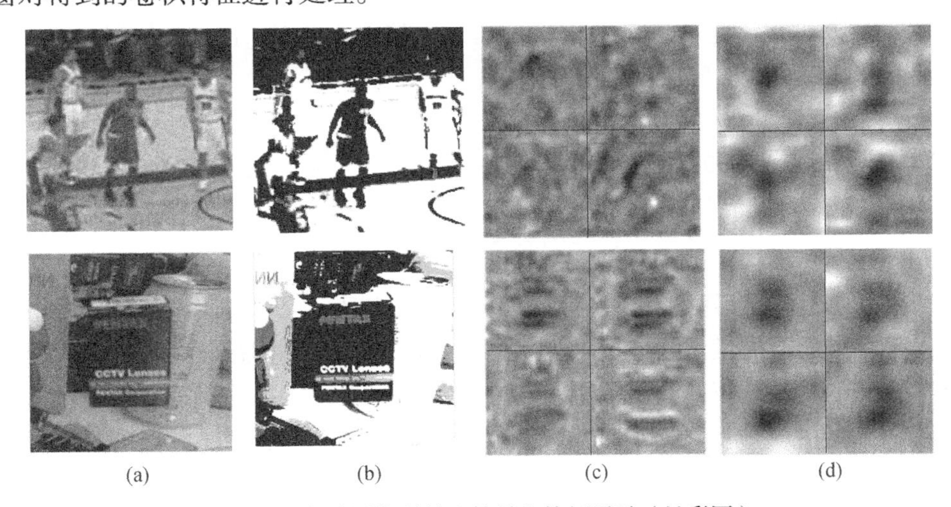

(a)　(b)　(c)　(d)

图 10.8　实验图像预处理结果和特征展示（见彩图）

图（a）为以目标为中心截取的感兴趣目标搜索区域，图（b）为对 RGB 通道去中心化预处理后的结果展示，图（c）和（d）分别为提取到的卷积特征（为了便于展示，该结果来自于 VGGNet-19 的第 12 层和 16 层中通道激活强度排序中处于前 4 的结果）

3）参数设定

跟踪过程中，将运动目标搜索窗的大小设为原目标 1.8 倍，并将各层卷积特征尺度归一化为目标搜索窗的 1/4。正则化因子 λ 设定为 10^{-4}，训练样本的高斯标签函数的空间带宽 σ 设为 0.1，模型的更新学习速率 η 设定为 0.01。基于各个卷积层之间的差异性以及更深层特征在跟踪初始阶段具有较好效果的现象，实现中以级数式递增的方式初始化各个卷积层的决策权重 $\{\alpha_t^l\}, l\in\{1,\cdots,K\}$。

训练尺度滤波器时使用的 HOG 特征的单元格大小设置为 4×4，梯度方向的个数设为 9。尺度空间的大小 K 设为 21，尺度因子 s 大小设定为 1.035，即目标区域最大的放大倍数为 1.4106，而最大的缩小倍数为 0.7089。

在兼顾算法执行效率和性能的原则下，将执行通道去冗余操作的周期设为 10 帧，并将 VGGNet-19 的第 10～12 卷积层和第 14～16 卷积层的冗余因子 $\{r^l\}, l \in \{1, \cdots, K\}$ 分别设定为[0.75, 0.75, 0.65, 0.65, 0.50, 0.50]，即去冗余后各卷积层所剩余的通道数目为[128, 128, 180, 180, 256, 256]。

4）评价指标

使用与 8.7.1 节相同的评价指标：中心位置误差（CLE）（即准确率（PR））和重叠率（OR）（即成功率（SR））。

实验将本章算法在多组视频序列上进行了综合测试，并与本算法参考的原型 HDT[34]算法，以及 Struck[24]、KCF[26]、DSST（discriminative scale space tracking，判别式尺度空间跟踪）[125]、TLD[23]等算法进行了比较，依据其结果对本章所提出算法的性能进行评估和分析。

10.6.2 对比实验分析

1. 特征通道激活强度稳定性的测试

特征通道的激活强度值在连续帧间的变化情况反映了通道激活强度的稳定性：若特征通道的激活强度值在连续的视频帧间能够保持在极小的范围内波动或者稳定不变，则该通道特征的激活强度具有较强的稳定性。特征通道激活强度的稳定性，是去冗余操作周期性执行的基础，以下基于测试数据对其进行详细分析。

从标准测试序列中挑选了四组序列：Basketball、Bolt、Bird1 和 Tiger2。Basketball 序列中包含目标连续形态改变、相似物体干扰等挑战；Bolt 序列中包含目标快速运动，并存在连续形态改变；Bird1 序列中目标在飞行过程中持续变换姿态；Tiger2 测试序列则包含局部遮挡、光照变化等影响。

基于 Basketball 序列的第 1～10 帧，绘制 VGGNet-19 的第 10～12 和第 14～16 卷积层特征通道的激活强度曲线，对于全部 512 个特征通道每 10 个选取 1 个，得到结果如图 10.9 所示。每幅图中包含 10 条曲线，分别对应 10 帧图像的结果，由图中 10 条激活强度曲线的吻合程度可以看出，本算法所选用的全部 6 层网络其通道激活强度在连续 10 帧内都基本趋于稳定，并且层数更浅的网络的稳定性更高，而层数相对较深的网络其波动性有逐渐增大的趋势，其中第 16 层卷积层的结果曲线波动性最大，但从其曲线总体趋势来看在激活强度波峰与波谷的转折点处，这些曲线仍较为吻合，可见激活强度具有一定稳定性。

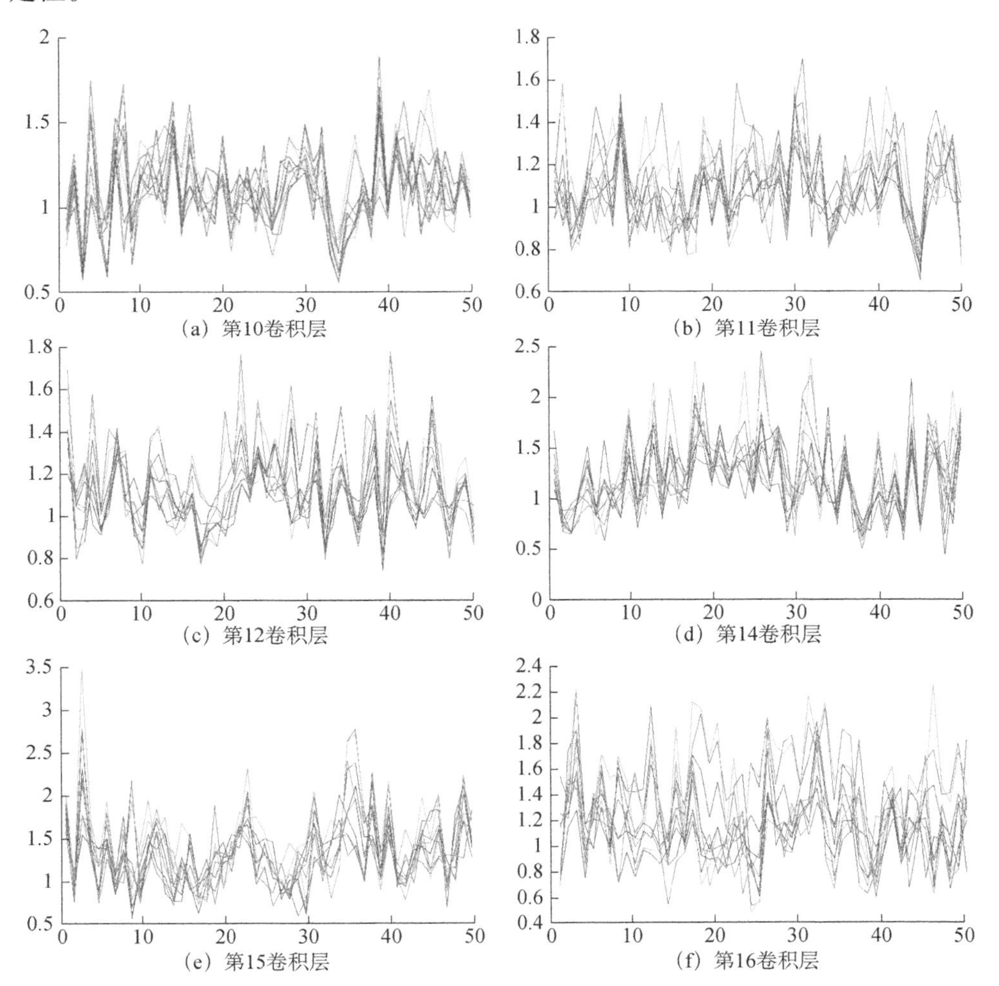

(a) 第10卷积层　(b) 第11卷积层

(c) 第12卷积层　(d) 第14卷积层

(e) 第15卷积层　(f) 第16卷积层

图 10.9　卷积层在连续 10 帧间的通道激活强度曲线（见彩图）

测试结果基于 Basketball 序列第 1～10 帧，全部 512 个特征通道每 10 个通道选取 1 个进行统计

为更加准确地度量激活强度的稳定性，绘制了 10 条激活强度曲线的波动方差图，如图 10.10 所示。由图中数据可以看出，通道激活强度的波动方差基本都低于 0.1。高层特征通道的方差稍偏大，存在个别异常点超出 0.1，但也都保持在 0.4 以下。在特征通道去冗余过程中，将激活强度更高的特征通道进行保留，

它们的激活强度都高于 1.0。与之相比，0.1 的激活强度波动方差并不会对筛选的特征通道产生过多的影响。

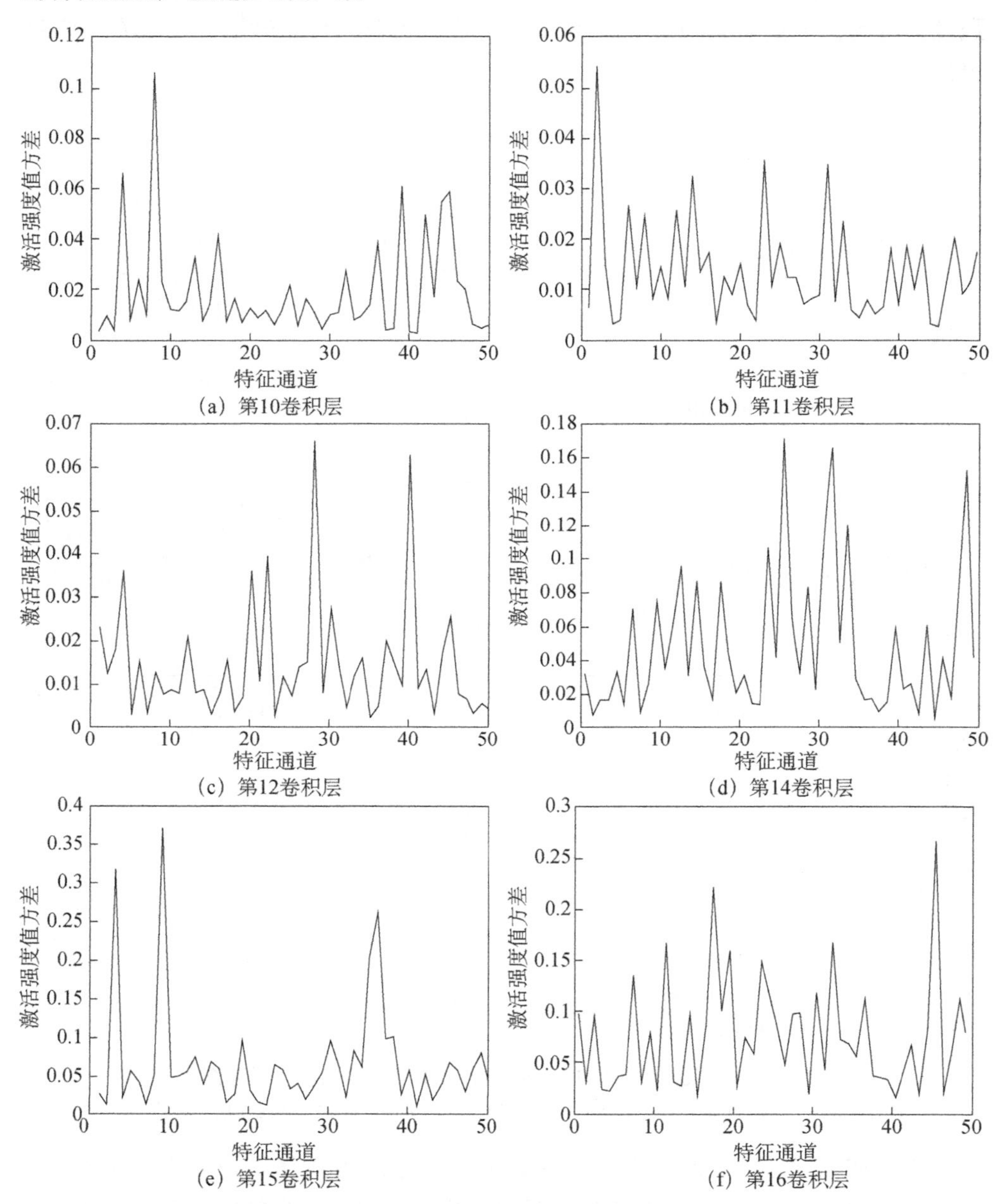

(a) 第10卷积层　(b) 第11卷积层

(c) 第12卷积层　(d) 第14卷积层

(e) 第15卷积层　(f) 第16卷积层

图 10.10　卷积层在连续 10 帧间的通道激活强度的波动方差统计

同时，基于 4 组测试序列，选取了多个连续的 10 帧图像：1～10 帧、21～30 帧、41～50 帧、61～70 帧、81～90 帧、101～110 帧、121～130 帧、141～150 帧和 161～170 帧，并以 VGGNet-19 的第 12 和 16 卷积层为代表，统计了它们的激活强度在不同的连续图像帧上的波动方差的平均值，如表 10.2 和表 10.3 所示，其中加粗字体显示了每个序列上的最大值。由表中结果可以看出，特征通道的激活强度在连续帧间的波动，整体上比较轻微。同时仍然呈现出，深层特征波动性更大的趋势，这表明深层特征的通道对目标外观状态的变化更为敏感，浅层特征则有更强的稳定性。

表 10.2 第 12 卷积层的激活强度波动方差的平均值统计

测试序列	连续图像帧数								
	1～10	21～30	41～50	61～70	81～90	101～110	121～130	141～150	161～170
Basketball	0.0121	0.0168	0.0061	0.0125	0.0274	0.0281	**0.0395**	0.0129	0.0116
Bolt	**0.0175**	0.0159	0.013	0.0115	0.0160	0.0114	0.0116	0.0112	0.0150
Bird1	0.0215	0.0262	**0.0462**	0.0305	0.0229	0.0222	0.0414	0.0019	0.0013
Tiger2	0.0131	0.0141	0.0087	0.0081	0.0087	0.0095	0.0079	0.0088	**0.0194**

表 10.3 第 16 卷积层的激活强度波动方差的平均值统计

测试序列	连续图像帧数								
	1～10	21～30	41～50	61～70	81～90	101～110	121～130	141～150	161～170
Basketball	0.0788	**0.0985**	0.0247	0.0393	0.0673	0.0779	0.0823	0.0875	0.1072
Bolt	0.0668	0.0751	0.0534	0.0431	0.0704	0.0434	0.0849	0.0673	**0.0916**
Bird1	0.0324	0.0534	**0.0741**	0.0572	0.0484	0.0426	0.0532	0.0026	0.0032
Tiger2	0.0282	0.0358	0.0285	0.0373	0.0381	0.0387	0.0398	0.0353	**0.0537**

基于上述实验结果，将位于浅层的卷积层的冗余因子设定得略高，并随卷积层深度加深而递减，以保证为深层特征中保留更多的通道。

2. 基于激活强度筛选的卷积特征展示

从 50 个标准序列中随机挑选了 4 个测试序列，并展示了其基于激活强度筛选的特征效果，如图 10.11 所示。由图中结果可以看出，通过激活强度筛选出的特征，在目标区域表现出强烈的正响应（在图中呈现为白亮），或者在目标区域呈现出强烈的负响应（在图中呈现为深暗），并且从图中第 12 层和第 16 层卷积效果的差异可以看出，在更深层的网络层中对目标的特定部分响应呈现得更为集中且强烈。

图 10.11　基于激活强度筛的卷积特征展示

图 10.11（a）～（d）分别展示了在 Bolt、MotoRolling、Tiger2 和 Woman 测试序列上基于激活强度排序后选择的前 9 个特征通道上的结果，图中方框表示目标区域。此处仅展示了网络中第 12 和第 16 层上得到的结果，分别对应于图中的第 2 列和第 3 列。

3. 特征通道去冗余对相关滤波核的影响

图 10.12 展示了使用通道去冗余和未使用通道去冗余训练所得的相关滤波器核，通过对比分析可以看到，当使用全部特征通道进行滤波器训练时，其所得到的相关滤波器核，有许多通道呈现微弱的能量，表示其所对应的特征通道对特定的跟踪目标呈现弱的相关性，即在当前时间段内目标的状态并不能激活该特征模式。当采用了通道去冗余算法后所得到的滤波核，不相干的特征被去除，具有微弱能量响应的滤波核数目有所减少，因而滤波器能够更好地跟踪当前目标。

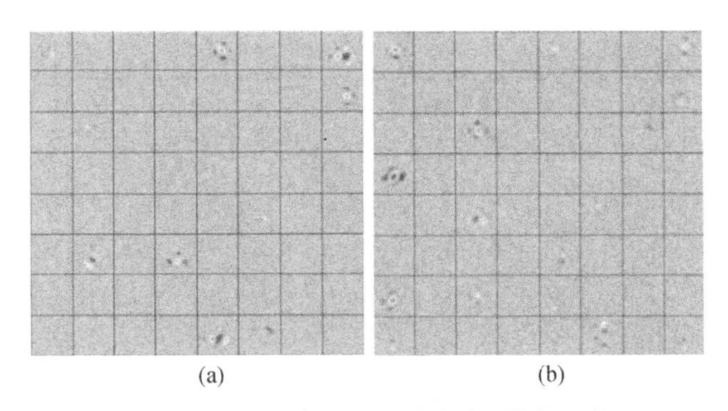

图 10.12　去冗余前后相关滤波器核的比较

上述所显示的滤波器核为基于网络第 16 层特征训练得到的，图（a）和（b）分别为在特征通道去冗余前、后训练所得到的滤波核的展示。图中展示的结果为从特征层的全部通道中随机挑选的 64 个通道

4. 定量评估与定性分析

为测试本算法的性能，从 OTB50 序列中挑选了 15 个测试序列，对本算法的表现进行了综合测试。这些测试序列涵盖了光照变化、尺度变化、形变、快速移动、离面旋转、遮挡等多种挑战，挑战属性情况见表 10.4。同时将本算法与所选取的 5 种算法（HDT、TLD、Struck、DSST 和 KCF）进行了详细比较。在对算法的评估过程中，本章采用了当前常用的一次通过评估（one-pass evaluation，OPE）方法，将各个算法在不同测试序列上的平均中心位置误差、准确率、成功率进行了比较。准确率基于各个测试结果的中心位置误差，阈值设为 20 像素；成功率基于各个测试结果的重叠率，阈值设为 0.5。前者反映了算法对目标定位的准确程度，后者反映了算法对目标尺度估计的准确程度。

表 10.4　测试序列及其挑战性

序号	测试序列	总帧数	挑战性
1	Basketball	725	光照变化、遮挡、形变、背景干扰
2	Bolt	350	遮挡、形变、离面旋转
3	Couple	140	尺度变化、形变、快速移动、离面旋转
4	Tiger2	365	光照变化、遮挡、形变、快速移动
5	Woman	597	光照变化、尺度变化、遮挡、形变
6	Freeman4	283	尺度变化、遮挡、平面内旋转
7	Ironman	166	光照变化、快速移动
8	Deer	71	快速移动、运动模糊、低分辨率
9	CarScale	252	尺度变化、离面旋转

续表

序号	测试序列	总帧数	挑战性
10	Girl	500	尺度变化、遮挡
11	Shaking	365	尺度变化、平面内旋转、背景干扰
12	Jumping	313	运动模糊、形变
13	Singer2	360	光照变化、离面旋转、尺度变化、遮挡
14	CarDark	393	光照变化、背景干扰
15	Car4	659	光照变化、尺度变化

由表 10.5 和表 10.6 中本算法与原 HDT 算法在跟踪平均准确度和跟踪准确率上的对比结果可以看出，采用通道去冗余方法后，算法在对跟踪目标的定位精准度上有所提高，这表明去冗余操作使得特征响应更多地集中在当前被跟踪目标区域，因而对原 HDT 算法定位不精准的情况进行了矫正。另一方面，通过通道去冗余操作，低响应和无关响应特征通道被去除，使得背景信息对目标的干扰作用减弱，相关滤波器响应能够更加集中于当前目标区域，因而能够获得更为精准的定位结果。

表 10.5　跟踪平均准确度（中心位置误差结果）

测试序列	本算法	HDT	TLD	Struck	DSST	KCF
Basketball	3.56	**3.27**	213.86	118.256	10.79	7.89
Bolt	**3.84**	5.00	90.92	398.84	4.69	6.36
Couple	7.31	8.54	**2.54**	11.33	125.12	47.55
Tiger2	**16.24**	17.87	37.10	21.64	41.45	47.44
Woman	8.44	10.93	139.94	**4.16**	9.74	10.06
Freeman4	**5.73**	8.39	39.18	48.69	19.97	27.11
Ironman	34.04	**30.05**	93.17	127.65	205.93	194.94
Deer	**4.10**	5.15	30.93	5.26	16.69	21.15
CarScale	20.25	29.91	22.60	36.43	19.06	**16.14**
Girl	2.17	3.65	9.79	**2.57**	10.96	11.91
Shaking	11.19	12.46	37.11	30.70	**8.17**	112.5
Jumping	4.24	**3.86**	5.94	6.54	125.46	26.12
Singer2	166.80	173.93	58.32	174.32	**7.88**	10.28
CarDark	5.39	5.32	27.47	**0.95**	1.03	6.04
Car4	6.89	7.39	12.83	8.69	**1.86**	9.88

注：加粗数据为最优结果，带下划线数据为次优结果，下同。

表 10.6　跟踪准确率（中心位置误差阈值 20 像素）

测试序列	本算法	HDT	TLD	Struck	DSST	KCF
Basketball	**1**	**1**	0.28	0.12	0.82	0.92
Bolt	**1**	**1**	0.31	0.02	**1**	0.99
Couple	0.92	0.89	**1**	0.73	0.11	0.26
Tiger2	**0.64**	0.58	0.39	0.62	0.29	0.35
Woman	0.96	0.94	0.19	**1**	0.94	0.94
Freeman4	**0.94**	0.85	0.41	0.37	0.67	0.53
Ironman	0.64	**0.67**	0.12	0.11	0.15	0.22
Deer	**1**	**1**	0.73	**1**	0.79	0.82
CarScale	0.71	0.62	**0.85**	0.65	0.76	0.81
Girl	**1**	**1**	0.91	**1**	0.93	0.86
Shaking	0.87	0.82	0.41	0.20	**1**	0.02
Jumping	**1**	**1**	**1**	0.80	0.06	0.34
Singer2	0.04	0.03	0.07	0.04	**1**	0.95
CarDark	**1**	**1**	0.64	**1**	**1**	**1**
Car4	0.99	0.99	0.87	0.99	**1**	0.95

本算法的另一个重要改进是对目标尺度的适应性。原 HDT 算法在对目标的准确定位方面更有优势，但对目标的尺度却不能很好地估计。为保证计算效率，原算法中并没有针对目标的尺度估计采取合适的处理策略。在本算法中，由于对特征通道进行了精简，降低了算法在训练、检测过程的计算量，因而为采取有效的尺度估计策略提供了发挥空间。

从表 10.7 中本算法与 HDT 算法在 Couple、CarScale、Freeman4、Shaking 等多个包含尺度变化的测试序列上的目标重叠率的对比结果可以看出：采用了尺度估计滤波器之后，算法对目标的尺寸估计能力有了一定提升，因而获得了更高的跟踪成功率。

表 10.7　跟踪成功率（重叠率阈值 0.5）

测试序列	本算法	HDT	TLD	Struck	DSST	KCF
Basketball	0.99	**1**	0.02	0.10	0.70	0.90
Bolt	**1**	0.99	0.15	0.02	**1**	0.94
Couple	0.74	0.69	**1**	0.54	0.11	0.24
Tiger2	0.60	0.57	0.17	**0.65**	0.30	0.36
Woman	0.93	0.93	0.17	0.93	0.93	**0.94**
Freeman4	**0.48**	0.44	0.27	0.16	0.42	0.18
Ironman	0.61	**0.62**	0.07	0.05	0.13	0.15
Deer	**1**	**1**	0.73	**1**	0.79	0.82

续表

测试序列	本算法	HDT	TLD	Struck	DSST	KCF
CarScale	0.57	0.40	0.44	0.43	**0.85**	0.44
Girl	0.97	0.97	0.76	**0.98**	0.31	0.74
Shaking	0.85	0.80	0.40	0.17	**1**	0.01
Jumping	**0.99**	**0.99**	0.85	0.80	0.06	0.28
Singer2	0.04	0.03	0.01	0.03	**1**	0.96
CarDark	0.88	0.87	0.53	**1**	**1**	0.69
Car4	0.48	0.39	0.79	0.39	**1**	0.36

本算法在多个测试序列上的结果，如图 10.13 所示。

图 10.13 本算法与其他算法的跟踪结果对比展示（见彩图）

10.7 本 章 小 结

针对现有研究只关注深度卷积特征在不同层次间的表现差异，而忽略同层卷积特征在不同通道间的差异性的问题，本章对特征的不同通道进行了研究，给出了基于通道激活强度的去冗余算法，对特征通道进行精简，以提升算法计算效率和性能。

针对在线训练样本不足的问题，采用基于密集采样训练方式的相关滤波算法，通过循环矩阵实现相关滤波器在频域上的快速训练和目标检测。通过将通道去冗余后的多层次卷积特征同相关滤波结合，实现了对目标的准确定位。同时，针对相关滤波算法不能很好地应对目标尺度变化的问题，采用基于 HOG 特征金字塔训练的尺度滤波器，来对目标尺度进行准确估计。

实验结果表明，特征通道的激活强度在连续帧间具有良好的稳定性，且通道去冗余后的特征对当前跟踪目标具有更好的刻画能力，并有助于提升所训练的相关滤波核的性能。在多个测试序列上的结果表明，本算法对多种挑战环境具有较好的抵抗能力。同时，应用特征通道去冗余操作后，同原 HDT 算法相比本章方法在跟踪准确度和成功率上都有所提升，表明采用特征通道去冗余操作有助于提升算法的综合性能。

第 11 章　基于全卷积孪生网络的多模板匹配跟踪

现有的大多数基于深度网络的跟踪算法，采用离线训练和在线微调结合的方式，跟踪准确度高但实时性差。近年出现的 SiamFC[42]算法基于全卷积孪生网络，采用完全离线训练的方式，实时性高但准确度相对较低，本章对其进行了深入分析并提出改进。影响 SiamFC 算法准确度的主要原因有二：其一，该算法仅以第一帧选定的真实目标作为整个跟踪过程中的单一模板，因而当目标外观发生剧烈改变时，很容易丢失目标；其二，由于网络在离线训练过程中，致力训练通用的目标间的相似匹配功能，因而当目标周边区域有相似物体存在时，跟踪会受到干扰，转而跟踪该相似物体。

针对上述问题，本章给出了基于全卷积孪生网络的多模板匹配跟踪算法。采用多模板匹配的方式，一方面使得算法能够适应目标的外观变化；另一方面，多模板的应用可以对周边相似物体产生抑制效应，从而增加跟踪的准确性。以下部分将对基于全卷积孪生网络的多模板匹配跟踪方法展开阐述。

11.1　全卷积孪生网络

11.1.1　孪生网络结构

不同于常规网络的单分支结构，孪生网络采用一种权值共享的双分支（或多分支）结构（图 11.1）。通常这些共享权值的子分支具有相同的网络结构，在网络的训练过程中，它们的权值同步更新。这种方式使得深度神经网络所需的参数更少，在可用的训练数据较少时，可以避免网络的过拟合。

孪生网络被广泛应用于相似匹配度量。对于相似匹配问题，其输入为目标图像和候选图像两个，输出为单一相似度值，传统的单一输入单一输出式的网络结构并不适用，孪生网络的双分支结构正适合解决该问题。

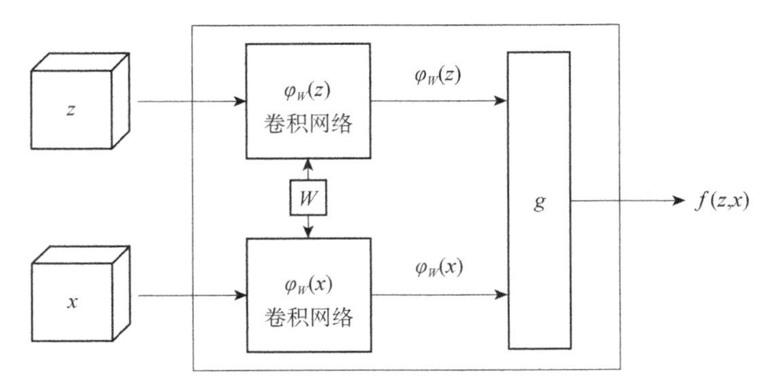

图 11.1　孪生网络结构示意图

面向通用目标图像的相似度量函数可以被描述为 $f(z,x)$，其中 z 为目标图像，x 为候选目标图像，二者尺寸相同。当目标和候选目标描述的为同一物体时，度量函数返回高的相似度得分；当二者差异较大时，度量函数应返回较低的相似度得分。相似度量函数 $f(z,x)$ 就可通过训练孪生网络来得到。此外，由于要处理的数据为图像，因此该网络使用了卷积神经网络。

可以将孪生网络结构看成前、后两个部分，网络的前半部分学习一个映射函数 $\varphi_W(x)$，对两个分支的输入分别提取特征 $\varphi_W(z)$、$\varphi_W(x)$，网络的后半部分则使用另一个函数 g 来实现对特征 $\varphi_W(z)$ 和 $\varphi_W(x)$ 的相似度量，最终输入样本的相似度可以表示为 $f(z,x)=g(\varphi_W(z),\varphi_W(x))$。函数 g 可以是简单的距离函数或者相似度量函数，如在 SINT[41]中，以欧氏距离作为相似度量函数。

11.1.2　基于全卷积孪生网络的相似度量

常规的孪生网络结构中使用相同尺寸的目标 z 和候选目标 x 作为输入，而 SiamFC 算法中提出了一种全卷积式的网络结构，使用交叉相关（cross-correlation）作为对特征 $\varphi_W(z)$ 和 $\varphi_W(x)$ 的相似度量函数 g。采用交叉相关使得整个网络具有了全卷积的特性，能够对目标图像的各种变换具有不变性。同时，网络的全卷积操作使其可以接受不同尺寸的图像作为输入。因此，可以使用比目标 z 的尺寸更大的候选目标区域 x，能够在网络的一次计算中，实现对候选区域内同目标 z 具有相同尺度的全部子候选框的相似性度量。下述部分对全卷积孪生网络的全卷积特性进行详细的阐述。

全卷积性的定义如下[42]：当一个函数对变换操作具有交换性时，该函数具有全卷积性。假定 L_τ 表示一种变换操作：$L_\tau x[u]=x[u-\tau]$，则对一个信号的映

射函数 h，给定任意的平移量 τ（在整数跨度 k 下），当满足式（11.1）时，函数 h 具有全卷积性。

$$h(L_{k\tau}x) = L_{\tau}h(x) \tag{11.1}$$

对于图像这样的离散信号，只需满足在输出的有效区域有效即可。

为使得孪生网络具有全卷积性，SiamFC 算法中将映射函数 $\varphi_W(x)$ 设计为卷积函数（即网络前半部分为卷积网络结构），同时使用交叉相关层实现对输入的相似度量（图 11.2）。

$$f(z,x) = \varphi_W(z) * \varphi_W(x) + b \tag{11.2}$$

其中，$b \subset \mathbf{R}^2$ 为输出信号位置添加的一个偏置项。此处，相关网络的输出不是一个值，而是一个二维的相似度得分图，图中每一个得分位置对应的值为输入图像中子块区域同目标之间的相似度值。两个分支网络上提取的特征 $\varphi_W(z)$ 和 $\varphi_W(x)$ 的交叉相关操作，在数学上等价于计算两个特征向量之间的内积运算，此处之所以将其设置为一个独立的网络层，是为了借助现有的卷积操作库来实现快速的计算。

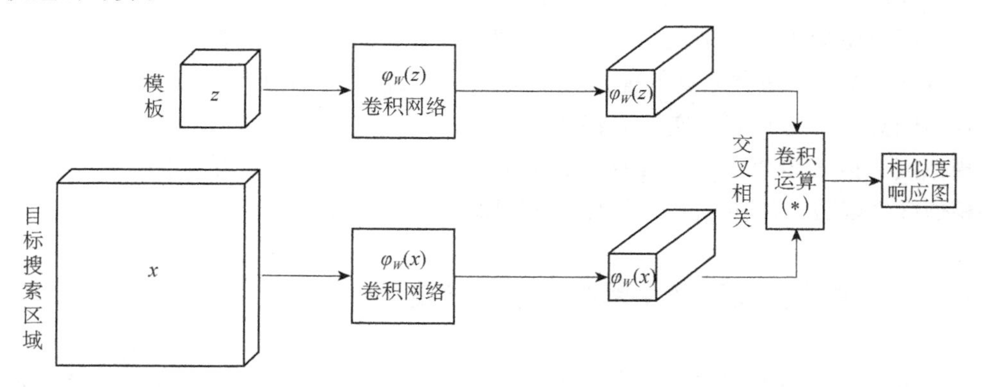

图 11.2　全卷积孪生网络结构图

在跟踪过程中，以上一帧中目标所在位置为中心，截取目标搜索窗，并将其同目标模板一起输入到全卷积网络中，计算两者的相似度，相似度得分图中最大值对应的位置即目标位置。对多个尺度下的目标搜索窗的相似度得分图的计算，可以使用批量梯度下降的方法，通过一次网络计算而全部得到。

11.1.3　网络训练

由于为双分支结构，全卷积孪生网络使用成对的样本 (z,x) 进行训练，其损失函数为逻辑损失函数：

$$l(y,v)=\log(1+e^{-yv}) \tag{11.3}$$

其中，$v=f(z,x)$（见式（11.2））为训练样本对(z,x)的相似度得分，是一个实数值；假定网络输出的大小为$D\subset\mathbf{Z}^2$，则$v:D\to\mathbf{R}$；$y\in\{+1,-1\}$为训练样本对的真实标签。训练基于目标样本图像和搜索窗图像形成的一个组。网络的全卷积特性，使得用于训练的搜索窗的尺寸可以大于目标样本图像，因此每一组图像对可以产生多对正、负样本。对于相似度得分图的损失可以定义为得分图上每一个位置的损失均值：

$$L(y,v)=\frac{1}{|D|}\sum_{u\in D}l(y[u],v[u]) \tag{11.4}$$

同时，对于相似度得分图的每一个位置$u\in D$，需要一个真实标签$y[u]\in\{+1,-1\}$。因而，卷积网络的参数θ可以通过使用随机梯度下降方法来解决下述最小化问题：

$$\arg\min_{\theta} L(y,f(z,x;\theta)) \tag{11.5}$$

网络训练样本是通过标记的视频来获得的，目标样本及搜索窗为目标及以目标为中心的边界框，并保证两者之间相隔一定的视频帧。在截取样本时保证样本原有的长宽比例以避免对图像产生扭曲。输出相似度得分图中每个位置的标签值由它和目标中心之间距离定义：

$$y[u]=\begin{cases}+1, & k\|u-c\|\leqslant R\\ -1, & \text{否则}\end{cases} \tag{11.6}$$

其中，R为正负样本距离阈值，c为输出响应图的中心位置，k为整个网络的相邻卷积操作的跨度（整个网络相当于以目标样本z为卷积模板，对搜索窗x进行卷积操作，卷积操作的跨度为k，可根据目标样本和搜索窗的尺寸计算得到）。

11.2　多模板匹配跟踪

11.2.1　多模板匹配

原始的 SiamFC 跟踪算法中仅使用第一帧真实目标z_0作为单一模板，截取当前搜索区域x_t，跟踪过程中目标的定位由相似度得分图$f(z_0,x_t)$中具有最大值的位置$\hat{u}$决定，如式（11.7）所示。但由于该算法在整个跟踪过程中不更新目标模板，这极大地限制了模板对目标的适应性。当跟踪过程中目标运动比较剧烈或者产生巨大的形变时，或者目标搜索窗中出现相似目标时，均会对目标匹配产生干扰，从而导致跟踪的失败（图 11.3）。

$$\hat{u} = \arg\max_{u \in D} f(z_0, x_t) \tag{11.7}$$

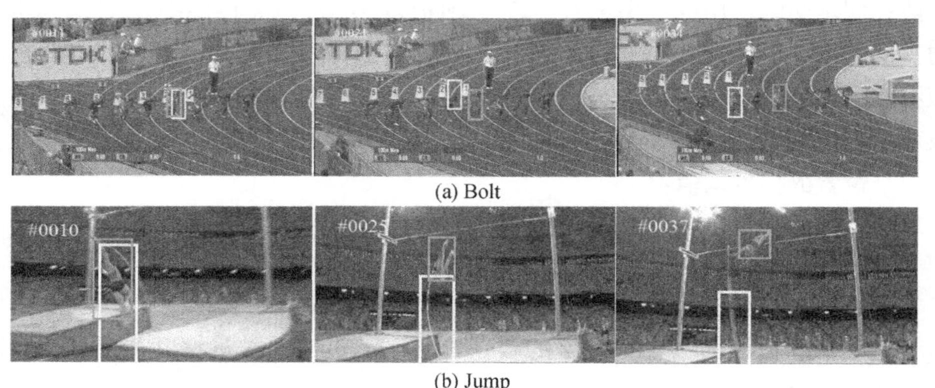

(a) Bolt

(b) Jump

图 11.3 SiamFC 跟踪失败结果示例图

灰色方框表示目标真实情况，白色为 SiamFC 跟踪结果

为了实现更为鲁棒的跟踪，应当改变使用单一模板的策略，对模板进行更新以适应目标变化。基于大量样本训练得到 SiamFC 网络，对于模板和样本之间的相似度量具有较高的可靠性，只要使用的目标模板合适，算法能够得到很好的效果。

对此本节提出了联合历史跟踪结果的多模板匹配跟踪，同时以第一帧目标和 K 个历史跟踪结果作为目标模板，共同决定当前搜索区域 x_t 同目标的相似度得分，如式（11.8）。

$$\hat{u} = \arg\max_{u \in D} (\lambda f(z_0, x_t) + (1-\lambda)\frac{1}{K}\sum_{i=1}^{K} f(z_i, x_t)) \tag{11.8}$$

其中，D 为表示响应图 $f(z,x)$ 的全部位置，λ 为初始目标模板在最终决策中所占的权重，K 表示选定的历史跟踪结果的数量。

11.2.2 多模板的选择与更新

初始选定的跟踪目标作为可信度最高的先验信息，既可以保证跟踪结果在初始阶段的正确性，又能在跟踪过程中对新的跟踪结果进行修正，因而在更新目标模板时，应当始终保留初始目标为模板。对于要使用的 K 个跟踪结果，应当采用合适的挑选机制对其进行选择。对此提出了两种多模板更新方式："队列式"的更新和"淘汰式"的更新，并基于它们的优劣选择了"淘汰式"的更新方式。

（1）“队列式”的更新。

通常情况下，同当前时刻 t 越接近的时刻，得到的跟踪结果同当前目标具有更高的相似性。为了最大限度地适应当前目标的变化，可以选用最新的 K 帧跟踪结果作为目标的多模板。该模式下，可以将多模板理解为维护一个“模板队列”，以“先进先出”的方式使用当前最新的跟踪结果替换最早的跟踪结果。该种“先进先出”的模板选择方式，使得模板对于目标可能产生的各种外观变化有了更大程度的倚重，其优势在于增强了模板的灵活性。缺点在于模板更新的过程中，并没有对模板的优劣进行度量，而是采用固定的方式，淘汰在时间序列上最早的旧模板。

（2）“淘汰式”的更新。

“队列式”的更新方式相当于一种先验假设：始终认为最早的跟踪结果是多个模板中最差的一个。因此将其替换，但是该先验假设并非始终正确。正确的方式是对当前 K 个模板进行比较，选择替换其中最差的一个。对此本章采用“淘汰式”的更新方式，通过对模板的好坏进行评价，选择去除其中最差的一个。

模板好坏的评价标准，可由模板在当前时刻目标定位过程中的影响程度来决定。给定当前目标搜索区域 x_t，K 个模板都能得到一个相似度量响应图 $S_i = f(z_i, x_t)$，$i \in \{1,2,\cdots,K\}$。根据式（11.8），确定当前目标所在的位置为 $\hat{u} = (m_t, n_t)$，则每个模板响应图 S_i 在位置 $\hat{u}$ 处对应一个响应得分值。由于当前目标位置 $\hat{u}$ 的确定依赖于初始模板和 K 个模板，那么每个模板在位置 $\hat{u}$ 处响应值的高低可反映模板对最后定位决策的重要程度。响应值越低，模板对当前目标外观刻画能力越差。基于上述“淘汰式”的更新方式，可以描述如下：

$$\hat{z} = \underset{i \in \{1,2,\cdots,K\}}{\arg\min}\, S_i(m_t, n_t) \tag{11.9}$$

其中，$\hat{z}$ 表示从 K 个模板中挑选出的要被替换掉的模板，(m_t, n_t) 为当前帧中的目标所在的位置，$S_i = f(z_t, x_t)$ 表示第 i 个模板的相似度响应图。确定了要被淘汰替换的模板 $\hat{z}$ 之后，即可使用当前最新的模板 z_t 对模板“队列”进行更新。

11.2.3　增量式的更新计算

SiamFC 算法最大的优点在于计算速度快。为了保证算法原有的计算效率，在进行多模板匹配的过程中，本节在计算过程中采用增量式的更新计算策略。

增量式更新计算分为两个部分：模板更新计算和多模板匹配相似度计算，过程如图 11.4 所示。

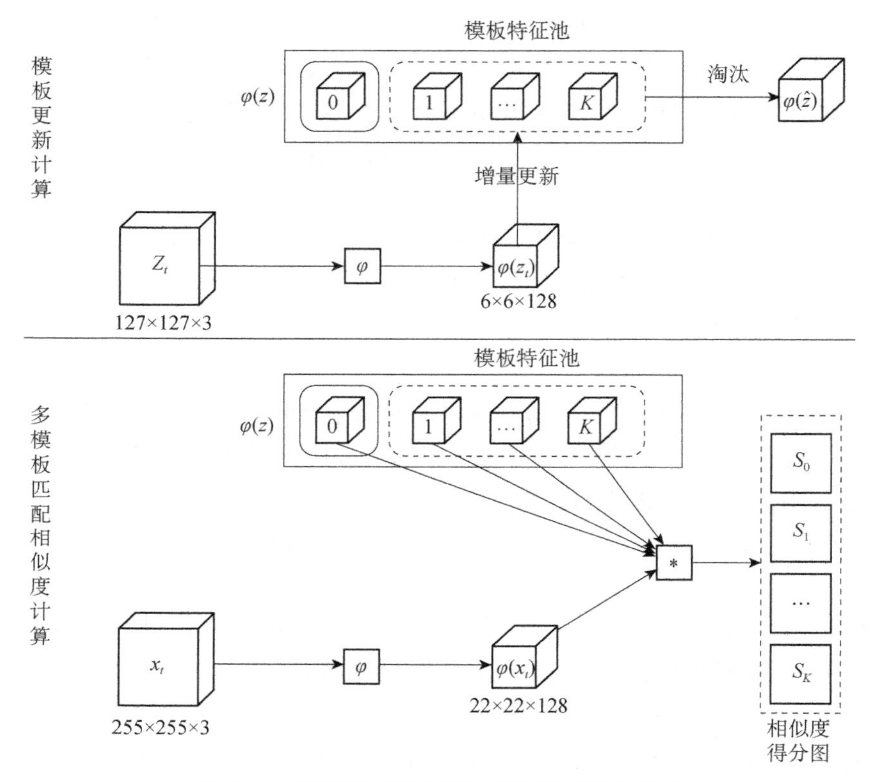

图 11.4　多模板匹配的增量式更新计算示意图

为提升计算效率，第一帧初始目标的特征 $\varphi(z_0)$ 以及最近 K 帧跟踪结果的特征 $\varphi(z_i), i \in \{t-K, \cdots, t-1\}$ 不需要在每一帧中都重新进行计算，而是将模板在第一次通过网络时计算得到的特征保存下来，组成一个模板特征池。当新的一帧跟踪视频到来时，使用存储在模板特征池中的数据，同当前帧的目标搜索区域特征 $\varphi(z_t)$，做 $K+1$ 次交叉相关计算。由于模板更新计算中采用了逐帧进行的增量式计算操作，因此整个多模板匹配过程同原算法相比，仅相当于增加了 1 次模板特征计算和 K 次特征交叉相关计算。模板特征和搜索框特征的尺寸较小（图 11.4），因而并不需要耗费过多的计算量，从而使得原有算法的整体速度不受太大的影响。

11.3　算法框架及流程

结合全卷积孪生网络和多模板匹配跟踪方法，本节给出基于全卷积孪生网络的多模板匹配跟踪算法的算法框架及流程。

本算法框架如图 11.5 所示，首先以离线训练的方式，训练一个具有相似匹配功能的全卷积孪生网络，以实现候选目标与目标模板之间的快速相似度计算。在线跟踪过程中，针对使用单一目标模板方式不能适应目标外观变化的问题，采用多模板匹配的方法，将第一帧初始目标模板和 K 帧跟踪结果联合形成多个目标模板。对于当前目标搜索区域，基于多个模板的相似匹配结果，实现对目标的最终结果的定位。依据当前多个模板在最终定位决策中的重要程度进行筛选淘汰，并将当前的跟踪结果作为新的模板，加入多个模板中。算法在计算过程中，通过维护一个模板特征池，以增量计算的方式更新模板，保证了算法的高效性。

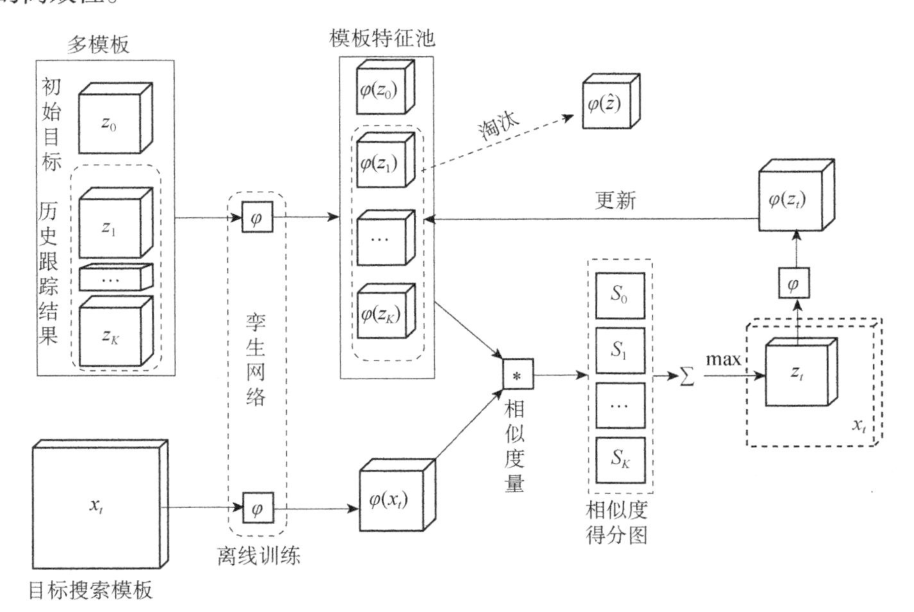

图 11.5　基于全卷积孪生网络的多模板匹配跟踪框架图

对本算法的具体实施过程描述如算法 11.1 所示。

算法 11.1 基于全卷积孪生网络的多模板匹配跟踪算法

输入：初始目标状态 $s_0=(x_0,y_0,w_0,h_0)$ ，初始帧目标模板权重 λ ，以及历史跟踪目标模板的数目 K ，目标尺度缩放因子 s 及缩放尺度数目 p。

输出：t 时刻，估计的目标状态 $s_t=(m_t,n_t,w_t,h_t)$ ，目标模板特征池 $\{\varphi(z_l)\}$ ，其中 $l\in\{0,1,\cdots,K\}$ 。

重复：

（1）以上一帧目标位置 $u_{t-1}=(m_{t-1},n_{t-1})$ 为中心，从当前帧中选取目标搜索区域 x_t ，并以尺度缩放因子 s 对 x_t 进行 p 个尺度上的缩放，构建目标尺度金字塔，使用全卷积孪生网络提取多尺度目标的最后一层的卷积层特征 $\varphi(x_t)$ ；

（2）对全部 $l\in\{0,1,\cdots,K\}$ ，基于目标模板特征池 $\{\varphi(z_l)\}$ ，使用网络交叉相关层，计算目标模板 z_l 和当前目标搜索区域 x_t 之间的相似度响应得分图 $S_l=f(z_l,x_t)$ ；

（3）确定当前时刻目标所在的位置 $u_t=(m_t,n_t)$ ，同时依据最大相似度响应值所在的缩放尺度，确定当前目标的尺寸 (w_t,h_t) 。

（4）以 $u_t=(m_t,n_t)$ 为中心，在当前帧中选取目标模板 z_t ，使用全卷积孪生网络提取其在 p 尺度下的卷积特征 $\varphi(z_t)$ ；

（5）如果 $t<K$ ，则直接将 $\varphi(z_t)$ 存入目标模板特征池 $\{\varphi(z_l)\}$ 中；如果 $t\geqslant K$ ，则挑选出要淘汰的模板 $\hat{z}$ ，从目标模板特征池中去除特征 $\varphi(\hat{z})$ ，并将 $\varphi(z_t)$ 存入目标模板特征池中。

直到跟踪视频序列结束。

11.4 实验结果与分析

11.4.1 实验设置

本算法的实现使用 MATLAB 和 C++语言混合编程实现，所用 MATLAB 版本为 2015b，并在编程实现过程中使用 MatConvNet-1.0-beta20 工具箱实现算法中所涉及的有关卷积特征的计算和网络训练。实验所用的电脑配置为 Intel i7-5930K 3.50GHz CPU、64GB RAM，型号为 GeForce GTX1080 的单个 GPU。

（1）训练集。

本章网络所使用的训练数据为 ILSVRC2015[127]（ImageNet Large Scale Visual Recognition Challenge，ImageNet 大规模视觉识别竞赛 2015）视频数据集，其中包含动物和车辆等目标共 30 类，其训练集视频和验证集视频共为 4417 个，总共包含约 200 万个目标标记框。网络训练过程中，卷积核参数使用具有高斯分布的随机函数进行初始化，训练进行 100 个周期，每个使用 5000 个样本对，样本对由目标模板和目标搜索窗组成，二者都从同一组视频中截取，并且要相隔 5 帧以上，以保证目标外观发生了一定程度上的形变，从而增强网络对目标外观改变的抵抗性。训练过程中使用小批量梯度下降（mini-batch gradient descent）方法，mini-batch 的大小设为 8，训练的初始学习速率设为 10^{-2}

并随着训练周期逐渐递减，最后降低至 10^{-5}。训练样本采用不改变原图像比例的方式，以目标真实位置为中心截取模板，模板尺寸大小设置为127×127 像素，目标搜索窗的大小设置为255×255 像素，当截取模板尺寸超过目标边界时，采用图像的 RGB 通道上的平均值进行补齐。同时对于样本采用去中心化预处理操作。

（2）网络结构。

提取特征网络 $\varphi_W(x)$ 的结构如表 11.1 所示。该网络结果仅在前两个卷积层之后辅以池化层，并对除了 Conv5 之外的其他卷积层之后辅以 ReLU 层。

表 11.1　算法中所用卷积网络 $\varphi_W(x)$ 结构

层数	卷积核	卷积核数目	跨度	模板	搜索区域	通道
输入层				127×127	255×255	3
Conv1	11×11×3	96	2	59×59	123×123	96
Pool1	3×3		2	29×29	61×61	96
Conv2	5×5×96	256	1	25×25	57×57	256
Pool2	3×3		2	12×12	28×28	256
Conv3	3×3×256	384	1	10×10	26×26	384
Conv4	3×3×384	384	1	8×8	24×24	384
Conv5	3×3×384	256	1	6×6	22×22	256

（3）测试集。

本测试实验所用的数据集为 OTB-50[124]，其中共包含 50 个测试序列，它们涵盖了不同类型的跟踪目标和具有不同挑战性的跟踪环境。

（4）参数设定。

跟踪过程对目标进行 3 个尺度的缩放，对应的缩放比例分别为 1.0375^{-1} 、1.0375^{0} 和 1.0375^{1} ，在实际实现过程中可以将样本以 mini-batch 的形式传入网络中进行特征计算，经过一次网络计算而得到全部结果。为增加定位的准确性，将网络输出的尺度为 17×17 的相似度得分响应，使用三次插值（cubic interpolation）方法插值回 272×272 大小。在实验过程中使用余弦窗对最终相似度得分响应进行加权处理，使得位于中心位置的响应得到更大程度的倚重，同时在一定程度上抑制背景信息干扰，余弦窗的加权权重设定为 0.176。将初始跟踪目标的权重 λ 设置为 0.55，K 设为 5，即选用 5 个最优跟踪结果和初始目标作为当前跟踪的多个模板，K 选用不同的值对算法的影响见表 11.2。

表 11.2　多模板下算法的平均中心位置误差（CLE）统计

	SiamFC（K=0）	K=1	K=3	K=5	K=8
Soccer	60.38	202.94	51.70	33.59	25.36
ClifBar	50.99	35.84	34.37	30.72	29.63
Skating1	60.20	12.89	18.26	10.34	58.09
MotorRolling	147.98	64.61	15.71	15.21	14.58
平均	79.89	79.07	30.01	22.465	31.915

（5）评价指标。

使用与 8.7.1 节相同的评价指标：中心位置误差（CLE）(即准确率（PR)）和重叠率（OR）(即成功率（SR）)。

11.4.2　对比实验与分析

实验首先对模板个数 K 对算法的性能的影响进行分析和评估；然后将本章算法与 SiamFC 算法的结果进行对比；最后针对 10 组具有挑战性的视频，与主流的跟踪方法进行对比分析。

1）模板个数 K 对算法的影响

为测试模板个数 K 的选定对算法性能的影响，挑选了 4 个测试视频序列，包括 Soccer、ClifBar、Skating1 和 MotorRolling。选用的多模板的个数分别设置为 1、3、5 和 8，对本章算法（Ours_1、Ours_3、Ours_5 和 Ours_8）和 SiamFC 算法在 4 个测试序列的表现进行测试，测试标准使用中心位置误差，所得结果如图 11.6 所示。从图中测试结果可以看出，原始的 SiamFC 算法在这 4 个序列上的表现都不太好，目标同真实中心位置的偏差较大。在所选用的多个模板中，当仅使用 1 个模板时，跟踪结果对于定位的影响与 SiamFC 算法对于定位的影响不相上下，这极大降低了跟踪的稳定性。综合比较 1、3、5、8 模板的结果，可以看出当使用 5 个或 8 个模板时跟踪结果的中心位置误差较小且稳定性较高，如表 11.2 所示。本章实验同时对于算法在这些序列上的运行速度进行了统计，如表 11.3 所示。当本章算法将模板数目 K 设定为 5 时，其运行速度仍在原始 SiamFC 算法的一半以上。由此可见，基于增量式更新的计算方法，可以有效保证算法速度。综合跟踪准确度和处理速度，本章算法将模板数目 K 设定为 5。

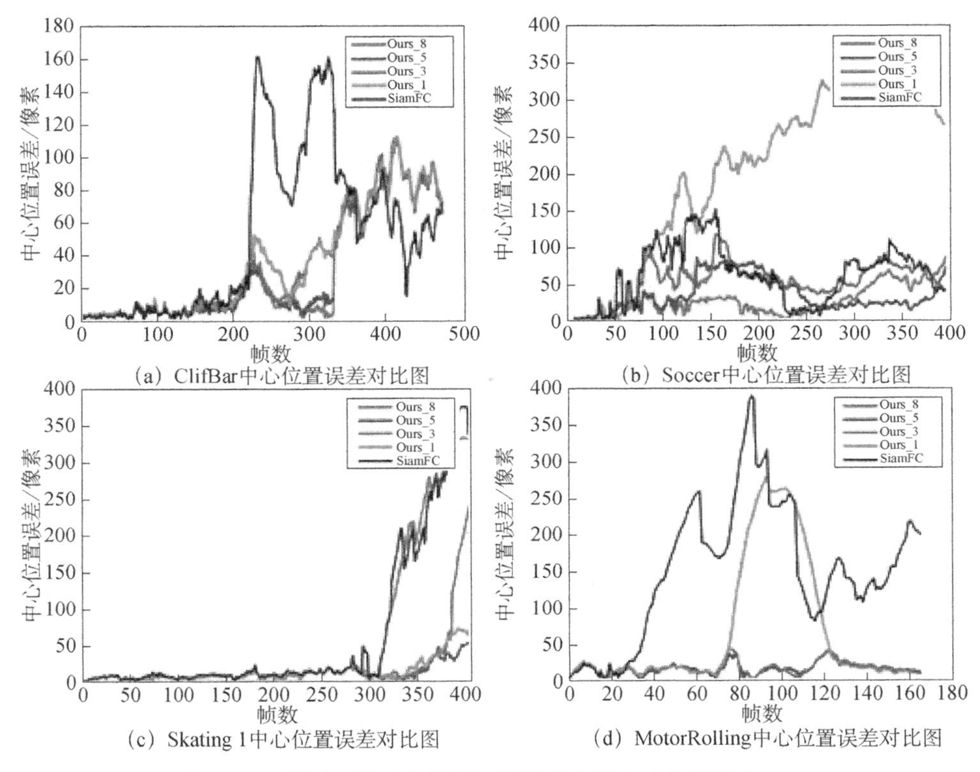

(a) ClifBar中心位置误差对比图　(b) Soccer中心位置误差对比图

(c) Skating 1中心位置误差对比图　(d) MotorRolling中心位置误差对比图

图 11.6　模板个数对多模板匹配性能的影响（见彩图）

表 11.3　多模板下本算法处理速度统计　（单位：帧/s）

	SiamFC（K=0）	K=1	K=3	K=5	K=8
Soccer	46.04	35.15	29.60	24.78	19.34
ClifBar	48.51	36.85	29.26	24.72	19.33
Skating1	45.43	37.82	29.72	24.80	19.27
MotorRolling	46.20	35.99	28.69	24.51	19.23
平均	46.55	36.45	29.32	24.70	19.29

2）同 SiamFC 算法的对比测试

原始的 SiamFC 算法在跟踪过程中不能自适应目标外观变化和易受周边相似物体干扰，本章对此给出了相应的解决方案。实验从测试数据集中挑选了四组数据：Bolt、Matrix、Skiing 和 Football，这些测试序列中的目标在运动过程中存在剧烈变化和形态改变等情况，可以对两种算法之间的差异性进行很好的对比展示，相关测试结果见图 11.7～图 11.10（图中 Ours 为本章算法）。

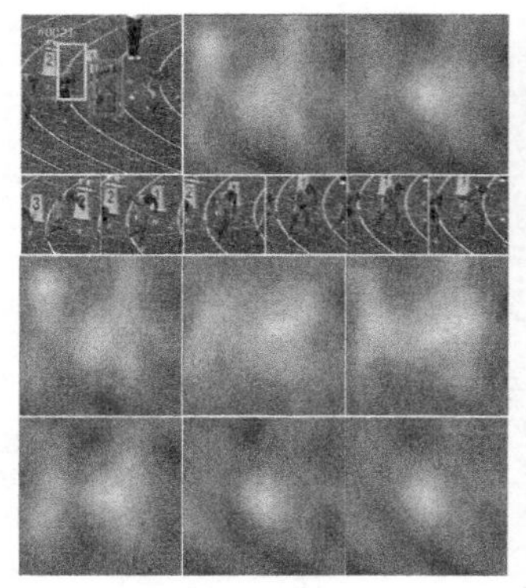

(a) 基于 Bolt

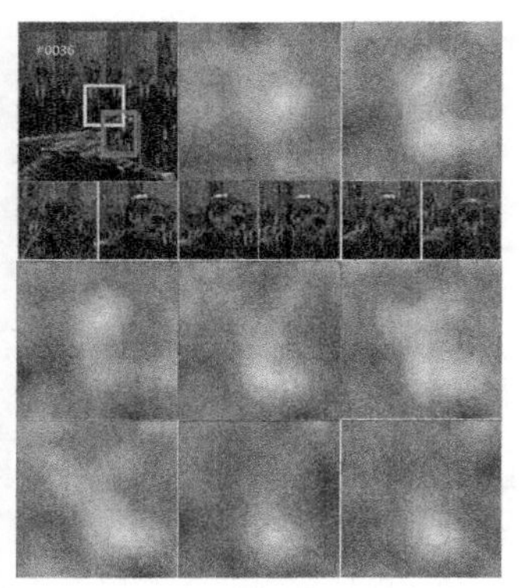

(b) 基于 Matrix

图 11.7　本章算法与 SiamFC 对比测试结果 1（见彩图）

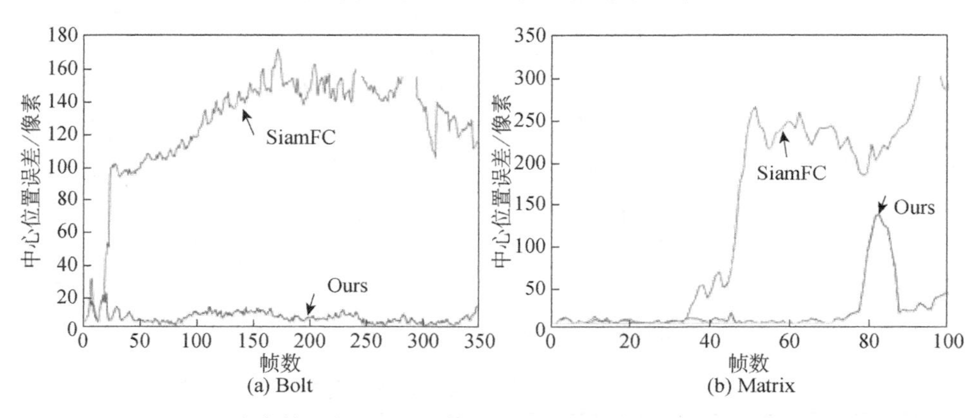

(a) Bolt　　(b) Matrix

图 11.8　本章算法与 SiamFC 算法的目标中心位置误差对比曲线图 1

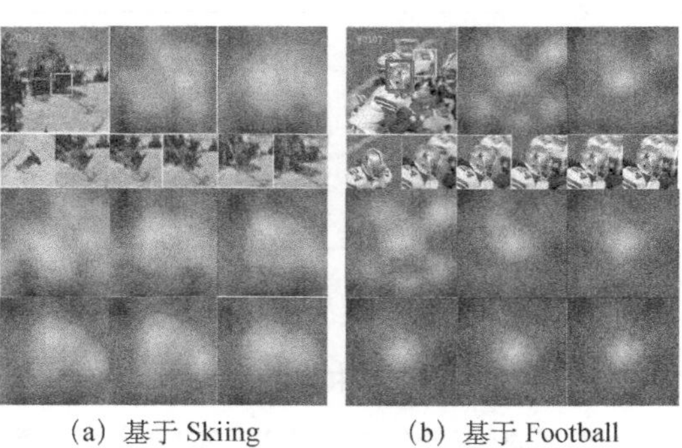

(a) 基于 Skiing　　(b) 基于 Football

图 11.9　本章算法与 SiamFC 对比测试结果 2（见彩图）

其中 Skiing 序列中所使用的多模板取自第 1、第 7～11 帧，Football 序列中所使用的多模板取自第 1、第 102～106 帧

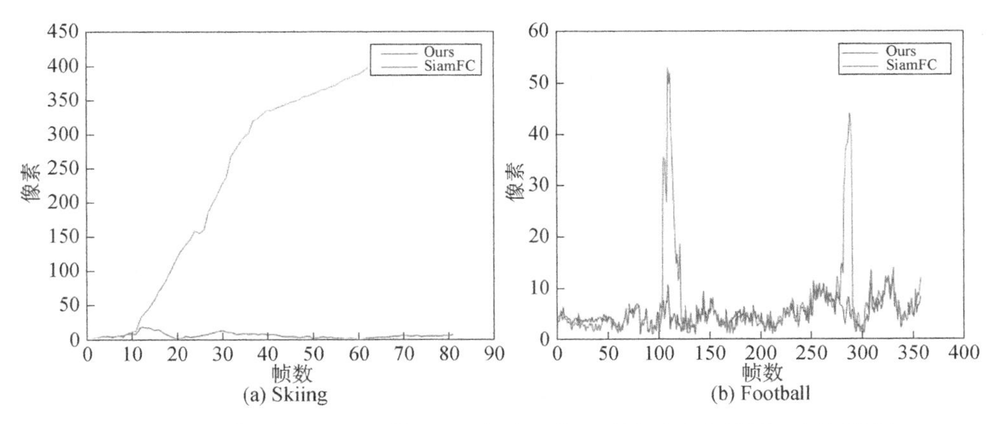

图 11.10　本算法与 SiamFC 算法的目标中心位置误差对比曲线图 2（见彩图）

第 1 组基于 Bolt 测试序列的结果可以看出图 11.7（a）)，由于目标一直处于剧烈运动过程中，当运动至第 21 帧时外观形态和最初有了较大改变，此时使用初始目标作为单一模板，导致相似度匹配响应的峰值朝着左上方背景处偏移，从而丢失目标（图 11.7（a）第 1 行第 2 列）。从图 11.7（a）第 3 行和第 4 行的结果可以看出，在采用 K（$K=5$）个历史跟踪结果作为目标模板后，背景处的相似度量响应值被逐渐减弱，并最终收敛至目标真实位置处，可见采用多个模板进行匹配时，能够根据渐进调整的目标模板，对背景处的响应产生抑制作用。类似的抑制背景响应的效果可以在 Matrix 序列的结果中观察到（图 11.7（b））。

第 2 组基于 Matrix 测试序列的目标模板之所以产生漂移（图 11.7（b）），最大原因在于此时的目标出现了剧烈运动，导致目标的真实位置很大程度上偏离了当前搜索窗的中心。由于本章算法所使用的全卷积孪生网络在训练过程中，以目标为中心截取样本，这就导致网络更倾向于对当前搜索窗中央区域的相似物体产生高的响应，同时由于算法实现过程中对最终得到的相似度量响应得分图进行了余弦窗处理，就更进一步加强了网络对中央区域响应的倾向性。通过使用多个模板，能够得到同当前目标更为接近的外观表示，因而使得真实目标响应得到不断加强，削弱了单一初始目标模板所带来的负面影响。

图 11.7（a）和（b）的结果分别基于 Bolt 和 Matrix 测试序列。图（a）第 1 行第 1 列为两组算法的跟踪结果，绿色方框为目标真实位置，黄色、红色方框分别为 SiamFC 算法与本章算法得到的跟踪结果。图（a）第 1 行第 2 和第 3 列分别为 SiamFC 算法和本算法得到的最终的相似度响应图。图（a）第 2 行为本算法处理当前视频时选用的多个模板，分别取自 Bolt 序列的第 1、第 16～20 帧。图（a）第 3 和第 4 行分别为基于第 1、第 16～20 帧模板得到的相似度响应

图。图（b）中各部分结果对应关系同图（a）一样。图（b）第 2 行中的多个模板分别选择 Matrix 序列的第 1、第 31～35 帧。

第 3 组测试选取了 Skiing 序列（图 11.9（a）)，该序列中的目标同时包含快速移动和大尺度旋转情况，且在由远及近的运动过程中目标的颜色发生了显著变化，这些因素都对基于单一模板的算法产生了影响。虽然卷积神经网络中采用的池化层，使得所学习到的深度特征具有一定的旋转不变性，但是对于当前跟踪情况下的大尺度旋转改变，不具备很好的抵抗性。从网络输出的相似度量响应图可以看出，背景中和初始目标颜色分布（灰白色树丛）具有较高相似性的区域，对目标的相似度量产生了干扰，而颜色已改变为显著红色的真实目标反而得不到响应，这些由于使用单一模板而产生的不良影响，都被多模板匹配方式很好地避免了。

第 4 组测试选取了 Football 序列（图 11.9（b）)，该视频序列中同时包含目标快速移动、目标离面旋转和相似目标干扰的情况。对比目标模板可以看出，当前时刻目标的扭动所导致的离面旋转，使得目标展示出和初始模板不同的角度，同时背景中多个相似目标的干扰使得所产生的相似度量响应图呈现分散、分块状态（图 11.9（a）第 1 行）。而当采用了多模板之后，被分散的相似度响应很好地向真实目标位置处靠拢。

从图 11.8 和图 11.10 中的中心位置误差对比曲线中可以看出，四组测试序列在使用了多模板之后，目标中心位置误差得到了极大降低，基本都在 20 像素以下，原单一模板所导致的跟踪漂移问题被很好地改善。可见跟踪环境的复杂多变，使得单一模板不能很好地适应于目标外观改变而产生各种相似度响应偏离，在采用了本章算法的基于历史跟踪结果的多模板匹配策略之后，这些情况得到了较好改善。

3）综合测试结果对比展示

实验选择了 10 组包含目标快速移动、形变、尺度变化等多种挑战情况的测试序列，详情见表 11.4，将本章算法与现有的主流算法 KCF[26]、DSST[125]、SAMF（scale adaptive with multiple features tracker）[128]、Staple（sum of template and pixel-wise learners）[129]以及本章算法的基础 SiamFC 算法[42]在这些测试序列上进行了比较分析。所采用的评判标准与第 8～10 章实验部分相同，包括平均中心位置误差（CLE）、准确率（PR）和成功率（SR），其中准确率和成功率的阈值为 20 像素，重叠面积阈值为 0.5。

表 11.4 测试序列及其挑战性

序号	测试序列	总帧数	挑战性
1	Bolt	350	快速运动、形变、离面旋转
2	Soccer	392	光照变化、尺度变化、遮挡、背景干扰
3	ClifBar	472	尺度变化、运动模糊、遮挡
4	Skating1	400	光照变化、尺度变化、运动模糊
5	MotorRolling	164	光照变化、平面内旋转、快速移动
6	Matrix	100	尺度变化、快速移动、遮挡
7	Skiing	81	尺度变化、形变、离面旋转
8	Football	362	遮挡、背景干扰
9	Surfer	376	尺度变化、快速移动
10	DragonBaby	113	形变、尺度变化、遮挡、快速移动

由表 11.5、表 11.6 和表 11.7（其中加粗数据为最优结果，带下划线数据为次优结果）中结果可以看出，相对于原 SiamFC 算法，本章算法无论在准确度还是成功率上都有较大提升，尤其在 Bolt、MotorRolling、Matrix 和 Skiing 这 4 个测试序列上。正如前面基于输出的相似度得分响应图的分析中所述，多模板的应用使得算法能够更好地适应于目标当前的外观改变，同时对于背景中存在的相似干扰目标具有较强的抑制作用，使得相似匹配响应更多地集中于目标本身，从而提高跟踪算法的整体性能。

表 11.5 平均中心位置误差结果

测试序列	本章算法	SiamFC	DSST	SAMF	Staple	KCF
Bolt	7.68	124.8	<u>4.69</u>	5.25	**4.31**	6.36
Soccer	33.59	63.53	<u>20.25</u>	109.76	66.45	**15.37**
ClifBar	30.72	69.12	**5.42**	<u>24.97</u>	29.16	36.72
Skating1	10.34	52.11	8.38	**5.94**	<u>5.96</u>	7.67
MotorRolling	**15.21**	<u>141.76</u>	296.96	213.98	190.04	230.03
Matrix	**8.52**	104.04	70.17	<u>66.39</u>	83.45	76.42
Skiing	**1.26**	262.42	<u>195.66</u>	263.99	292.69	260.05
Football	<u>3.86</u>	4.61	9.04	6.44	**3.01**	5.47
Surfer	<u>4.57</u>	5.59	43.69	**4.17**	27.51	8.73
DragonBaby	34.52	74.45	142.57	<u>25.15</u>	**18.98**	50.39

表 11.6 跟踪准确率（中心位置误差阈值<20 像素）

测试序列	本章算法	SiamFC	DSST	SAMF	Staple	KCF
Bolt	**1**	0.05	**1**	**1**	**1**	0.99
Soccer	0.48	0.28	0.69	0.20	0.29	**0.79**
ClifBar	0.56	0.44	**0.99**	0.51	0.69	0.44
Skating1	0.89	0.73	0.98	**1**	**1**	**1**
MotorRolling	**0.84**	0.04	0.05	0.04	0.05	0.04
Matrix	**0.87**	0.34	0.18	0.37	0.15	0.17
Skiing	**1**	0.14	0.14	0.07	0.16	0.07
Football	**1**	0.97	0.94	0.92	**1**	0.95
Surfer	**1**	0.99	0.35	**1**	0.38	0.91
DragonBaby	0.56	0.30	0.06	0.75	**0.85**	0.34

表 11.7 跟踪成功率（重叠率阈值>0.5）

测试序列	本章算法	SiamFC	DSST	SAMF	Staple	KCF
Bolt	**1**	0.05	**1**	**1**	**1**	0.98
Soccer	0.45	0.28	0.69	0.2	0.29	**0.79**
ClifBar	0.54	0.31	**0.88**	0.42	0.59	0.30
Skating1	**0.83**	0.66	0.52	0.81	**0.83**	0.36
MotorRolling	**0.80**	0.08	0.07	0.08	0.07	0.08
Matrix	**0.82**	0.34	0.18	0.31	0.15	0.13
Skiing	**1**	0.11	0.04	0.06	0.12	0.07
Football	**1**	0.89	0.39	0.79	**1**	0.94
Surfer	0.91	0.74	0.28	**0.94**	0.26	0.39
DragonBaby	0.53	0.27	0.06	**0.72**	0.58	0.30

同时需要指出的是基于大量离线数据训练的全卷积孪生网络，具有较强的相似匹配能力。只要选用的目标模板足够可靠，都能实现对目标的很好匹配。因此，采用多模板匹配方法，是提高原 SiamFC 算法的较为有效的手段。

另外，从准确度对比结果可以看出，在部分测试序列上，本章算法同 Staple 和 SAMF 算法的结果仍有差距。这主要因为本章算法采用的基于多模板的方式，在提高了算法对目标外观适应性的同时，也造成了算法的不稳定性，如果错误地将非目标信息更新进入模板库中，则会造成跟踪的漂移。

本章算法在多个测试序列上的结果，如图 11.11～图 11.15 所示。其中，结果图中绿色方框为标注的目标真实区域（ground-truth），黄色、红色方框分别为 SiamFC 算法和本算法跟踪结果。

(a) 21帧　　(b) 224帧　　(c) 286帧

图 11.11　Bolt 序列测试结果展示（见彩图）

(a) 130帧　　(b) 307帧　　(c) 336帧

图 11.12　Skating1 序列测试结果展示（见彩图）

(a) 35帧　　(b) 61帧　　(c) 76帧

图 11.13　Matrix 序列测试结果展示（见彩图）

(a) 12帧　　(b) 24帧　　(c) 51帧

图 11.14　Skiing 序列测试结果展示（见彩图）

(a) 58帧　　(b) 95帧　　(c) 159帧

图 11.15　Soccer 序列测试结果展示（见彩图）

Bolt 序列在第 21 帧时，由于目标外观极大改变，原 SiamFC 算法最大相似度响应在了背景位置处，导致丢失跟踪目标，并在后续帧中逐渐漂移至原目标的相似目标处，如图 11.11（b）中结果所示，转而跟踪另一名运动员。在后续第 286 帧处，由于所追踪的目标在转弯处发生离面旋转，再次导致原 SiamFC 算法失败，可见采用单一模板对于目标的形态改变抵抗能力较差。而本章算法采用多模板之后，能在整个过程中准确跟踪目标。

Skating1 序列的测试结果，反映出原 SiamFC 算法对光照变化极为敏感，如图 11.12 所示。在第 307 帧处，由于环境光照变化，目标呈现出深黑色的外观，与目标初始模板有了较大差异，这就导致原 SiamFC 算法失去跟踪目标，转而在背景中进行错误追踪。而本章算法采用多模板很好地将目标光照变化更新入模板之中，因而能够实现对目标的持续追踪。

目标在 Matrix 序列上第 35 帧处丢失是由于目标此刻发生快速移动，目标偏离搜索区域中心较大，如图 11.13 所示。原 SiamFC 算法中采用的余弦窗处理，使得偏离搜索窗中心位置的响应被减弱，单一的模板不能很好地应对该种情况。而采用多模板时，由于模板和当前帧目标外观极为接近，能够在偏离中心处产生更为强烈的相似度量响应，这就对余弦窗的处理效果产生了抑制，从而可以正确地将相似度量响应的最大值矫正回目标真实位置处。

Skiing 序列中目标在运动过程中同时存在旋转和形变，目标外观同初始状态有了很大差异。采用初始模板对目标进行匹配，导致目标定位落在了周边背景位置处，如图 11.14（a）所示。融合历史跟踪结果的多模板匹配，能较好地学习目标的旋转和形变，从而矫正该种情况。

Soccer 序列中存在运动模糊、离面旋转和相似背景干扰等情况。运动模糊导致单一模板对目标的尺度估计失准，呈现较为明显的尺寸偏大，如图 11.15（a）所示。同时第 95 帧时目标发生了离面旋转，从原有的正面外观转变为仰头外观，加上周围相似背景的干扰，单一模板很难适应同时发生的多种变化。采用多模板匹配，则能很好地追踪目标。但正如图 11.15（c）所示，当目标所处环境较为复杂时，也会将背景信息引入到目标模板之内，进而对相似度量过程产生干扰。

4）失败示例分析

由于算法所使用的网络在训练过程中，以目标真实位置为中心截取正方形的样本进行训练，且跟踪过程中采用的目标模板和搜索窗尺寸固定为 127×127 和 255×255，因而极大限制了算法对不同尺寸目标的适应性，尤其对于长宽比例相差较多的目标，对其在运动过程中的形态改变难以很好适应（图 11.16（a）和（b）)，对于该问题就需要使用动态改变尺寸的目标模板进行解决。另一方面，当目标运动过程中出现长时遮挡时（图 11.16（c)），遮挡物的信息被更新进入目标模板之中，对相似度量过程产生干扰，从而导致跟踪出现偏移丢失，对于该问题就需要对新产生的模板进行遮挡判断，避免将错误信息更新到目标模板内。

(a) Diving　　(b) Jump　　(c) Soccer

图 11.16　算法失败结果展示（见彩图）

绿色方框表示目标真实情况，黄色、红色方框分别为 SiamFC 算法和本算法跟踪结果

11.5　本章小结

在 SiamFC 算法中，当目标运动过程中发生外观变化或周边出现相似物时，单一的目标模板会导致跟踪失败。本章算法针对这一问题，给出了基于全卷积孪生网络的多模板匹配跟踪算法。该算法将第一帧选取的目标和前 K 帧历史跟踪结果同时作为目标模板：第一帧选取的跟踪目标是整个跟踪中唯一能够得到的先验信息，其优点在于可靠性高，可以作为整个跟踪过程中永久的参考模板，而不必担心引入干扰信息；缺点在于目标外观改变剧烈时，对目标的匹配将失去准确性。基于历史跟踪结果的优点在于灵活性，能够根据当前目标的改变而得到动态的目标模板，能够很好匹配外观发生变化的目标，缺点在于容易向模板中引入干扰信息。其中第一帧的初始目标模板为主模板，多帧历史跟踪结果为辅助模板，二者的结合能够保持初始目标模板的稳定性和历史目标模板的自适应性，进而改善了跟踪结果。

实验表明本章给出的基于全卷积孪生网络的多模板匹配算法，相较于原始的 SiamFC 算法，对剧烈运动和形态显著改变的目标，具有更好的外观适应性，因而能够得到更为鲁棒的跟踪结果，同时由于采用了增量式的模板更新计算方式，仍能保证处理速度。

第 12 章　双目视觉下无明显特征区分的多目标三维跟踪

在双目环境中，可根据计算机视觉理论，从两个视点恢复出场景的三维信息。后续章节中以基于标记点的运动捕获这一应用，在双目、甚至多目环境下对位于人体关节部位、无明显特征区分的多标记点进行跟踪。

本章在双目视觉下，以两个单目视觉下标记点在视频中的二维卡尔曼滤波预测跟踪为基础，联合摄像机标定获取的内部、外部参数，利用双目外极线约束和三维立体匹配，实现标记点的三维卡尔曼预测跟踪。

该方法的特点在于：①利用卡尔曼滤波器预测标记点在下一帧中的位置，可以缩小标记点的搜索区域，减少由缺乏特征区分引起的标记点错误跟踪问题；②外极线约束条件的使用，可以解决在双目下多个二维候选标记点的对应问题，剔除错误的匹配关系，从而获得正确的三维候选标记点；③结合平行双目提供的高度差约束，利用标记点的三维空间位置相异性，解决在三维跟踪中多个候选标记点出现时的正确匹配问题，进而可将结果反馈给二维卡尔曼滤波器以保证预测的正确性。

12.1　基于卡尔曼滤波器的三维跟踪

12.1.1　基于卡尔曼滤波器的目标跟踪

为位于人体关节部位的每个标记点在左右两个摄像机图像中的二维位置分别建立二维卡尔曼滤波器（式（12.1））。同时，在双目视觉下为标记点的三维空间位置建立三维卡尔曼滤波器。当下一帧图像出现时，分别对标记点在图像中的二维位置和空间中的三维位置进行预测，在预测范围内搜索最优匹配点。

设卡尔曼滤波器由 9 个参数组成：

$$O_n = (p_k, \hat{p}_k, \Delta p_k, v_k, \hat{v}_k, \Delta v_k, a_k, \hat{a}_k, \Delta a_k) \tag{12.1}$$

其中，$p_k=(x_k,y_k,z_k)$ 为标记点 O_n 在第 k 时刻测量得到的质心坐标位置；$\hat{p}_k=(\hat{x}_k,\hat{y}_k,\hat{z}_k)$ 为标记点 O_n 在第 k 时刻预测得到的质心坐标位置；$\Delta p_k=(\Delta x_k,\Delta y_k,\Delta z_k)$ 为标记点 O_n 在第 k 时刻目标搜索范围；$v_k=(v_{x_k},v_{y_k},v_{z_k})$ 为标记点 O_n 在第 k 时刻测量得到的速度；$\hat{v}_k=(\hat{v}_{x_k},\hat{v}_{y_k},\hat{v}_{z_k})$ 为标记点 O_n 在第 k 时刻预测得到的速度；$\Delta v_k=(\Delta v_{x_k},\Delta v_{y_k},\Delta v_{z_k})$ 为标记点 O_n 在第 k 时刻预测速度的误差；$a_k=(a_{x_k},a_{y_k},a_{z_k})$ 为标记点 O_n 在第 k 时刻测量得到的加速度；$\hat{a}_k=(\hat{a}_{x_k},\hat{a}_{y_k},\hat{a}_{z_k})$ 为标记点 O_n 在第 k 时刻预测得到的加速度；$\Delta a_k=(\Delta a_{x_k},\Delta a_{y_k},\Delta a_{z_k})$ 为标记点 O_n 在第 k 时刻预测加速度的误差。对于二维卡尔曼滤波器，只需计算标记点 P 在 x 和 y 方向上的各项分量。

利用二维卡尔曼滤波器预测第 k+1 时刻标记点可能在图像中出现的位置和范围。

$$\hat{p}_{k+1}=p_k+v_k\cdot\Delta t+\frac{1}{2}a_k\cdot\Delta t^2 \tag{12.2}$$

$$\Delta p_{k+1}=\Delta p_k+\Delta v_k\cdot\Delta t+\frac{1}{2}\Delta a_k\cdot\Delta t^2 \tag{12.3}$$

二维卡尔曼在 x 和 y 方向上对目标第 k+1 时刻的位置进行预测，$\hat{p}_{k+1}=(\hat{x}_{k+1},\hat{y}_{k+1})$ 表示预测位置的坐标；$\Delta p_{k+1}=(\Delta x_{k+1},\Delta y_{k+1})$ 表示目标匹配的搜索范围，体现了预测的误差。

进一步利用式（12.2）和式（12.3）使用三维卡尔曼滤波器预测第 k+1 时刻标记点可能出现的空间位置和空间范围。其中，三维空间位置的预测坐标表示为 $\hat{q}_{k+1}=(\hat{x}_{k+1},\hat{y}_{k+1},\hat{z}_{k+1})$，在 x、y 和 z 三个方向上目标的预测范围表示为 $\Delta q_{k+1}=(\Delta x_{k+1},\Delta y_{k+1},\Delta z_{k+1})$。

12.1.2 目标搜索匹配

对双目视觉下捕获得到的视频，使用式（12.2）和式（12.3）预测得到目标在第 k+1 时刻的二维搜索范围。在该范围内进行目标搜索：根据灰度和面积特征，在双目下的两个图像帧中的搜索区域内提取候选标记点，并与目标进行二维目标匹配：

（1）若仅获得一个候选标记点，则该标记点位置 p_{k+1} 就是所跟踪的标记点；

（2）若没有候选标记点，则以预测位置作为当前时刻标记点的位置；

（3）若搜索区域内出现多个候选标记点时，则需要结合外极线约束关系和与三维卡尔曼预测的结果的欧氏距离，进行目标匹配。

若需要结合外极线约束和三维卡尔曼滤波器预测进行立体匹配，其策略如下：对双目视觉下获得的两组候选标记点进行匹配，并结合摄像机标定参数，计算对应关系下的三维坐标，从而产生三维候选标记点。根据三维候选标记点与三维预测中心的欧氏距离，获得最佳候选中心。

假设标记点 P 在第 k+1 帧时，三维卡尔曼滤波器的预测位置为 $\hat{q}_{k+1}$，预测范围是 Δq_{k+1}。在第 k+1 时刻，摄像机 A 获取的图像中候选的标记点位置为 $\{p_{a1}^*, p_{a2}^*\}$，在摄像机 B 获取的图像中的候选标记点位置为 $\{p_{b1}^*, p_{b2}^*\}$。此时，由两组候选标记点，产生对应标记点有两种可能组合：$\{(p_{a1}^*, p_{b1}^*),(p_{a2}^*, p_{b2}^*)\}$，$\{(p_{a1}^*, p_{b2}^*),(p_{a2}^*, p_{b1}^*)\}$。

由以上产生的组合，计算出两组三维候选标记点坐标 $\{q_1^*, q_2^*\}$：

$$q_k^* = f\_3D(R_a, R_b, D_a, D_b, (p_{ai}^*, p_{bj}^*)) \quad i,j=1,2; k=1,2,3,4 \tag{12.4}$$

其中，f_3D 为基于摄像机标定参数进行三维重建的函数；R_a, R_b 分别是摄像机 A 和 B 的旋转矩阵；D_a, D_b 分别是摄像机 A 和 B 的畸变矩阵。

计算 q_k^* 的三维坐标，检验其是否落在三维卡尔曼滤波器预测的空间中，将标记点的三维坐标与预测的三维位置的欧氏距离作为匹配准则：

$$\begin{aligned} &J_i = [\sum_{j=1}^{3} (q_i^*(j) - \hat{q}_{k+1}(j))^2]^{1/2} \quad (i=1,2,3,4;\ j\text{对应于三维坐标的}x,y,z\text{方向}) \\ &q_{k+1} = \arg\min(J_1, J_2, J_3, J_4) \end{aligned} \tag{12.5}$$

距离预测三维位置 $\hat{q}_{k+1}(j)$ 最小的候选标记点即为被跟踪标记点在该时刻测量到的中心位置 q_{k+1}。如图 12.1 所示，q_1^* 即为最佳匹配点，其对应的两个二维点 (p_{a1}^*, p_{b1}^*) 分别在摄像机 A 和 B 下第 k+1 时刻的测量中心。

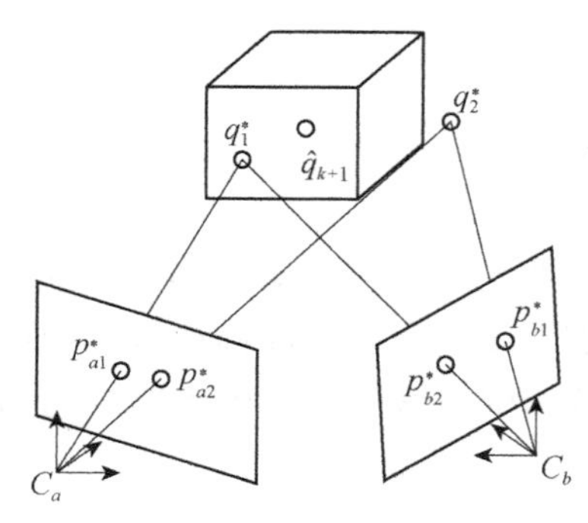

图 12.1　目标匹配

12.1.3 目标更新

根据匹配得到的最佳三维位置 q_k^* ，和与其对应的两个二维位置 (p_{ai}^*, p_{bi}^*) ，更新三维目标和二维目标的速度、加速度，并使用 IIR 滤波器对卡尔曼滤波器的相关参数进行修正。

对于二维卡尔曼滤波器，根据上一帧图像中获得的标记点的测量位置，对二维卡尔曼滤波器的相关参数进行修正，首先对目标的质心坐标、速度、加速度进行更新：

$$\begin{cases} p_{k+1} = p_k^* \\ v_{k+1} = (p_{k+1} - p_k) / \Delta t \\ a_{k+1} = (v_{k+1} - v_k) / \Delta t \end{cases} \tag{12.6}$$

基于更新的速度和加速度，进一步修正预测速度、预测速度误差、预测加速度和预测加速度的误差这些参数：

$$\begin{cases} \hat{v}_{k+1} = \alpha \cdot v_{k+1} + (1-\alpha) \cdot \hat{v}_k \\ \Delta v_{k+1} = \alpha \cdot \left|\hat{v}_{k+1} - v_{k+1}\right| + (1-\alpha) \cdot \Delta v_k \\ \hat{a}_{k+1} = \beta \cdot a_{k+1} + (1-\beta) \cdot \hat{a}_k \\ \Delta a_{k+1} = \beta \cdot \left|\hat{a}_{k+1} - a_{k+1}\right| + (1-\beta) \cdot \Delta a_k \end{cases} \tag{12.7}$$

其中， $0 \leqslant \alpha, \beta \leqslant 1$ 。

对于三维卡尔曼滤波器，则根据双目下的二维测量位置，利用三维重建函数 f_3D ，计算该标记点的三维坐标，即为三维测量坐标，并对三维卡尔曼滤波器的相关参数进行修正，位置更新和参数修正方法同式（12.6）和式（12.7）。

12.2 基于平行光轴摄像机外极线约束的立体匹配

12.2.1 外极线约束原理

设空间中一点 P，通过两个摄像机的光学中心点 O_1 和 O_2，在对应的像平面 I_1 和 I_2 上的投影点分别为 P_1 和 P_2。那么 P、O_1、O_2、P_1 和 P_2 这 5 个点都位于由两条相交光线 O_1P 和 O_2P 所确定的平面之上，该平面就是外极平面（图 12.2）。外极平面与像平面的交线即为外极线。令外极平面与像平面 I_1 和 I_2 的交线分别为 e_1 和 e_2 ，其中 e_2 为 P_1 在 I_2 上关联的外极线， e_1 为 P_2 在 I_1 上关联的外极线。那么根据外极线约束原理，像点 P_2 的位置就在 P_1 相关联的外极线 e_2

上，这样，对 P_2 的搜索就被限制在 e_2 上而非整个图像，也就是说，已知图像 I_1 上的点 P_1，如果能够在 I_2 上计算与其关联的外极线，那么就可以在一维空间上搜索其对应匹配点 P_2。

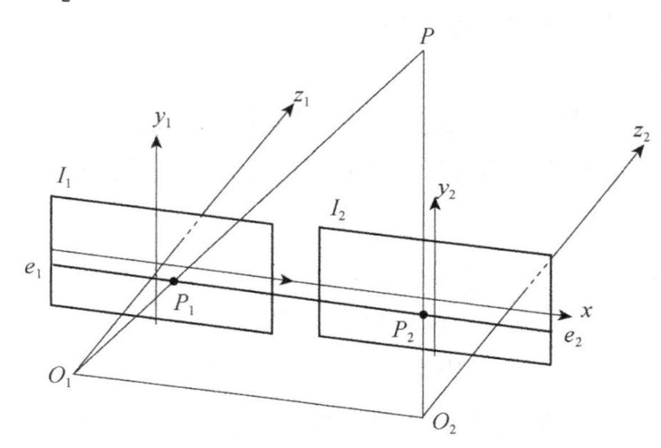

图 12.2　双目视觉中的外极线几何图

假设初始化标记的两幅图像上的对应匹配点集合为 $\{p_i, p_i'\}(i=1,\cdots,n)$，根据式（12.8）来计算基本矩阵 F。

$$p_i^{\mathrm{T}} F p_i' = 0,\quad i=1,\cdots,n \tag{12.8}$$

其中，$p_i=(u_i,v_i,1)^{\mathrm{T}}$，$p_i'=(u_i',v_i',1)^{\mathrm{T}}$ 为两幅视图上对应特征点的齐次坐标形式；F 为基本矩阵，是匹配点对之间对应关系的数学表示，包含了摄像机的内参和外参信息，它是摄像机标定、立体匹配和三维重建的基础，是计算外极线的关键步骤，其计算精度影响着由外极线指导的对应点匹配的精度。基本矩阵 F 是一个 3×3 的秩为 2 的矩阵，由于基本矩阵有 7 个自由度，因此在计算时至少需要 7 对匹配点对。当匹配点对数目 $n>8$ 时，可通过最小二乘法求取。文献[130]和[131]分别给出了求取基本矩阵的 8 点算法和改进的 8 点算法；陈泽志和吴成柯[132]引入与余差有关的代价函数，给出了一种高精度估计基础矩阵的线性算法。利用 RANSAC 算法对基本矩阵 F 进行估算。

根据外极线理论，对图像 I_1 中的一点 p_1，其对应的图像 I_2 中的外极线 l_2 可以表示为：

$$l_2 = F p_1 \tag{12.9}$$

其中，F 为基本矩阵。相应地，图像 I_2 中的一点 p_2，其在图像 I_1 中的外极线 l_1 可以表示为：

$$l_1 = F^{\mathrm{T}} p_2 \tag{12.10}$$

若 I_2 中的任意一点 p_2 在图像 I_1 中的对应点为 p_1，那么 p_1 一定在 l_1 上，并满足：

$$p_1^{\mathrm{T}} F^{\mathrm{T}} p_2 = 0 \tag{12.11}$$

那么以 p_1 为例，其所处的外极线可由 3 个参数 a,b,c 进行归一化表示：

$$au_1 + bv_1 + c = 0 \tag{12.12}$$

当 p_1 的纵坐标 v_1 已知时，则其中横坐标 u_1 为：

$$u_1 = -(bv_1 + c) / a \tag{12.13}$$

12.2.2　平行光轴摄像机的外极线约束

平行光轴摄像机的外极线约束采用平行结构的两个相同参数的摄像机，确保了空间点在两个视图中所成的像点的纵坐标一致，即：图像对位于同一平面，并且与基线平行。若已知图像 I_1 中一点 $P_1 = (u_1, v_1)$，则图像 I_2 中的对应点 $P_2 = (u_2, v_2)$ 与 P_1 位于相同的扫描线上，即 $v_1 = v_2$。因此可以直接确定 P_2 所处的外极线。而实际中求出的 P_2 会有一定的偏差，但可以将范围缩小到一个包含 P_2 点的有效线段区间，这样不仅可以大大地提高计算效率，而且由于搜索范围的缩小，错误匹配点的数量也大大地减少了。

本章采用的实验装置如图 12.3（a）所示。而在实际应用中，较难（不可能）保证两个摄像机的垂直坐标高度一致，这就使得两摄像机的高度差和物距差会在对应像素点的纵坐标差上有所反映。假设 v_1 和 v_1' 代表图像平面两个像点纵坐标，S 代表成像平面单位像素的高度（像素为正方形），f 代表摄像机固定焦距，H 和 L 分别代表物体的高度和物距，h 为摄像机的高度差。因为图像平面坐标与成像平面坐标之间的转换呈线性关系，所以根据小孔成像原理：

$$\begin{cases} \dfrac{v_1 \times S}{f} = \dfrac{H}{L} \\ \dfrac{v_1' \times S}{f} = \dfrac{H - h}{L} \end{cases} \Rightarrow v_1 - v_1' = \frac{fh}{LS} \tag{12.14}$$

在首帧标记匹配标记点对时采用了统计匹配标记点对平均高度差的方法获得摄像机的相对高度差，进而根据三维重建的结果获得对应标记点的物距，并利用式（12.14）更新平均高度差，以此确定后续图像帧中两个匹配标记点的纵坐标偏差。

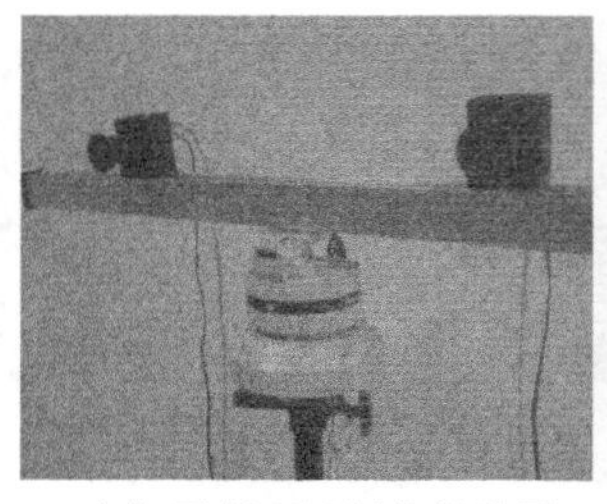
(a) 平行双目摄像机装置

(b) 主视图

(c) 匹配结果

图 12.3　平行光轴摄像机结构下的立体匹配（见彩图）

12.2.3　无明显特征区分的多标记点立体匹配

在基于标记点的运动捕获这一应用中，人体关节位置处粘贴的多个标记点无明显区分（图 12.3（b）)，针对这一情况，本节给出了在平行光轴摄像机提供的立体视觉约束下，实现图像对中立体匹配的方法，其过程如下。

1）初始化具体标记点

运动捕捉中需要在首帧确定人体上的标记点代表哪个关节部位，它是连续跟踪及三维恢复的前提条件，因此初始化阶段通过手动标记的方法进行指定，并以此获得摄像机之间初始的高度差等信息。手动标记两幅图像中的 n 对匹配点，每个点对应一个标记点，然而由于手动标记的匹配点并不准确，因此需要校正这些匹配标记点的位置，进而利用校正后的匹配点计算基本矩阵，更新摄像机之间的相对高度差。具体执行过程如下。

（1）在两幅图像中手动选择标记点上 n 对匹配点，每个点对应一个标记点。

（2）通过聚类校正手工标记的匹配点的中心位置：在选择的匹配点的某一范围内提取标记点的轮廓，若存在一个轮廓，则用聚类的方法得到的轮廓包含区域的点的中心代替手工标记的点中心；若不存在，则将手动选择点作为标记点的中心位置。

（3）根据这 n 对匹配点，利用 RANSAC 算法获取基本矩阵，通过统计匹配像素点平均高度差，取得摄像机的相对高度差，以此确定以后匹配点对的纵坐标偏差。

2）对应匹配点求取

（1）根据初始化具体标记点中的步骤（1）得到的 n 对匹配点统计平均高度差 meanhigherr 。

$$\text{meanhigherr} = \frac{1}{n}\sum_{i=1}^{n}(v_i - v_i') \tag{12.15}$$

其中，v_i, v_i' 分别为对应点 $\{p_i, p_i'\}(i=1,\cdots,n)$ 的纵坐标。

（2）利用式（12.8）计算基本矩阵 F。

（3）对于欲匹配的图像，始终以一个视点的图像作为主视图，待匹配图像为从视图。假设主视图的所有标记点可以检测到：$\{p_i(u_i,v_i)\}(i=1,\cdots,n)$，利用式（12.9）计算主视图中标记点在从视图中对应的外极线 $\{l_i(a_i,b_i,c_i)\}(i=1,\cdots,n)$，$a_i,b_i,c_i$ 为 l_i 的 3 个参数，满足式（12.12）。

（4）使用外极线约束来估算对应视图中的所有对应的标记点 $\{p_i'(u_i',v_i')\}$ $(i=1,\cdots,n)$。

$$v_i' = v_i - \text{meanhigherr} \tag{12.16}$$

$$u_i' = -(b_i v_i' + c_i)/a_i \tag{12.17}$$

（5）大多数情况下，$p_i'(u_i',v_i')$ 可以准确代表对应的标记点，然而由于基本矩阵求取存在的误差和实际中摄像机存在的抖动，$p_i'(u_i',v_i')$ 与实际的标记点的位置有一定偏差，实验表明这样的偏差只反映在 x 分量上，因此利用点到外极线的最小距离求解 $p_i'(u_i',v_i')$。由于有些点的 x 分量偏差较大，当多个标记点紧邻时往往检测不准（图 12.4），则以计算出的 $p_i'(u_i',v_i')$ 为中心，设置矩形搜索范围。矩形的长度为在 x 方向上的 3 倍个标记点的直径，宽为 y 方向上的 2 倍个标记点的直径，实验中标记点的直径平均为 8 个像素，在该区域内提取轮廓，计算轮廓中心与 $p_i'(u_i',v_i')$ 的距离：

$$\text{Dist}_j = \alpha\left|y_j - v_i'\right| + (1-\alpha)\left|x_j - u_i'\right| \tag{12.18}$$

其中，(x_j, y_j) 为轮廓中心坐标；α 代表 y 分量上的权重，实验中取 0.98。最小化式（12.18），即可找到正确的标记点。少数情况下，因为标记点出现遮挡而没有找到轮廓，则取 $p_i'(u_i',v_i')$ 作为实际的匹配点。

(a) 主视图

(b) 到外极线的最小距离求解标记点

(c) 利用式（12.18）求解标记点

图 12.4　到外极线的最小距离求解标记点和本节方法结果的比较

根据以上理论，对摄像机 A 获取的图像 I_a 中候选的标记点位置有 $\{p_{a1}^*, p_{a2}^*\}$，计算候选标记点在摄像机 B 获取的图像 I_b 中的外极线分别是 l_{b1}, l_{b2}。

$$\mathrm{dis}_k(p_b(u_b, v_b)) = \frac{\left|a^* u_b + b^* v_b + c\right|}{\sqrt{a^{*2} + b^{*2}}}$$

$$p_{bi}^*(u_i, v_i) = \arg\min(\mathrm{dis}_1, \mathrm{dis}_2, \cdots) \tag{12.19}$$

$$p_{bi}^*(u_i, v_i)$$

分别计算图像 I_b 中的候选标记点位置 $\{p_{b1}^*, p_{b2}^*\}$ 与外极线 l_{b1}, l_{b2} 的距离，与外极线距离最近的标记点即为与图像 I_a 中候选的标记点对应的点。

根据以上距离准则，获得结果：图像 I_a 中候选的标记点 p_{a1}^* 对应图像 I_b 中候选的标记点 p_{b1}^*，p_{a2}^* 对应 p_{b2}^*。从而，剔除候选标记点组合 $(p_{a1}^*, p_{b1}^*), (p_{a2}^*, p_{b2}^*)$。

实验通过对分辨率为 752×480 像素的 1000 幅序列图像进行测试，手动选择的初始匹配点为 10 对。实验表明，只要主视图的标记点能够识别出来，使用以上算法就能够把从视图中对应的标记点快速准确地找到。

图 12.3 给出了序列图像某帧在平行光轴摄像机结构下的立体匹配结果。图（b）中使用绿色方框表示主视图中检测到的标记点，用黑色数字表示各自的代号。图（c）显示了匹配结果，图中的小绿色圆圈代表直接使用式（12.17）计算得出的结果。可以看出，直接使用此方法，可以找到大多数标记点，但有少许标记点计算出位置有偏差，如 4、5 和 6 点。红色方框代表了利用对应匹配点求取过程中经过步骤（5）找出的结果图，可以看出修订了有偏差的 4、5 和 6 点。同样，在图（c）中，由于摄像机视点不同，从视图中 4、5、7 点有相互重叠的情况，直接计算出的标记点在 4 和 5 点有一定的偏差，经过聚类轮廓中心和式（12.18），正确地找到了对应的标记点。

图 12.4 给出了基于外极线约束和使用式（12.18）计算得出结果后的比较。图（b）中使用了传统的点到外极线的距离作为判断依据，使找出的 6 点和 7 点重合；图（c）中使用了式（12.18）所述的方法正确地找出了主视图中对应的 6 点和 7 点（主视图只检测到了 8 个标记点）。

12.3　平行双目视觉中结合外极线约束的跟踪

综合上述内容，本节给出双目视觉下结合外极线约束的多标记点跟踪过程，步骤如下。

（1）手工建立双目视觉下，两组视频图像之间的同步对应关系。

（2）当人体运动趋于稳定后，对已建立对应关系的两组视频，手工标注连续四帧的人体标记点。初始化每个标记点的二维和三维卡尔曼滤波器（式（12.1））的位置、速度、加速度。

（3）利用卡尔曼滤波器（式（12.2）和式（12.3））同时预测二维图像中对应标记点在第 i+1 帧中位置和范围，以及三维空间中的标记点在第 i+1 帧的位置和范围。

（4）根据预测的位置和范围，在二维图像进行标记点跟踪，在预测范围内搜索，获得二维候选标记点。同时，利用外极线约束（式（12.19）)，获得两组视频下二维标记点的对应关系，并根据式（12.4）计算对应的候选标记点的三维坐标。

（5）利用式（12.5）获得候选标记点的三维跟踪结果，并根据式（12.6）和式（12.7）的三维表示来修正三维卡尔曼滤波器。

（6）与三维跟踪结果对应的二维候选标记点即为相应的二维跟踪结果，此时根据式（12.6）和式（12.7）的二维表示来修正二维卡尔曼滤波器。

本节算法使用 C/C++编程实现，实验中使用双目摄像机对做平举运动的附着 6 个白色标记点的人体手臂进行拍摄，取 $\alpha = 0.7$ ，$\beta = 0.1$ 。图像的分辨率为 752×480 像素，帧率为 30 帧/s。

图 12.5 从左到右依次展示了第 24、26、34、35、39 和 40 帧时跟踪结果，共 6 幅图像，图中白色矩形内框显示了使用本章算法的跟踪结果。表 12.1 中给出在双摄像机条件下进行人体运动跟踪时，右腕、右肘和右肩三个标记点的二维和三维跟踪结果。从图 12.5 中可以看出，当标记点之间无遮挡时（如 24 和 26 帧)，本章算法能够正常获得标记点的二维坐标和三维坐标；在 34 和 35 帧时，右腕、右肘和右肩的标记点在二维图像上发生了不同程度的相互遮挡，二维跟踪结果非常接近（如表 12.1 帧号为 34 和 35 两行所示，左右摄像机中右腕、右肘和右肩的图像位置的坐标非常接近)，利用本章算法较准确获得了每个标记点的三维坐标（如表 12.1 帧号为 34、35 两行中左右摄像机中右腕、右肘和右肩的三维位置坐标所示：x、y 坐标差异不大，但是 z 坐标的差异较大)；在 39 帧时，在二维图像上，右肩的标记点与其他两个标记点发生分离，准确地获得右肩的三维跟踪结果（如表 12.1 帧号为 39 的行中右肩的三维位置坐标与右腕、右肘差异增大)，但是，右腕和右肘的标记点由于在二维图像上长时间的遮挡，两个标记点的三维坐标也发生了重叠；在 40 帧时，3 个标记点在二维图像上彻底分离，利用本章算法仍然获得了 3 个标记点独立的三维坐标（如表 12.1 帧号为 40 的行中右腕、右肘和右肩的三维位置坐标)。可见本章算法有效地解决了

两个以上标记点由不相连到部分重叠，再分离的准确跟踪问题。

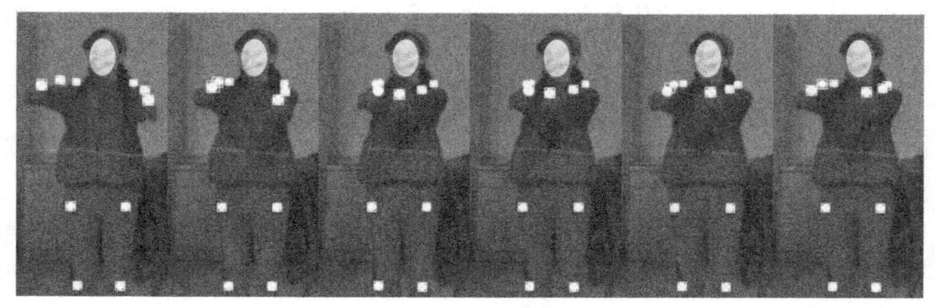

(a) 左摄像机跟踪结果

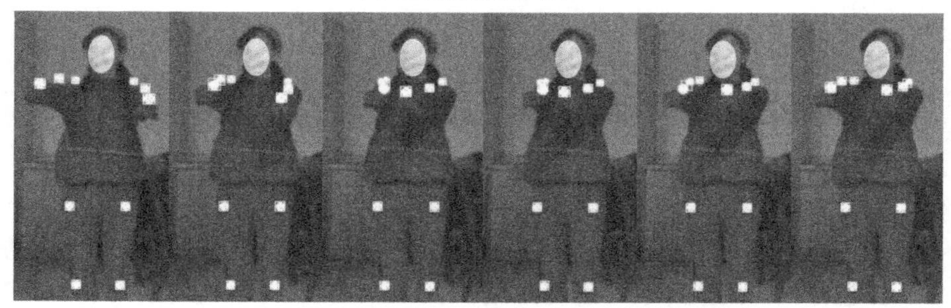

(b) 右摄像机跟踪结果

图 12.5 第 24、26、34、35、39 和 40 帧跟踪结果

表 12.1 二维和三维卡尔曼滤波器跟踪结果

帧号	右腕			右肘			右肩		
	左摄像机图像位置/像素	右摄像机图像位置/像素	三维位置/mm	左摄像机图像位置/像素	右摄像机图像位置/像素	三维位置/mm	左摄像机图像位置/像素	右摄像机图像位置/像素	三维位置/mm
24	(232.5, 183.1)	(233, 183)	(−5852.1, −1632, 20216.8)	(254.9, 177)	(255.1, 177)	(−5110.6, −1759.2, 19670.4)	(274.5, 178.9)	(274.6, 178.9)	(−4456.4, −1669.8, 19092.3)
26	(256.4, 183.9)	(256.3, 183.9)	(−4984.1, −1550.7, 19333.1)	(261.8, 179.3)	(261.4, 179.3)	(−4943, −1704.1, 19718.3)	(275.1, 178.1)	(275.1, 178.1)	(−4458.5, −1696.5, 19163.8)
34	(272.5, 184.3)	(272.8, 184.3)	(−4536, −1542.43, 19243.2)	(272.5, 184.4)	(272.9, 184.4)	(−4563.4, −1552.7, 19393.6)	(272.5, 184.4)	(272.9, 184.3)	(−4547.69, −1546.16, 19299.1)
35	(272.3, 183.5)	(272.3, 183.4)	(−4500.2, −1548.1, 19043.2)	(272.3, 183.9)	(272.4, 184)	(−4515.7, −1540.7, 19116)	(272.3, 184)	(272.1, 185.6)	(−4845.1, −1633.3, 20531.7)
39	(259.5, 184.4)	(259.8, 184.2)	(−4919.2, −1548.8, 19417.2)	(259.5, 184.4)	(259.8, 184.2)	(−4919.2, −1548.8, 19417.2)	(273.8, 178.3)	(274.3, 178.3)	(−4622.6, −1743.2, 19760.8)

续表

帧号	右腕			右肘			右肩		
	左摄像机图像位置/像素	右摄像机图像位置/像素	三维位置/mm	左摄像机图像位置/像素	右摄像机图像位置/像素	三维位置/mm	左摄像机图像位置/像素	右摄像机图像位置/像素	三维位置/mm
40	（247.9, 186.5）	（248.3, 186.4）	（−5306.2, −1511.2, 19745.8）	（260.9, 178.9）	（261.2, 178.5）	（−4861.6, −1679.9, 19313.6）	（275.1, 178.3）	（275.1, 178.3）	（−4518.3, −1711.4, 19413.2）

当双目图像序列中的预测区域出现多个候选标记点时，如图 12.6 所示，白色矩形内框显示了第 40 帧时的右肘标记点的二维卡尔曼预测范围，明显可以看出两幅图像的预测范围都出现了两个二维候选标记点。表 12.2 第 40 帧二维和三维卡尔曼滤波器跟踪结果给出了候选标记点的二维图像坐标位置及卡尔曼滤波预测到的待跟踪标记点的二维、三维坐标位置。此时则需利用外极线约束关系，确定两组候选标记点的两两对应关系；然后计算对应点的三维坐标，获得三维候选标记点；最后利用三维立体匹配，即可找到最佳的三维候选标记点。

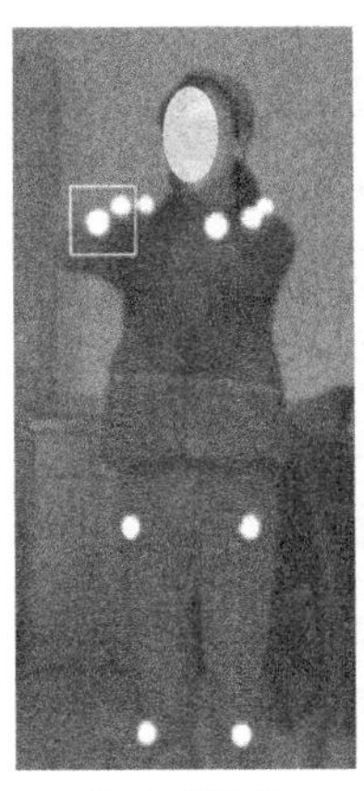

(a) 左摄像机

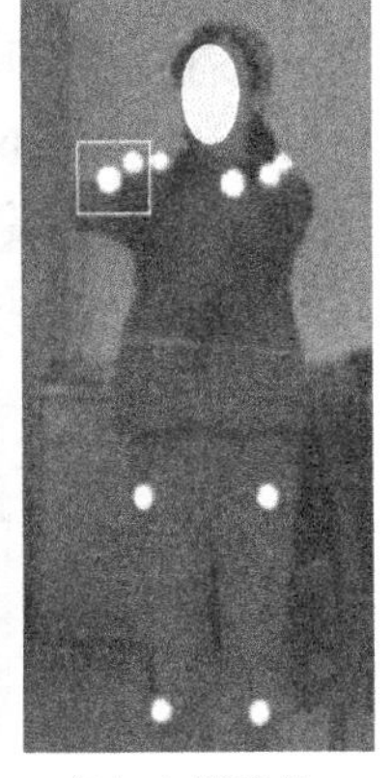

(b) 右摄像机

图 12.6　第 40 帧右肘的预测范

表 12.2　第 40 帧二维和三维卡尔曼滤波器跟踪结果

	p_k^*	$\hat{p}_k$	Δp_k
左摄像机/像素	（247.9，186.5），（260.9，178.9）	251.2，185.6	12，6
右摄像机/像素	（248.3，186.4），（261.2，178.5）	251.7，184.9	12，6

续表

	p_k^*	$\hat{p}_k$	Δp_k
三维坐标/mm	(−5306.2，−1511.2，19745.8) (−4861.6，−1679.9，19313.6)	−5101.63， −1506.87， 19282.6	212.6， 855.748， −746.61

12.4　结合人体关节点骨骼长度约束的异常处理

针对基于标记点的人体运动捕获这一应用，本节利用人体关节点处粘贴的标记点之间反映的骨骼结构信息进行异常处理。在人体运动分析中普遍将人体运动作为由多个关节点组成的刚体的运动。在这种约束下，人体某两个关节之间的距离是不变的：如左膝和左踝之间的距离。这就给我们的跟踪带来了非常有效的约束：如果距离固定的两个关节点之间的距离发生较大的变化，则说明跟踪发生了错误。

为了简化起见，本书中定义的人体关节点骨骼关系约束的人体模型如图 12.7 所示，图中用实线表示的关节点之间的距离在运动过程中是不会发生大的变化的（只会发生微小的变化），而虚线表示的关节点距离则会发生较大的变化。由于运动的连续帧间的关节点之间的距离只会发生很小的变化，因此，可以利用指定的关节间的距离（实线表示的）对跟踪结果进行检验和修正。具体算法如下。

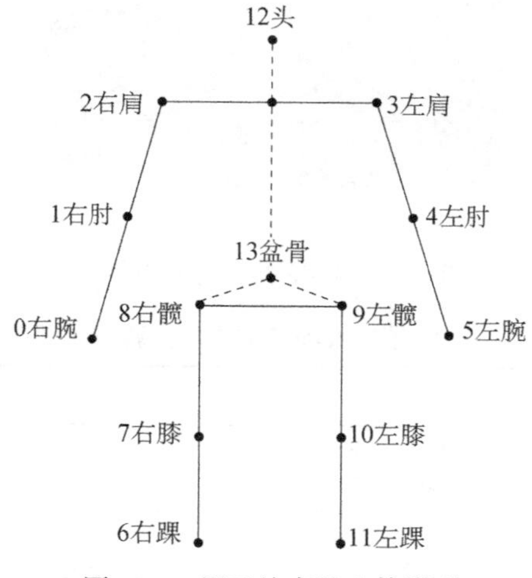

图 12.7　用于约束的人体模型

（1）检验标记点的候选三维点的情况，只要有一个标记点有候选点存在，则转到步骤（2），否则转到步骤（7）。

（2）检验有候选点的标记点在前两帧中有无异常情况，如有则去掉此标记点的候选点。如果此时所有标记点都没候选点则转到步骤（7）。

（3）对于标记点 0～5，如果相邻的两个标记点都有候选点，而且这两个标记点之间的距离和关节点之间的固定距离的差异小于预先设定的阈值，则认为这两个点跟踪正确。标记点 6～11 类似。

（4）解决二卡一的问题：即标记点 1～4 中如果有标记点未跟踪正确，但它邻接的两个标记点已经跟踪正确（标记点 7～10 类似），此时如果在候选标记点中存在与其邻接标记点的距离和关节点之间固定距离之间的差异小于一定值的候选点，且该候选点与这个未被跟踪正确的标记点的上一帧的位置的距离在一定范围内，那么可以将该候选标记点作为正确点。如图 12.8 所示，右肘只能在圆环上，并且再考虑到候选点到上一帧正确点的距离约束，就可以选择出正确的候选点了。

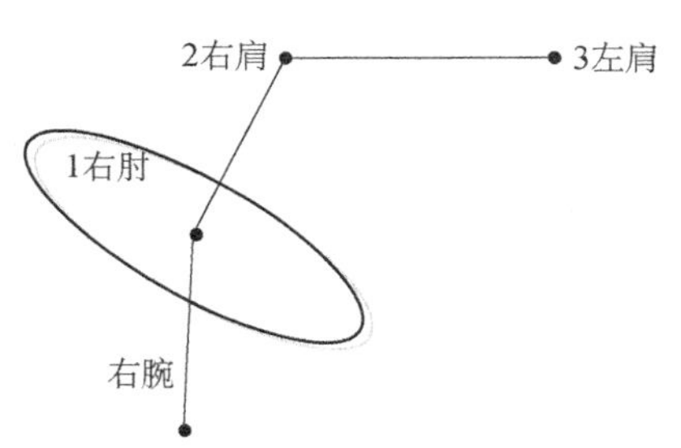

图 12.8　邻接关节点都正确时对中间关节点候选点选择的骨骼长度约束示意图
深色的圆为右肩对右肘提供的骨骼长度约束，浅色的圆为右腕对右肘提供的骨骼长度约束

（5）如未被跟踪正确的点为非末端节点（即不是标记点 0、5、6 和 11），且其一个邻接关节点已经跟踪正确，另一个邻接关节点还未跟踪上（以标记点 0～5 为例，6～11 类似），此时仍可使用邻接关节点之间的固定距离和未被跟踪正确的点距离其上一帧位置的距离（如果上一帧没有异常情况）作为约束搜索候选点；如果在上述约束下仍搜索不到合适的候选点，那么认为该点丢失。具体约束如图 12.9 所示。

（6）对于丢失的非末端点，若其一侧邻接点已经跟踪正确，另一侧邻接点还未跟踪上，那么只能通过计算尚未匹配的点之间的距离、尚未匹配点与各自上一帧对应位置的距离或尚未匹配的点到预测中心的距离（由上帧是否异常决定）来估计该丢失点的位置。

具体约束如图 12.10。

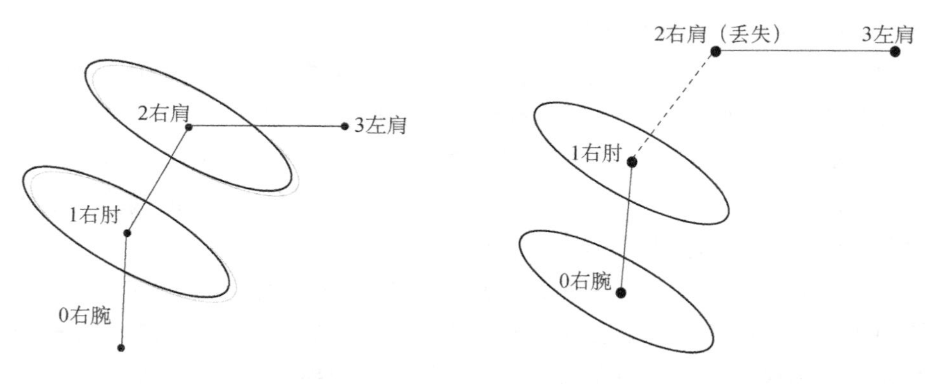

图 12.9　正确跟踪点对相邻的约束　　　　图 12.10　点丢失后的处理

（7）如果都没有候选点存在，即无法直接确认正确点，则全部直接使用距离约束，具体约束同步骤（6）相似，不再赘述。

实验结果如图 12.11 所示。

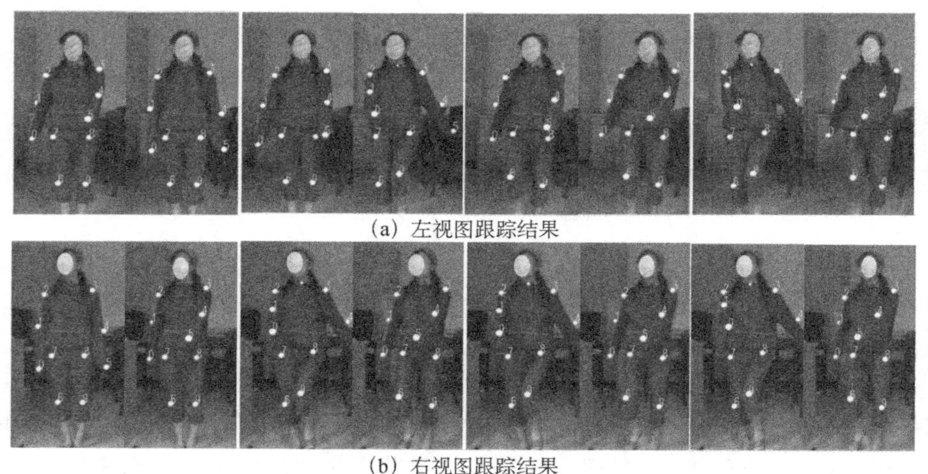

(a) 左视图跟踪结果

(b) 右视图跟踪结果

图 12.11　第 1、50、100、150、200、225、265 和 300 帧左右视图跟踪结果

12.5　本 章 小 结

本章主要研究双目视觉下无明显特征区分的多目标跟踪方法，针对基于标记点的人体运动捕获这一应用，以标记点在单目视觉中的二维卡尔曼滤波预测

跟踪为基础，引入三维卡尔曼滤波器，通过预测缩小标记点的二维、三维搜索范围；通过外极线约束和平行双目提供的高度差约束提高标记点匹配的准确度；最后结合人体骨骼长度约束对跟踪异常情况进行处理。实验结果表明，当预测区域内出现多个标记点，或标记点发生相互遮挡时，本章方法依然能够实现多目标的准确三维跟踪。

第 13 章　双目视觉下的机动目标跟踪

在基于标记点的运动捕获中，由于标记点特征相同，运动复杂，易出现遮挡和机动等问题，很容易使得基于特征匹配的跟踪方法失效。基于卡尔曼滤波的跟踪方法[1]由于其跟踪精度高、运算量小且对运动目标能进行连续稳定的跟踪，所以，自 1960 年提出后，得到了比较广泛的应用。但是，当目标出现机动时，卡尔曼无法准确预测出目标的位置，导致跟踪不准确甚至失败，故许多学者提出了基于多模型的跟踪方法[2]，如 IMM[3]，VSMM[4]等，通过利用多个目标状态模型来逼近目标的真实运动模式（其中每个模型对应着一种可能的机动模式），从而实现对机动目标的有效跟踪。但是，这些方法运算复杂且均是建立在一定的目标运动假设和噪声特性假设的基础上，而在实际环境下，目标发生机动并存在起伏时，这些假设往往是不尽合理的。不同于统计预测，灰色理论中的灰色预测[133,134]仅利用最近几个量测信息便可对目标位置进行预测，运算方便，复杂性较低，对更新快的样本数据有很强的针对性，因此为机动目标跟踪问题提供了解决手段。

为了解决上述问题，本章在双目视觉下的多目标三维跟踪中，利用卡尔曼滤波在大数据量时预测稳定、精度较高的特点和灰色预测在数据量少时仍可建模并进行有效预测的优点，将卡尔曼滤波和灰色预测相结合对目标进行预测，从而提高了目标在机动发生时的跟踪准确性；此外在跟踪过程中，如果在标记点的预测区域内检测到多个候选标记点，则使用外极线约束和三维时空约束剔除错误的匹配点，从而解决在多个标记点间缺少明显特征差异的情况下的三维立体跟踪匹配问题，提高匹配精度。

13.1　灰色预测模型

灰色系统理论（grey system theory）[135]最主要的功能是找出影响系统的参数，并建立其数学关系式，依据模型用途与描述方法的不同，对应不同的关系式。灰色系统理论是将一切随机过程看作是在一定范围内变化的灰色量，将随机过程看作是在一定范围内变化的、与时间有关的灰色量过程，只要原始数据有 4 个以上，就可通过生成变换来建立灰色模型，也就是说灰色系统理论通过对数据的累加运算、累减运算、均值运算后形成生成空间，直接对生成空间进行建模预测，而后再还原成原始数列，达到预测目的。灰色理论认为系统的行为现象尽管是朦胧的，数据是复杂的，但它毕竟是有序的，是有整体功能的；灰数的生成，就是从杂乱中寻找出规律；同时灰色理论建立的是生成数据模型，不是原始数据模型，因此，灰色预测的数据是通过生成数据的灰模型所得到的预测值的逆处理结果。

在运动目标跟踪方面，也已经开展了基于灰色理论相关的研究：文献[136]将灰色理论应用于空中雷达目标的预测中，提出了用灰色系统理论进行飞机、导弹目标的航迹点预测方法，运用灰色系统理论的等维灰数递补 GM(1, 1)（即 1 阶、1 个变量的 Gray Model）与等维信息 GM(1, 1)模型相结合的方法进行建模，并利用实际测得的飞机航迹点数据进行了验证，具有很高的精度。文献[137]将灰色理论应用于鱼雷水下攻击目标优选，由于目标估计值的不精确性使得优选具有模糊性，常用的经典决策方法如层次分析法（analytic hierarchy process，AHP）和理想解法（technique for order preference by similarity to ideal solution，TOPSIS）存在精度要求高、结果稳定性差等问题，不适用于水下目标优选，因此，使用水下 MTT（multi-target tracing，多目标跟踪）系统为研究对象，运用灰色关联优选（gray relation optimal decision，GROD）法建立了攻击目标优选模型，解决了水下 MTT 过程中的目标排序以及由目标特征值不精确引起的攻击目标误判问题，最后，实验表明 GROD 模型方法简单、直观、合理，计算结果客观、稳定，系统效能高。文献[138]将灰色理论应用于多雷达系统目标跟踪，由于在多雷达系统目标跟踪中，各个雷达常因自身的探测精度、目标机动、低空杂波、多路径、遮挡效应、电子干扰等多种复杂因素的影响，而使其探测目标状态的数据不精确、不可靠，甚至相互矛盾，其结果往往会造成系统对目标跟踪的失败或数据融合中心处理精度的下降。他们把各雷达系统在目标运动过程中所探测的各状态时刻形成的数据序列视为一冲击扰动序列，即随机振荡序列，应用缓冲算子作用于该序列，来说明缓冲算子在多雷达跟踪中的优越性，改善和提高整个雷达系统对目标的跟踪精度。文献[139]应用灰色理论研究了分布式多目标跟踪系统的跟踪相关性问题，提出一种新的基于灰色理论的跟踪相关性方法，这种方法可以考虑相关系数，通过不断修正当前的跟踪趋势，打破了传统的样本数量的限制和传统的分布式准则，方案结果表明基于灰色理论的跟踪相关性方法比传统的方法在密集目标环境和噪声环境下的效果要好得多。文献[140]将灰色理论应用于无线车载传感器网络的跟踪：由于无线车载传感器网络出于安全的考虑，需要车辆在移动过程中面对多变的道路的环境，还有其他不确定的交通状况，而使用灰色理论目标跟踪方法能够自适应地修正或者通过重定路径去强化弱路径，从而使得整个车载传感器网络更稳固。尽管该方案增加了平均的等待时间和控制开销，但提高了整个系统的耐久性和重定路径的有效性。文献[141]针对机器人足球比赛的情况提出了一种基于灰色预测的模糊跟踪策略，并通过实验与不使用灰模型的跟踪策略进行了对比，验证了灰色预测在跟踪中的可信性与有效性。

灰色预测 GM(1, 1)模型是一个近似的微分方程模型，具有微分、差分、指数兼容等性质，突破了一般建模要求数据多（GM 仅用 4～6 个数据就可进行建模预测），难以得到“微分”性质的局限。考虑到标记点机动运动的转换仅与最近几个时刻有关，本章利用等维信息 GM(1, 1)模型和等维灰数递补 GM(1, 1)模型相结合对机动目标进行预测跟踪，即在跟踪过程中，保证每次建模的序列数据量相等，将新检测到的标记点信息或标记点的预测信息加入到建模序列中并去掉最老的数据，好处就是在不断补充新信息的同时，及时去掉旧数据，使得建模序列更能反映目标在当前时刻的运动规律，预测更加准确。

1）GM(1, 1)数据生成

给定含有 n 个数据的原始数据序列 $\{X^{(0)}(1), X^{(0)}(2), \cdots, X^{(0)}(n)\}$，GM(1, 1)建模要求原始数据序列至少包含 4 个非负数据且满足准光滑性和准指数规律，若不满足，则需要对原始数据序列进行处理后才能建模。

（1）建模可行性的级比判断准则。

定义序列的级比 $\sigma(i) = X^{(0)}(i-1) / X^{(0)}(i), i = 2, \cdots, n$。若原始数据序列的所有级比 $\{\sigma(i)\}$ 均满足式（13.1），则认为对序列灰建模可行。若不满足，则序列不可进行灰建模，可通过平移变换、对数变换、方根变化等方法[135]处理原始序列，使得变换后的序列满足级比判断准则。

$$\sigma(i) \in (\mathrm{e}^{-2/(n+1)}, \mathrm{e}^{2/(n+1)}) \tag{13.1}$$

（2）填补原始数据序列的空缺。

在跟踪过程中，从当前时刻 k 到 $k-n$ 时刻之间可能出现目标丢失现象，使得当前时刻的建模序列的数据量小于 n，产生空穴。若序列的起点或终点为空穴，则可采用级比生成算子填补端点空穴；若序列的中间点为空穴时，则可通过均值生成算子填补空穴[142]。

2）GM(1, 1)建模预测

当标记点在当前时刻出现机动运动时，对标记点在图像上的二维位置建立GM(1, 1)模型进行预测跟踪，预测步骤如下。

（1）原始数据序列处理。

利用标记点在前 $k-n$ 时刻的二维位置初始化原始数据序列，并用前述的方法对其进行处理，得到建模数据序列 $\{X^{(0)}(t)\}, t=1,\cdots,n$ 。

（2）建模数据序列的累加生成。

对建模数据序列 $\{X^{(0)}(t)\}$ 做一次累加生成，记为 AGO 序列 $\{X^{(1)}(t)\}$, $t=1,\cdots,n$ ，如式（13.2）。AGO 序列为单调递增序列，具有可将杂乱无章的数据理出一定的规律，变不可比为可比性的功能。

$$X^{(1)}(t)=\sum_{j=1}^{t}X^{(0)}(j) \tag{13.2}$$

（3）GM(1, 1)模型响应。

白化背景值序列 $\{Z^{(1)}(t)\}, t=2,\cdots,n$ 为式（13.3），GM(1, 1)模型灰微分方程为式（13.4），GM(1, 1)白化方程为式（13.5），则 GM(1, 1)模型响应式为式（13.6）。

$$Z^{(1)}(t)=(X^{(1)}(t)+X^{(1)}(t-1))/2 \tag{13.3}$$

$$X^{(0)}(t)+aZ^{(1)}(t)=b \tag{13.4}$$

$$\frac{\mathrm{d}X^{(1)}}{\mathrm{d}t}+aX^{(1)}=b \tag{13.5}$$

$$\hat{X}^{(1)}(t)=\left[\hat{X}^{(0)}(1)-b/a\right]\mathrm{e}^{-a(t-1)}+b/a \tag{13.6}$$

其中，a 为发展系数，反映了 $X^{(0)}$ 以及 $X^{(1)}$ 的发展态势；b 为灰作用量。令 $u=[a \quad b]^{\mathrm{T}}$ ，则有

$$u=[B^{\mathrm{T}}B]^{-1}B^{\mathrm{T}}Y_N \tag{13.7}$$

$$B=\begin{bmatrix}-Z^{(1)}(2) & 1\\ \vdots & \vdots\\ -Z^{(1)}(n) & 1\end{bmatrix} \tag{13.8}$$

$$Y_N=\left[X^{(0)}(2) \quad X^{(0)}(3) \quad \cdots \quad X^{(0)}(n)\right]^{\mathrm{T}} \tag{13.9}$$

（4）GM(1, 1)预测。

利用式（13.10）求得标记点在当前时刻 k 的二维位置预测值 $\hat{X}^{(0)}(k)$ ，并预测标记点的二维搜索范围 Δp_k 。

$$\hat{X}^{(0)}(k)=\hat{X}^{(1)}(k)-\hat{X}^{(1)}(k-1)=\left[X^{(0)}(1)-b/a\right]\mathrm{e}^{-a(k-1)}(1-\mathrm{e}^{a})$$
$$\Delta p_k=\Delta p_{k-1}+\delta_k \tag{13.10}$$

其中，δ_k表示标记点在当前时刻的机动程度（取值方式见式（13.16））。

（5）GM(1, 1)更新。

在跟踪过程中，如果在预测区域内检测到对应标记点，则利用式（13.11）更新标记点的二维位置预测误差，同时更新 GM(1, 1)模型的原始数据序列$\{\hat{X}^{(0)}(i)\}$，即加入$X^{(0)}(k)$，去掉$X^{(0)}(1)$。如果在预测区域内没有检测到标记点，则令$\Delta p_k=0$，并且将标记的预测值$\hat{X}^{(0)}(k)$加入到$\{\hat{X}^{(0)}(i)\}$中，同时去掉$X^{(0)}(1)$。

$$\Delta p_k=\left|\hat{p}_{k-1}-p_{k-1}\right| \tag{13.11}$$

13.2　卡尔曼滤波和灰色预测结合的三维目标跟踪

13.2.1　标记点检测

本节采用二值化和形态学处理的方法，在标记点的二维搜索范围内检测图像中白色标记点的轮廓，以标记点的面积区域大小、平均灰度值以及标记点轴长（近似为椭圆形）为匹配标准，进行聚类，获得的聚类中心作为当前时刻该标记点的二维坐标位置。如果检测出来的标记点的图像区域特征不再符合圆的特征或上下帧之间的特征差距很大，则表示标记点可能出现了遮挡或机动，跟踪方法应及时并准确地判断出标记点运动是处于自遮挡、背景遮挡还是机动，否则会影响跟踪方法持续稳定地跟踪，甚至导致跟踪不正确。

（1）遮挡检测。

运动捕获中采用的标记点为白色小球，但是图像预处理以及检测过程的影响，使得检测出来的标记点不是一个真正的圆形，而是一个椭圆。如果式（13.12）中有一个条件成立，则认为遮挡发生。

$$\begin{cases}\mathrm{Max}\left(\left|A_k-\pi\cdot D_k(x)^2/4\right|,\left|A_k-\pi\cdot D_k(y)^2/4\right|\right)>\varepsilon\\ \mathrm{Min}\left(\left|D_k(x)-D_{k-1}(x)\right|,\left|D_k(y)-D_{k-1}(y)\right|\right)>4\end{cases} \tag{13.12}$$

其中，$D_k(x)$、$D_k(y)$分别表示当前时刻k标记点在x、y方向的直径；A_k表示标记点在当前时刻k的面积；ε为面积差阈值，可根据多次实验进行统计获得，如式（13.13）。

$$\varepsilon=\begin{cases}25, & \mathrm{Max}(D_k(x),D_k(y))\geqslant 10\\15, & 8\leqslant \mathrm{Max}(D_k(x),D_k(y))<10\\12, & \mathrm{Max}(D_k(x),D_k(y))<8\end{cases}\tag{13.13}$$

如果当前帧发生遮挡，则根据式（13.14）确定整个标记点在下一时刻的搜索区域 ΔS_{k+1}。即当标记点与标记点之间发生遮挡时，被跟踪标记点的图像区域面积将逐渐增大。为了将其完全检测到，在标记点质心搜索范围基础上扩大整个直径长度作为整个标记点的搜索区域。当标记点与背景（人体其他部位）发生遮挡时，被跟踪标记点的图像区域面积将逐渐减小直至消失，故将其搜索区域定义为质心搜索范围加上半个直径长度。

$$\Delta S_{k+1}=\begin{cases}2\cdot\Delta p_{k+1}+D_k, & \text{背景遮挡}\\2\cdot\Delta p_{k+1}+2\cdot D_k, & \text{自遮挡}\end{cases}\tag{13.14}$$

其中，Δp_{k+1} 为标记点质心在下一时刻 $k+1$ 的二维搜索范围，D_k 为标记点在当前时刻 k 的直径。

（2）机动检测。

当标记点发生机动时，需要显示的检测机动起始与终止时刻，其基本思想是：标记点发生机动时，扩展卡尔曼目标状态模型与目标运动模式不再匹配，造成标记点状态估计偏离真实状态。利用标记点的二维位置量测信息及预测误差进行机动检测，即如果标记点在当前时刻的面积急剧减小并且二维位置预测误差大于 3 个像素，则说明标记点的运动过快，超出了预测范围，机动发生，如式（13.15）。

$$\begin{cases}\Delta A_k<-A_{k-1}/2\\\Delta p_k>3\end{cases}\tag{13.15}$$

其中，ΔA_k 为标记点在当前时刻 k 与 $k-1$ 时刻的面积增量，A_{k-1} 为标记点在 $k-1$ 时刻的面积，Δp_k 为标记点在当前时刻 k 与 $k-1$ 时刻的二维位置预测误差。

一旦检测到机动发生，就进行预测机制转换，即利用灰模型对标记点进行预测跟踪，直至机动终止恢复扩展卡尔曼预测机制。同时利用式（13.16）计算标记点的机动程度 δ_k。

$$\delta_k=\mathrm{Max}\left(D_{k-1}(x),D_{k-1}(y)\right)/\mathrm{Min}\left(D_{k-1}(x),D_{k-1}(y)\right)\cdot\Delta p_k\tag{13.16}$$

其中，$D_{k-1}(x,y)$ 为 $k-1$ 时刻标记点在 x,y 方向上的直径。

13.2.2 标记点匹配

如果在标记点 O_n 的预测区域 Δp_k 内检测到多个候选标记点，则利用外极线约束和三维时空约束剔除错误的候选点。假设标记点 O_n 在左图像的候选点个数为 N_l，在右图像的候选点个数为 N_r。如果 $N_r > 1, N_l = 1$ 或者 $N_r = 1, N_l > 1$，则利用外极线约束剔除错误的候选点。如果 $N_r > 1, N_l > 1$，则首先利用外极线约束剔除错误的候选匹配，得到一个满足外极线约束的候选匹配集；然后利用三维时空约束剔除错误的候选匹配，得到最佳匹配。

（1）外极线约束。

根据外极线理论，点 P 在两个摄像机下所成的像为 p_l 和 p_r，则点 P 与两个摄像机的光学中心点 O_l 和 O_r 形成两条相交光线 O_lP 和 O_rP，这两条相交光线形成的平面即为外极平面。第二个摄像机的光学中心在第一个摄像机下的投影即为第一个摄像机的外极点，外极点与其对应像点的连线称为外极线，即 e_l 和 e_r。外极点与外极线满足关系：$e_l = F^{\mathrm{T}} p_r$，$e_r = F^{\mathrm{T}} p_l$，两个对应的外极点满足：$p_l^{\mathrm{T}} F^{\mathrm{T}} p_r = 0$，其中 F 为基本矩阵。

由以上的理论，对 $p_r(p_l)$的搜索就被限制在 $e_r(e_l)$上而非整个图像，但是在实际应用中，由于各种噪声及计算误差的影响，实际检测到的点并不严格满足外极线约束，本书利用候选点与外极线之间的距离作为约束准则，距离越短，匹配程度越高。假设标记点 O_n 在右摄像机获取的候选标记点个数 N_r 大于在左摄像机获取的候选标记点个数 N_l，则令标记点 O_n 在左摄像机获取的候选标记点位置为 $\{p_{l1}, p_{l2}, \cdots, p_{lN_l}\}$，在右摄像机中的外极线是 $\{e_{r1}, e_{r2}, \cdots, e_{rN_l}\}$，分别计算标记点 O_n 在右摄像机中获取的候选标记点位置 $\{p_{r1}, p_{r2}, \cdots, p_{rN_r}\}$ 与外极线 $\{e_{r1}, e_{r2}, \cdots, e_{rN_l}\}$ 的距离 dis_{ij}，求取与外极线距离最近的标记点 q_i，如果 $q_i < 15$，认为 q_i 是与左图像中候选标记点 p_{li} 对应的标记点，如式（13.17）。

$$
\begin{cases}
\mathrm{dis}_{ji}(p_{rj}(u_{rj}, v_{rj}), e_{ri}) = \dfrac{|a_{ri}u_{rj} + b_{ri}v_{rj} + c_{ri}|}{\sqrt{a_{ri}^2 + b_{ri}^2}} \\
q_i = \arg\min(\mathrm{dis}_1, \mathrm{dis}_2, \cdots, \mathrm{dis}_{N_r})
\end{cases}
\quad i = 1, \cdots, N_l;\ j = 1, \cdots, N_r \tag{13.17}
$$

其中，(u_{rj}, v_{rj}) 为标记点位置 p_{rj} 在图像中的横纵坐标；a_{ri}, b_{ri}, c_{ri} 为外极线 e_{ri} 系数。

（2）三维时空约束。

考虑到标记点在相邻帧间的三维位置变化不大，采用了如下的三维时空约束策略：计算双目下获得的满足外极线约束的多组候选标记点的三维坐标，将候选匹配点与标记点在当前时刻的三维位置近似值 PP 的距离作为约束，距离越短，三维匹配程度越高，如式（13.18）。

$$\begin{cases} \mathrm{PP} = \alpha \cdot \hat{P}_k + \beta \cdot P_{k-1} \\ q = \arg\min(\|P_{ki} - \mathrm{PP}\|) \end{cases} \quad i = 1, \cdots, N \tag{13.18}$$

其中，$\hat{P}_k$ 为标记点 O_n 在当前时刻 k 的三维预测位置；P_{k-1} 为 O_n 在 $k-1$ 时刻的三维位置；N 为三维候选标记点的个数；P_{ki} 为第 i 个三维候选标记点的三维位置；α, β 为加权系数，取值如式（13.19）所示。一般情况下，$\hat{P}_k, P_{k-1}$ 各占一半的权重，但是如果标记点 O_n 在上一时刻的三维位置预测误差 ΔP_{k-1} 过大，则说明上一时刻预测精度已经下降。为了使得 PP 更加接近真实值，当前时刻就要削弱预测值对 PP 的影响。

$$[\alpha \quad \beta] = \begin{cases} [0.2 \quad 0.8], & \Delta P_{k-1} > 30 \\ [0.5 \quad 0.5], & \text{其他} \end{cases} \tag{13.19}$$

13.2.3　算法框架

本章提出的双目视觉下多目标三维跟踪方法的基本思想是：采用二维扩展卡尔曼（Kalman）滤波和灰色预测相结合的预测方法对标记点进行二维空间上的跟踪；同时，根据同一标记点在双摄像机下的两个对应图像中的二维坐标，利用公垂线三维重建法计算被跟踪标记点的三维空间位置，做标记点的三维扩展卡尔曼滤波器预测跟踪；在跟踪过程中，当二维跟踪的预测区域出现多个候选标记点时，利用外极线约束以及三维时空约束指导标记点的匹配，最终获得标记点的二维及三维运动轨迹。跟踪方法流程如图 13.1 所示。具体步骤如下。

（1）手工标注连续四帧的人体标记点，初始化每个标记点的二维和三维扩展卡尔曼滤波器参数。

（2）利用上一帧的扩展卡尔曼预测误差等信息进行机动检测。

（3）分别预测标记点在二维图像和三维空间中的位置、速度和加速度：如果未发生机动或机动结束，则使用扩展卡尔曼预测；如果机动发生，则初始化灰模型进行预测。

（4）根据预测的位置和范围，在二维图像中搜索二维标记点：如果在标记点的预测区域内检测到多个候选标记点，则首先利用外极线约束剔除错误的候选匹配，得到一个满足外极线约束的候选匹配集；然后利用三维时空约束剔除错误的候选匹配，得到最佳匹配。

（5）利用检测的标记点图像位置更新二维预测模型参数，并利用公垂线重建法计算标记点的三维位置，更新三维扩展卡尔曼滤波器参数。

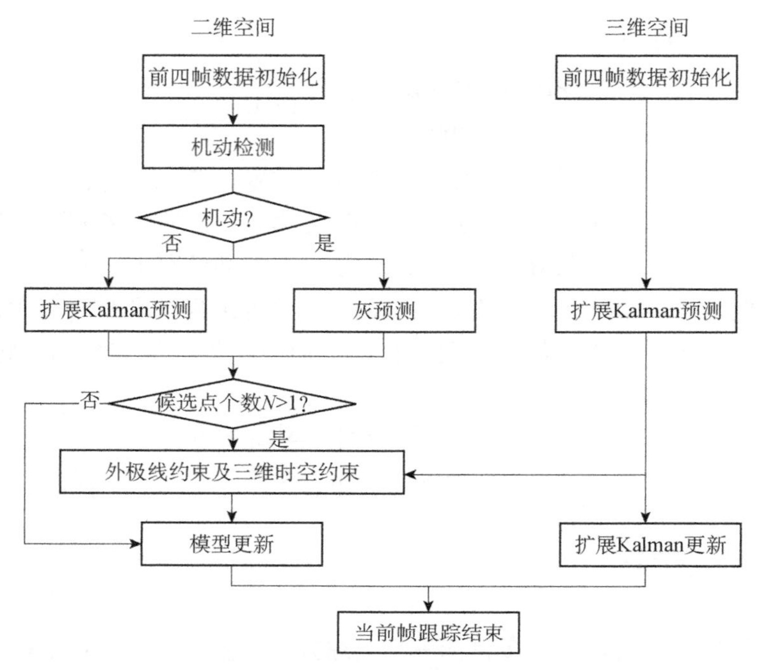

图 13.1　双目立体跟踪方法流程

13.3　实验结果与分析

本章方法使用 C/C++编程实现。由于原地跑步这一动作易出现标记点间相互遮挡和机动等情况，如跑步过程中的摆臂造成手和肘的遮挡、脚的一起一落以及在起落时在地面的滞留引起运动方向的突变，故在实验中，使用双摄像机（摄像机 A 和摄像机 B）对附着 17 个白色标记点做原地跑步动作的人体同时进行拍摄。图像的分辨率为 752 × 480 像素，帧率为 37 帧/s。

图 13.2 为利用双摄像机的二维跟踪结果图，白色框显示了标记点的正常跟踪结果，红色框表示标记点发生自遮挡的跟踪结果，绿色框表示标记点在当前帧发生机动，从图 13.2 中可以看出以下几点。

（1）对于没有遮挡且未发生机动的标记点，本章利用扩展卡尔曼滤波器同时对标记点的二维和三维空间预测跟踪，得到了精确的跟踪结果。

（2）对于出现了机动的标记点，如人体右脚标记点，本章利用灰模型对此类标记点重新建模预测，直到机动终止恢复卡尔曼预测。与仅使用卡尔曼预测跟踪方法相比，提高了跟踪准确度。图 13.3 和图 13.4 显示了人体右脚点在摄像机 A 下前 138 帧的二维位置运动轨迹以及二维位置预测误差，其中绿色的轨迹表示使用本章的跟踪方法得到的结果，红色的轨迹表示仅利用卡尔曼预测得到的跟踪结果（重叠部分为绿色）。从图 13.4 中看出，标记点在 36、62、90、117 帧附近的预测误差有所不同，尤其在第 90 帧附近，卡尔曼的预测误差突然增大，造成了标记点偏离了原来的运动轨迹。

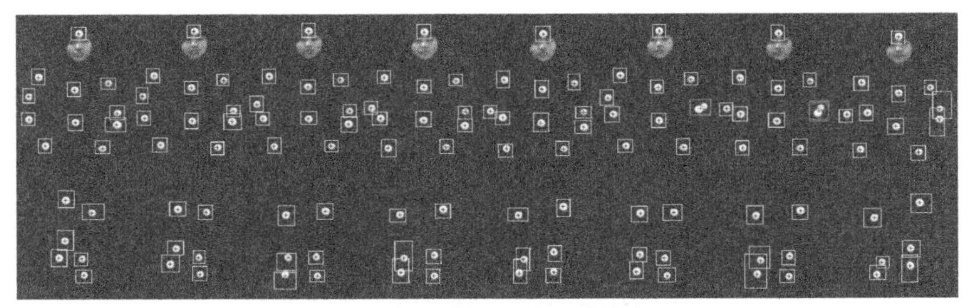

(a) 摄像机A下的跟踪结果

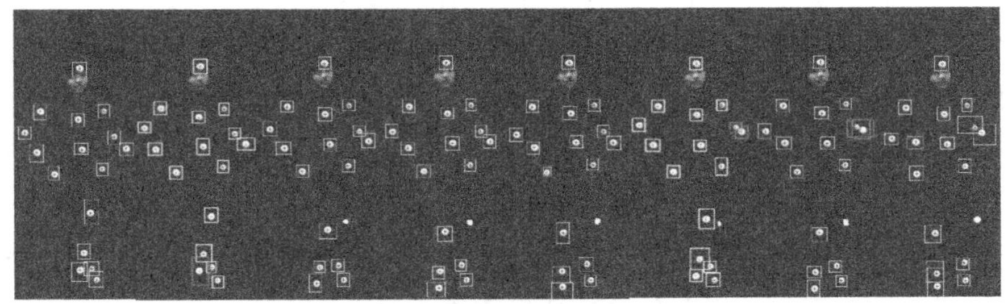

(b) 摄像机B下的跟踪结果

图 13.2　第 85、87、90、91、92、115、118、120 帧跟踪结果序列（见彩图）

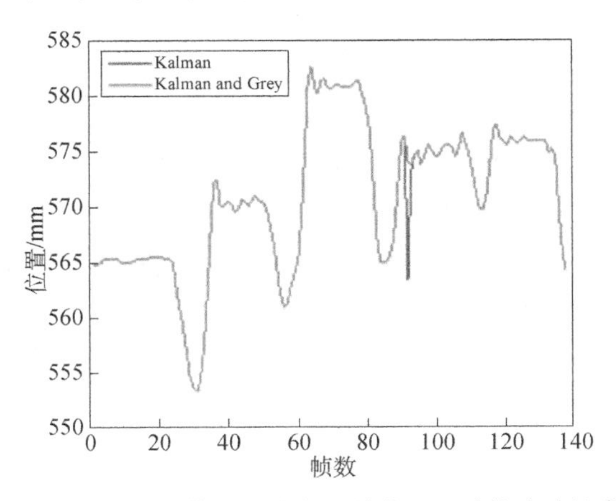

图 13.3　标记点在摄像机 A 中的二维位置运动轨迹（见彩图）

Kalman 表示基于卡尔曼滤波器的方法；Kalman and Grey 表示卡尔曼滤波与灰色预测模型结合的方法

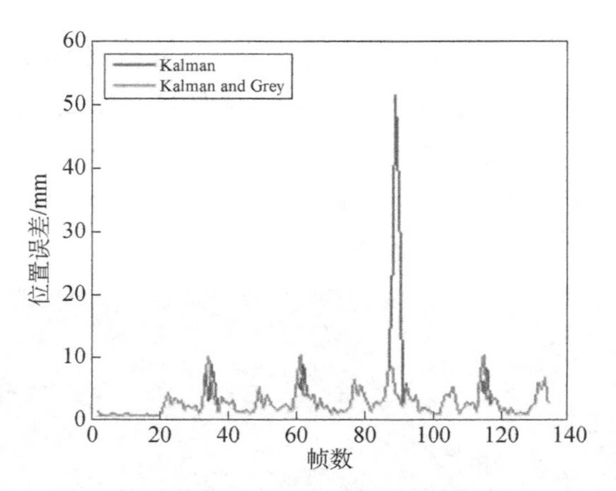

图 13.4　标记点在摄像机 A 中的二维位置预测误差（见彩图）

图 13.5 显示了仅使用卡尔曼预测得到的二维跟踪结果，图中红色的点表示右脚点的跟踪结果，从图中可以看出自右脚点在第 90 帧发生机动后，卡尔曼跟踪方法在第 91 帧跟错目标，造成预测误差增大，使得在第 92～第 94 帧的搜索范围变大，直到第 95 帧才恢复正常。分析其原因，主要是卡尔曼预测方法依赖于标记点的检测和提取，且具有误差累积这一特点。在机动发生时，目标质心提取不准确，使得预测误差增大，误差累积到下一帧，下一帧的搜索范围也会随之增大，在较大的搜索范围内，容易引起目标检测错误，从而导致卡尔曼跟踪方法错误。而本章提出的方法，在机动发生后使用了灰色预测，它仅利用 4 帧的数据进行预测，预测误差小，缩小了标记点的搜索范围，从而得到了正确的跟踪结果。

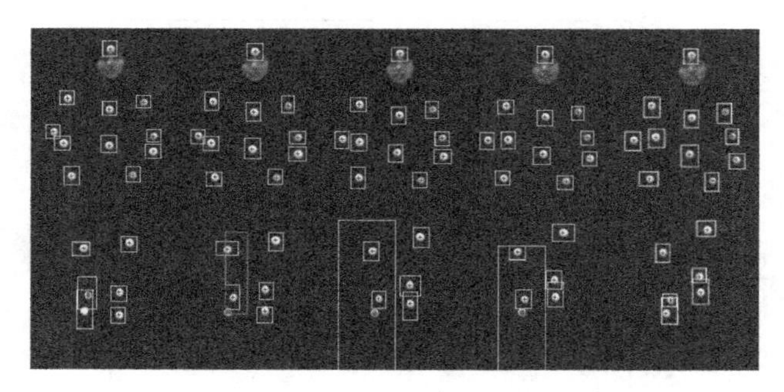

图 13.5　利用 Kalman 预测跟踪得到的第 91～第 95 帧跟踪结果（见彩图）

（3）对于发生自遮挡的标记点，如人体左手和左肘点，本章通过使用外极线约束和三维时空约束，能够对其进行正确的匹配，从而解决标记点由不相连到完全重叠，再相互分离的跟踪问题。图 13.6 显示了这两点在第 50 帧～第 138

帧的二维运动轨迹，其中标记点 1 表示左手标记点的代表轨迹，标记点 2 表示左肘标记点的运动轨迹。从图 13.6 中可以看出，在第 57 帧附近二者在摄像机 A 产生了相互遮挡，在第 115 帧附近二者在摄像机 A 和摄像机 B 中均产生了自遮挡，在二者分离时，本章提出的方法能够准确地区分开二者，得到正确的跟踪结果。

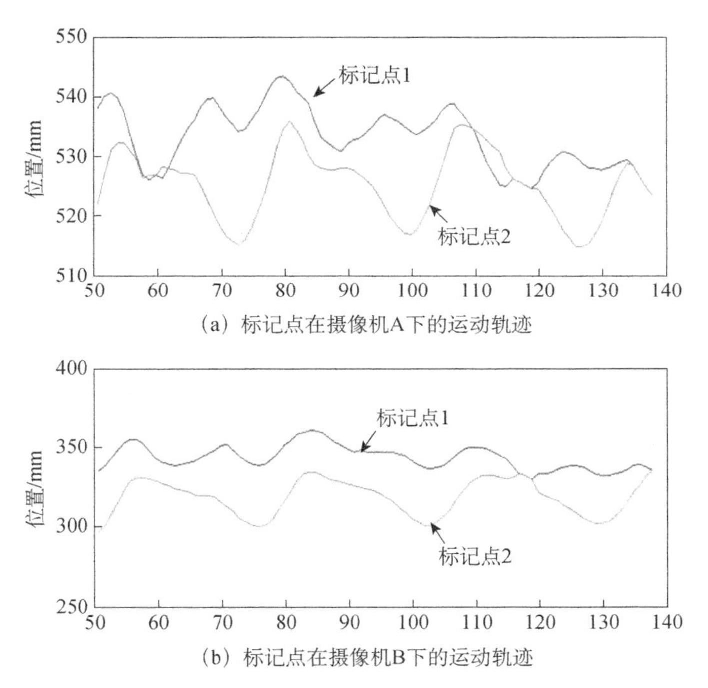

图 13.6 左手点和左肘点在第 50～第 138 帧的二维运动轨迹

以上实验结果表明，当标记点发生相互遮挡以及机动等现象，本章提出的双目立体视觉多目标跟踪方法均能够得到准确的跟踪结果。但是对于标记点长时间被身体的其他部位遮挡后又重新出现这种情况，如图 13.2（b）中人体左膝上的点，本章的方法没有对其进行处理，我们将在第 14 章中的多目视觉跟踪中解决此问题。

13.4 本 章 小 结

本章针对基于标记点的运动捕获中机动目标跟踪，介绍了双目视觉下卡尔曼滤波与灰色预测结合的多目标三维跟踪方法，该方法的特点在于：①利用预测机制预测标记点在下一帧中的位置，可以缩小标记点的搜索区域，减少由缺乏特征区别而引起的标记点错误匹配问题；②外极线和三维时空约束条件的使用，解决了双目下多个候选标记点的对应匹配问题，有效的剔除错误候选点，提高了匹配精度；③在扩展卡尔曼和灰色预测相结合进行预测的时候，并不是对预测结果简单加权，而是交替的使用二者进行预测，即当目标运动平缓时，利用扩展卡尔曼进行预测，当发生机动时，利用灰色预测机制进行预测，二者的这种交替预测，有效解决了目标的机动运动跟踪问题。

第 14 章　多目视觉下多目标融合跟踪

为了全方位获取运动目标的信息，一般采取多个摄像机冗余配置，在避免单一摄像机的局限性的同时也带了新的挑战，即图像噪声、摄像机内部误差等因素的影响使得每个摄像机提供的二维信息与跟踪目标的测量“真值”有不同程度的偏差，再加上摄像机的标定误差，造成了跟踪目标在不同双目下的三维位置并不完全相同甚至相差较大。因此在多目视觉多目标跟踪过程中，主要解决两个问题：①判断各个摄像机提供的目标信息数据是否来源于同一目标，即数据关联问题；②如何利用多个视觉提供的局部跟踪数据得到全局跟踪结果，即数据融合问题。数据关联算法主要分为两类[143]：一类是基于贝叶斯估计的方法，包括概率数据关联（probabilistic data association，PDA）算法[144]、联合概率数据关联（joint probabilistic data association，JPDA）算法[145]、多假设跟踪（multiple hypothesis tracking，MHT）[146]等；另一类是非贝叶斯估计方法，如最近邻（nearest neighbor，NN）算法[147]、广义多维分配算法（S-D assignment）[148]、Viterbi 算法[149]、期望最大化算法[150]、神经网络[151]和模糊逻辑[152]等方法。其中，NN 算法是目标跟踪领域最早采用的，也是最简单的数据关联算法，有时也是最有效的方法之一。该方法将落在关联阈值范围内并与跟踪目标的预测位置“最邻近”的观测点迹作为关联点迹，这里的“最邻近”一般是指观测点迹在统计意义上距离与被跟踪目标的预测位置最近。作为一种硬判决方法，此算法在稀疏环境下性能较好，而当目标密集或干扰密度较高时容易发生错误关联。PDA 算法认为只要是落在关联阈值范围内的观测点都有可能源于目标，且由关联概率定量描述这种可能性，以此概率对所有的有效量测值进行加权组合，形成一个合成量测值，最后以该测量值更新目标状态。由于并未考虑目标关联阈值范围内相交区域中的公共观测点，该算法在密集目标环境下的跟踪性能不太理想，因此产生了 JPDA 算法。与 PDA 算法不同，JPDA 算法在计算互联概率时将目标、量测值之间的关联作为一个整体考虑，该算法不需要任何先验信息，且充分利用了所有有效观测点来获取可能的后验信息，是公认的多目标跟踪理想方法。但是，算法的运算量随着目标数目的增多呈指数增长，当目标达到一定数目时，将引发运算量的“爆炸”。在数据融合算法中，简单融合算法——简单协方差凸组合（covariance convex，CC）方法[153]提出最早，且由于计算较为简单，得到了广泛的应用。但是，该方法假设关于同一目标的各局部跟踪状态的估计误差具有统计独立性，使得在复杂结构的多传感器分布式跟踪系统中，融合性能下降。针对此问题，相继提出了互协方差组合算法[154]、协方差交叉（covariance intersection，CI）算法[155]、分层融合算法[156]，及基于最优线性无偏估计（best linear unbiased estimator，BLUE）的融合算法[157]等主流算法，这些算法在一定程度上提高了多传感器跟踪系统的融合性能，但是算法也随之变得很复杂。

针对运动捕获系统中标记点数量多、特征相同且分布较密集这一特点，本章给出了以双目视觉立体跟踪为基础的多目视觉跟踪方法：首先，利用2D关联和3D关联相结合的数据关联算法对双目提交的新出现标记点数据进行关联，解决了标记点分布密集情况下新标记点身份确认问题；然后，基于最小均方误差准则筛选各个双目提交的跟踪结果，剔除误差大的双目数据，对误差小的进行加权平均融合及预测，使得融合后的全局跟踪结果更加准确。

14.1　多目视觉跟踪系统结构

多目视觉多目标融合跟踪系统有不同的配置方式[143]，系统结构不同，将会导致不同的性能，按功能可划分为集中式、分布式和混合式三种结构类型。

（1）集中式融合系统。所有摄像机的原始信息数据被传送至融合中心，进行状态估计和预测值计算等其他处理。其主要优点是利用了全部信息，系统的信息损失小，性能好，目标的位置、速度等状态估计是最佳估计，但是，把所有的原始信息全部送入处理中心，对融合中心计算机存储容量要求很大。

（2）分布式融合跟踪系统。各摄像机均有自己的跟踪滤波器，首先依据自身量测求得局部目标状态估计；其次，各摄像机将所获得的局部目标状态估计送至融合中心，融合中心利用这些局部估计进行融合，给出最后的融合结果，即全局估计值。与集中式融合系统相比，融合中心计算机所需的存储容量小，且融合速度快，但其性能有所下降。

（3）混合式融合跟踪系统。各摄像机同时将原始量测以及基于此获得的局部目标状态估计送至融合中心，融合中心需要执行所有集中式和分布式的融合操作。它保留了集中式和分布式两类融合的优点，但是计算代价比较昂贵。

综合考虑摄像机的数量、标记点的个数以及跟踪算法复杂度，本章采取了如图 14.1 的融合跟踪的系统结构：首先，将多个摄像机两两分成一组，构成一个双目跟踪模块，每个双目各自拥有一个立体跟踪器，且利用之前章节的双目跟踪算法独立检测和跟踪各个标记点。其次，各双目跟踪模块将所获得的局部目标跟踪结果送至多目视觉数据融合中心，融合中心对这些数据实施数据关联以及利用融合算法求得每个标记点的全局三维轨迹。最后，为了提高各个双目的跟踪精度，融合中心将部分融合结果反馈给双目跟踪模块，用来修正双目跟踪结果。

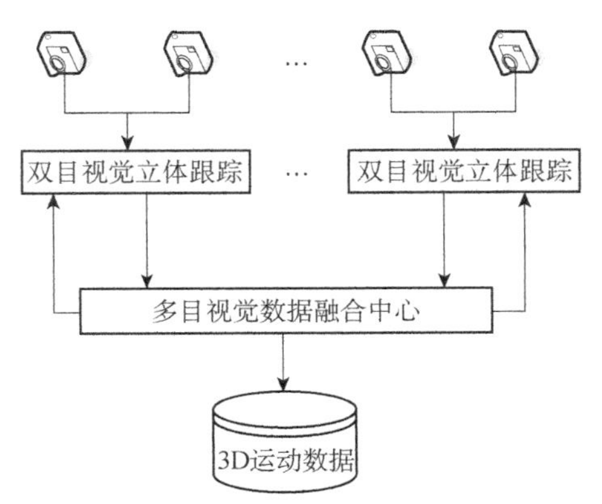

图 14.1　多目视觉多目标融合跟踪方法框架图

该系统结构具有如下特点：①由于多个摄像机在标定、标记点提取等过程中存在误差，这种误差会被累积到每个摄像机的跟踪过程中，通过将多个摄像机分组，可以大大减少这种误差带来的跟踪不确定性，从而提高跟踪精度；②在三维跟踪过程中，双目视觉下的三维计算明显比多目视觉下的三维计算所需要的数据量少，计算速度快。

在双目视觉立体跟踪过程中，令 S_{2D} 表示标记点的二维跟踪状态，$S_{2D}=0$ 表示标记点在单目视觉的视野区域内丢失后重新出现或第一次出现；$S_{2D}=1$ 表示标记点在单目视觉的视野区域内出现，且标记点特征完整；$S_{2D}=2$ 表示标记点在单目视觉的视野区域内出现，但由于遮挡或机动等情况造成标记点特征不完整；$S_{2D}=3$ 表示标记点在单目视觉的视野区域内丢失或从未出现。

各双目跟踪模块将所获得的局部跟踪结果送至多目视觉数据融合中心后，根据其在双目中的跟踪状态（令 S_{2D_L} 表示标记点在左单目视觉下的二维跟踪状态，S_{2D_R} 表示标记点在右单目视觉下的二维跟踪状态），将其分成 4 类。

第 1 类：$S_{2D_L}=1, S_{2D_R}=1$。

第 2 类：$S_{2D_L}=1, S_{2D_R}=2$ 或者 $S_{2D_L}=2, S_{2D_R}=1$。

第 3 类：$S_{2D_L}=1, S_{2D_R}=3$ 或者 $S_{2D_L}=3, S_{2D_R}=1$。

第 4 类：$S_{2D_L}=0$ 或者 $S_{2D_R}=0$。

对这 4 种不同类型的数据，采取不同的跟踪处理策略：由于第 3 和第 4 类标记点为丢失标记点或是新出现标记点，因此需先利用数据关联方法确认标记点的身份标识，然后才能利用融合跟踪方法对这 4 种类型的标记点数据进行融合处理，进而得到全局的三维跟踪轨迹。

14.2　新标记点的数据关联算法

在运动捕获中，人体标记点数目固定，即标记点的运动轨迹数目是确定的，并且标记点的身份标识在跟踪前已经提前规定好。所以，从整个系统来看，任何时刻并没有所谓的新标记点产生，但是对于局部双目视觉跟踪来说，标记点消失在一个双目的视野区域又重新回来或者从一个双目的视野区域进入另一个双目的视野区域，是经常发生的。故在对各个双目的跟踪数据进行融合前，需要判断出双目中新出现的标记点是有效的人体上的标记点对象，还是无效的干扰点，如果是出现的有效标记点，那么它的身份标识是什么。

图像噪声、标定误差、二维匹配误差等因素的影响，使得同一标记点在不同双目下的三维位置坐标并不完全相同甚至相差较大，且标记点的数量多、分布较密集，增加了新标记点的关联难度。针对此问题，本章在新标记点的数据关联过程中，展示了将 2D 关联和 3D 关联相结合的数据关联算法：在 2D 关联方面，利用二维外极线约束剔除双目下由噪声、干扰形成的虚假标记点匹配对，降低了因标记点密集造成的 3D 最近邻关联错误的可能性；然后，使用基于自适应阈值的 3D 最近邻约束从剩余的新标记点匹配对中选出真正的新标记点。与传统的固定关联阈值或仅利用预测误差作为关联阈值的最近邻数据关联算法相比，本章根据跟踪标记点的预测误差及其在各个双目的不一致程度得到新标记点在三维空间的 x, y, z 方向上的关联度，从而动态确定关联阈值的取值范围，提高了各双目三维信息不一致情况下新标记点关联的正确率。具体关联算法过程如下。

（1）将第 3 和第 4 类标记点两两组合，形成新标记点匹配对集合 New_{2D}。

（2）利用外极线约束方法剔除掉 New_{2D} 中不符合外极线约束的匹配对。

（3）利用公垂线法计算集合 New_{2D} 中的各匹配对的三维坐标，得到新标记点在双目下的三维位置集合 $\text{New}_{3D}=\{\text{NM}_1,\cdots,\text{NM}_n\}$。

（4）对集合 New_{3D} 中的新标记点 $\text{NM}_i (i=1,\cdots,n)$ 与已经获得运动轨迹的标记点进行三维空间上的关联。

设 $\{M_1,\cdots,M_k\}$ 表示已获取的标记点三维位置，$\{\Delta M_1,\cdots,\Delta M_k\}$ 表示其当前帧的预测误差，令 λ_j 表示新标记点 NM_i 与已获取标记点 M_j 的关联度，如式（14.1）。

$$\lambda_j = \begin{cases} 1, & \text{Dis}_j\text{在}x,y,z\text{中的三个方向均}<\varepsilon \\ 2, & \text{Dis}_j\text{在}x,y,z\text{中的一个方向上}>\varepsilon \\ 3, & \text{Dis}_j\text{在}x,y,z\text{中的两个方向上}>\varepsilon \\ 4, & \text{Dis}_j\text{在}x,y,z\text{中的三个方向均}>\varepsilon \end{cases} \tag{14.1}$$

其中，Dis_j 表示新标记点 NM_i 与已获取标记点 M_j 的三维位置距离；ε 为关联阈值。记 R 为标记点的真实半径，预测误差 $\{\Delta M_1,\cdots,\Delta M_k\}$ 反映了已获取标记点在当前帧的搜索范围，那么有：

$$\varepsilon = \Delta M_j + R \tag{14.2}$$

λ_j 越小，表示新标记点 NM_i 与已获取标记点 M_j 的关联度越大，取最大关联度的标记点为新标记点的候选匹配目标：

$$\begin{aligned} &\lambda = \min(\lambda_j), \quad j=1,\cdots,k \\ &\text{id} = \arg\min_j(\lambda_j) \quad \&\& \quad \arg\min_j(\text{Dis}_j) \end{aligned} \tag{14.3}$$

若 $\lambda=1$，则说明新标记点 NM_i 与已跟踪标记点 M_{id} 的关联度在阈值 ε 范围内，认为此新标记点为有效目标，且身份标识为 id 。若 $\lambda>1$，则扩大关联阈值，并进行判断：如果 $\text{Dis}_{\text{id}} < \varepsilon+\eta$，则认为新标记点 NM_i 仍然在候选点 M_{id} 的关联阈值 ε 范围内，为有效目标；否则，认为此新标记点 NM_i 为干扰点，不是真正的目标对象，η 取值如式（14.4）。

$$\eta = \begin{cases} \max(\Delta M_{\text{id}}^{k-1},[10 \quad 10 \quad 10]), & \lambda=2 \\ \max(\Delta M_{\text{id}}^{k-1},[20 \quad 20 \quad 20]), & \lambda=3 \\ \max(\Delta M_{\text{id}}^{k-1},[30 \quad 30 \quad 30]), & \lambda=4 \end{cases} \tag{14.4}$$

其中，$\Delta M_{\text{id}}^{k-1}$ 表示标记点 M_{id} 在上一帧的预测误差。若 $\Delta M_{\text{id}}^{k-1}$ 过大，则说明候选点 M_{id} 在上一帧要么发生了机动，使得预测不准确；要么所在的双目数目产生变化。由各个双目三维位置不一致造成融合后的三维位置产生了偏差，故为了避免由双目不一致造成的新标记点检测失败，在原有关联阈值的基础上加上 $\Delta M_{\text{id}}''$ 后进行二次判断。

$$\varepsilon = \varepsilon + \Delta M_{\text{id}}''$$

14.3　标记点融合跟踪算法

本节将数据关联算法与三维扩展卡尔曼滤波器结合在一起形成标记点的全局融合跟踪算法。假设人体标记点的总个数为n，具体步骤如下。

（1）初始化人体骨骼约束信息。

由于人体骨架中相邻关节点（如（肩膀、手肘）、（手肘、手腕）、（胯、膝盖）、（膝盖、脚腕）、（脚腕、脚尖））之间的相对距离是不变的，故在第一帧计算各个关节点对之间的三维相对距离，在后续帧中，若标记点不满足此约束，则说明该标记点跟踪有误。

（2）利用三维扩展卡尔曼滤波器预测所有标记点的位置和搜索范围。

（3）根据各个双目的跟踪数据得到标记点的 3D 位置集合。

将各双目中获取的第一种类型标记点的局部 3D 位置，按照其标识组合起来，形成集合$M=\{M_1,M_2,\cdots,M_k\}$（$k\leqslant n$）。对于集合中的标记点M_j，如果它在h个双目下可见，它就有h个不同的局部 3D 位置，有$M_j=\{M_{j1},M_{j2},\cdots,M_{jh}\}$。

如果$n-k>0$，则根据剩余标记点的标识，将各双目中与其对应的第二种类型标记点的局部 2D 位置组合起来，形成集合$m=\{m_{k+1},m_{k+2},\cdots,m_{k+s}\}$，$s\leqslant n-k$。对于集合中的标记点$m_j$，如果它在$h$个单目下可见，它就有$h$个不同的 2D 位置，有$m_j=\{m_{j1},m_{j2},\cdots,m_{jh}\}$。将不同的单目两两组合，利用公垂线法计算出三维位置坐标，得到$M_j=\{M_{j1},M_{j2},\cdots,M_{j\lfloor h/2\rfloor}\}$。将得到的每一个$M_j$加入到集合$M$，则$M=\{M_1,M_2,\cdots,M_{k+s}\},k+s\leqslant n$。

如果$k+s<n$，则表示剩下的标记点不在跟踪系统的视野区域范围内，利用预测位置替代其 3D 位置。

（4）误点剔除。

利用最小均方误差准则对获得的标记点 3D 位置集合$M=\{M_1,M_2,\cdots,M_{k+s}\}$中的每一个标记点$M_j=\{M_{j1},M_{j2},\cdots,M_{jh}\}$进行检验，剔除误差大的点，如式（14.5）。

$$\left\|M_{jh}-\left(\sum_{l=1}^{h}M_{jl}+\hat{M}_j\right)/(h+1)\right\|>\varepsilon \tag{14.5}$$

其中，$\hat{M}_j$为标记点M_j在当前帧的质心预测位置；ε为比较阈值，本书中令$\varepsilon=60\text{mm}$。

（5）新标记点数据关联。

根据新标记点关联方法，确认各双目传送过来的第三种和第四种类型标记点的身份标识，并将与$\{M_{k+s+1},M_{k+s+2},\cdots,M_n\}$关联上的新标记点的 3D 位置添加到对应的标记点集合，形成集合$M=\{M_1,M_2,\cdots,M_p\},p\leqslant n$。

（6）计算标记点的全局 3D 位置。

对$M=\{M_1,M_2,\cdots,M_p\}$的每一个标记点做均值处理，得到全局的 3D 位置。

$$M_j=\frac{1}{h}\sum_{l=1}^{h}M_{jl} \tag{14.6}$$

如果$p<n$，则表示剩下的标记点不在跟踪系统的视野区域范围，利用预测位置替代 3D 位置。

（7）利用得到的全局 3D 位置更新扩展卡尔曼滤波器的相关参数。

（8）反馈。

将已经确认的新标记点的身份标识反馈给对应的双目视觉跟踪模块，若该新标记点连续出现四帧以上，则在双目中，初始化该点的二维及三维扩展卡尔曼滤波器，按一般标记点进行跟踪；将不满足最小均方误差准则的标记点的身份标识反馈给对应的双目跟踪模块，修正其双目跟踪结果。

14.4　实验结果与分析

本章方法基于 C/C++实现。以人体转身这一动作为例（由于转身这一动作易出现标记点间相互遮挡、丢失、丢失后又重新出现等较难进行跟踪的情况），在实验中，使用 16 台相同的摄像机对附着白色标记点做转身动作的人体同时进行拍摄和运动数据采集。这 16 台摄像机的图像分辨率为752×480像素，同步帧率为 37 帧/s，均匀围绕在室内$7\times7\mathrm{m}^2$的场地上方，由于邻近的摄像机公共视野区域较大，故将邻近的两台摄像机组成一个双目视觉；人体标记点个数为 32 个，前 17 个为人体骨骼关节点，后 15 个为辅助标记点，其分布情况如图 14.2 所示。

图 14.3 通过模型驱动的方式展示本章方法对转身这一动作的多标记点跟踪的效果。其中图（a）为 17 个点的人体骨架模型驱动序列，图（b）为人体网格模型驱动序列，从图中可以看出，本章的多视觉多目标跟踪算法较逼真地捕获到了人体转身这一运动。

图 14.4 为一组双目中的二维跟踪结果：白色框表示标记点在左单目视觉（用 A 表示）和右单目视觉（用 B 表示）中均被跟踪到，绿色框表示标记点仅在一个单目视觉 A（B）中被跟踪到，红色框表示标记点在单目视觉 A（B）中第一次出现或之前出现过、后丢失而现在又重新出现。从图 14.4 中可以看出，

图中大部分新标记点都被检测出来，例如头部 29 号点在单目视觉 A 中自第 5 帧第一次出现后，连续四帧（第 5～第 8 帧）均被识别出来，故初始化它的扩展卡尔曼滤波器，在后续帧中便可对其进行正常的预测跟踪。此跟踪结果说明，本章的新标记点数据关联算法在点分布较密集的情况下仍能准确地将新标记点检测出来。下面以第 5 帧为例详细说明双目视觉中新标记点检测过程。

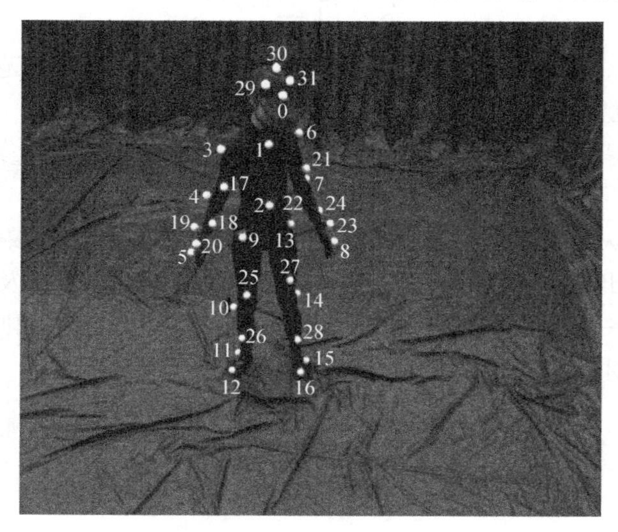

图 14.2　标记点的分布

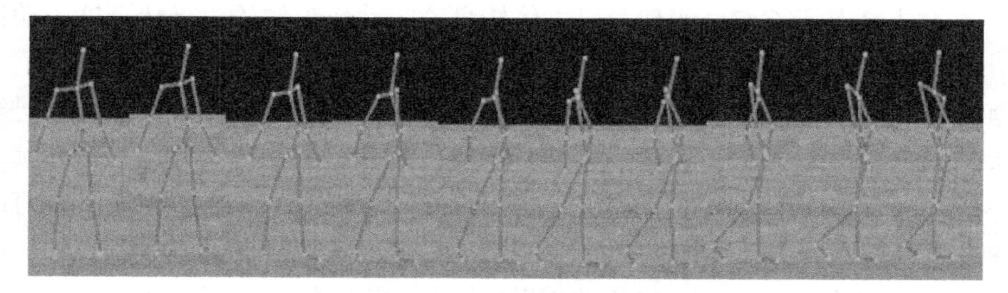

(a) 三维骨架模型的驱动序列

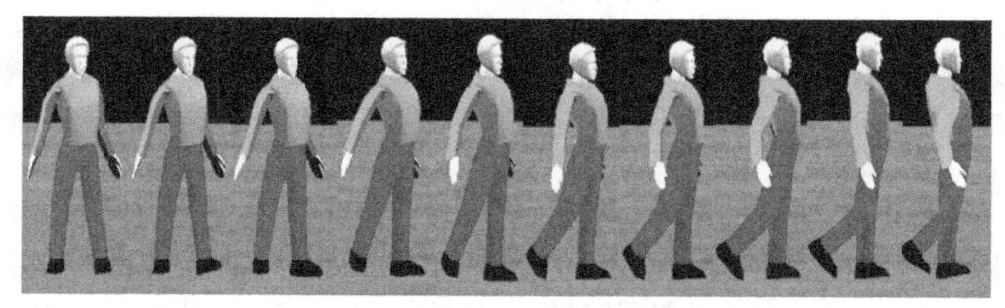

(b) 三维网格模型的驱动序列

图 14.3　转身动作的三维运动序列图

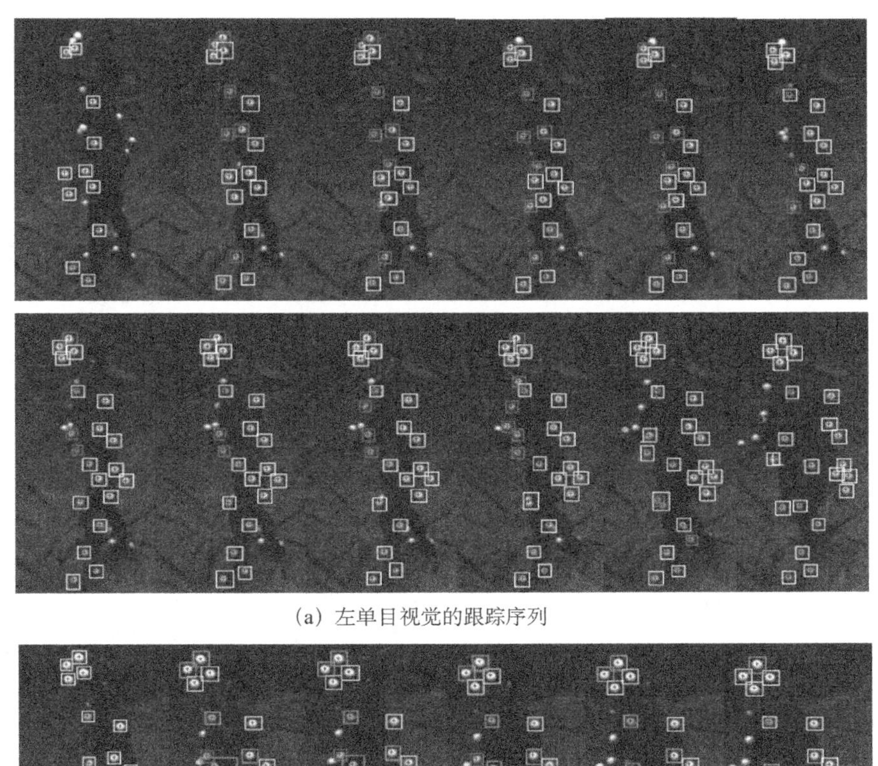

(a) 左单目视觉的跟踪序列

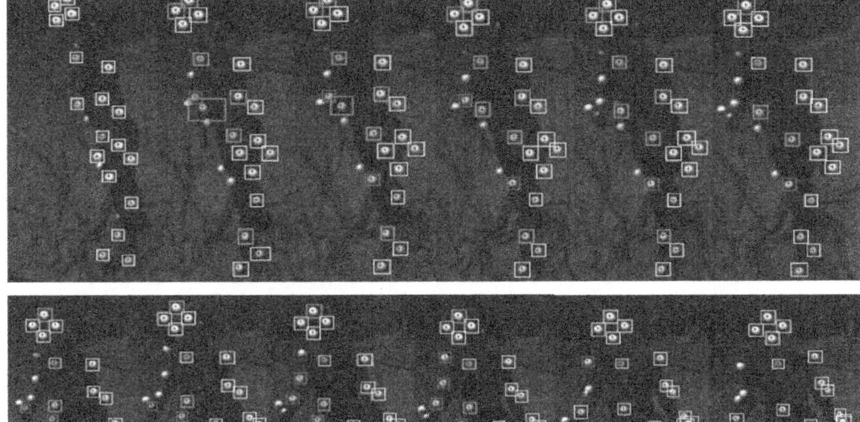

(b) 右单目视觉的跟踪序列

图 14.4　双目中左右单目视觉的第 1、第 4～第 13、第 15 和第 17 帧二维跟踪序列图（见彩图）

第一步，对所有的新标记点进行二维空间上的匹配，即利用外极线约束，剔除虚假的匹配组合。表 14.1 为单目视觉 B 中 5 个新检测到的标记点（B1～

B5）和仅在单目视觉 B 中跟踪到的 7 个标记点（1、2、13、21、28、29 和 30 号点）到单目视觉 A 中 9 个新检测到的标记点（A1～A9）对应的外极线距离。从表 14.1 中的数据结果可以看出，通过外极线约束，原本的 54（9×（5+7）/2）个匹配对只剩下 10 个可能的匹配对（表中加粗的部分）。

表 14.1　双目中的新标记点的外极线数据　　　　（单位：像素）

	A1	A2	A3	A4	A5	A6	A7	A8	A9
B1	71.138	44.523	**0.6180**	60.8157	96.1465	111.411	157.66	215.31	229.68
B2	88.33	61.613	16.065	44.6965	80.3702	95.7857	142.51	200.76	215.28
B3	150.55	123.52	77.525	16.0846	20.0312	35.6478	83.019	142.15	156.91
B4	183.73	156.39	109.89	47.7302	11.1677	**4.64715**	52.638	112.59	127.55
B5	213.48	186.14	139.63	77.412	40.796	24.9531	23.141	83.258	98.27
1	181.04	159.3	123.1	75.149	47.274	35.3866	**1.2118**	46.291	57.676
2	133.08	111.38	75.12	27.139	**0.7759**	12.639	49.284	94.417	105.79
13	105.54	83.868	47.557	**0.4309**	28.369	40.2185	76.891	122.05	133.42
21	145.65	123.94	87.702	39.7242	11.8193	**0.0503818**	36.6837	81.8024	93.1813
28	**0.4118**	22.008	58.490	106.505	134.534	146.327	183.104	228.383	239.736
29	225.71	203.94	167.82	119.871	92.0338	80.1221	43.5679	**1.46265**	12.8555
30	237.13	215.35	179.25	131.299	103.472	91.5544	55.0114	**9.99349**	**1.40134**

注：第一行为单目视觉 A 中新出现的标记点，第一列为单目视觉 B 中新出现的标记点和仅在 B 中出现的标记点。

第二步，对第一步得到的 10 个匹配对进行三维空间上的数据关联，如表 14.2 和表 14.3 所示。表 14.2 表示的是已知编号的新标记点匹配对的三维位置，及与其对应编号的标记点的全局三维位置之间的误差，单位为 mm；表 14.3 表示的是未知编号的新标记点匹配对的三维位置与已知编号标记点（3～5 号、9～12 号、17～20 号、25～27 号）的全局三维位置之间的误差，通过比较三维位置，最终确定了 8 个新标记点匹配对（表中加粗的部分）。

表 14.2　已知编号的新标记点在给定双目中的三维位置与其全局三维位置的误差

（1，A7）	**（12.4373，14.8208，1.99548）**
（2，A5）	**（2.1792，3.2514，4.20776）**
（13，A4）	**（0.0924988，0.419556，0.730286）**
（21，A6）	**（1.40808，4.67877，9.64648）**
（28，A1）	**（5.12521，6.71991，2.34746）**
（29，A8）	**（1.38391，9.64386，9.60205）**
（30，A8）	（7.81079，144.32，39.9175）
（30，A9）	**（10.3981，57.2896，41.2325）**

表 14.3　未知编号的新标记点在给定双目中的三维位置和已知标记点的全局三维位置的误差

	（A3，B1）	（A6，B4）
3	（132.714，403.19，721.453）	（116.12，80.9376，419.054）
4	（120.108，471.679，483.033）	（128.725，12.4481，180.634）
5	（208.821，609.554，199.396）	（40.0123，125.427，103.003）
9	（140.533，259.036，251.286）	（108.3，225.092，51.1127）
10	（10.2997，386.223，212.936）	（238.534，97.9046，515.335）
11	（98.9557，391.101，587.181）	（347.789，93.0269，889.58）
12	（62.4328，401.694，586.901）	（186.401，82.4339，889.3）
17	（211.276，337.841，531.773）	（37.5579，146.287，229.374）
18	（224.533，408.201，338.008）	（24.3002，75.9268，35.6087）
19	（286.002，516.882，297.594）	（37.1685，32.7545，4.80475）
20	（125.777，602.648，292.183）	（123.056，118.52，10.2155）
25	（109.951，260.746，84.5305）	（138.882，223.382，386.929）
26	（14.705，330.937，418.891）	（234.128，153.191，721.29）
27	**（14.123，4.22485，4.79095）**	（234.71，479.903，297.608）

注：第一行为未知编号标记点匹配对，第一列为已知全局三维位置的标记的编号；各值单位为 mm。

从表 14.2 中看出，（30, A9）匹配对相对于其他匹配对的三维位置误差偏大一些，这主要是标定误差、标记点质心提取误差等因素使得各个双目下的三维位置差距较大，进而使得新标记点双目下的三维位置与全局三维位置误差较大。30 号标记点的三维运动轨迹如图 14.5 所示，图（a）给出了 30 号标记点在多组双目融合跟踪后得到的三维轨迹；图（c）给出了 30 号标记点在给定双目视觉“双目 1”中跟踪得到的轨迹。从图（c）中可以看出，标记点受各种误差影响了其在单目视觉 A 中 30 号点的确认：30 号点自第 5 帧出现后，在第 7～第 9 帧未被检测，直到第 10 帧开始，才连续被检测到四帧，进而初始化它的扩展卡尔曼滤波器。图（b）给出了从第 10 帧到第 20 帧中 30 号标记点在双目跟踪中获得的三维位置与其全局三维位置的误差。作为对比，图（d）给出了仅利用预测误差作为关联阈值的最近邻数据关联算法获得的 30 号标记点的轨迹，从中可以看出，该关联算法仅在第 10～第 12、第 16 和第 17 帧中检测出 30 号点，而本章算法采用的 3D 最近邻数据关联算法在各个双目数据差距较大时扩大了关联阈值，能够成功地检测出类似 30 号标记点的运动的标记点，在很大程度上提高了新标记点的关联准确率。

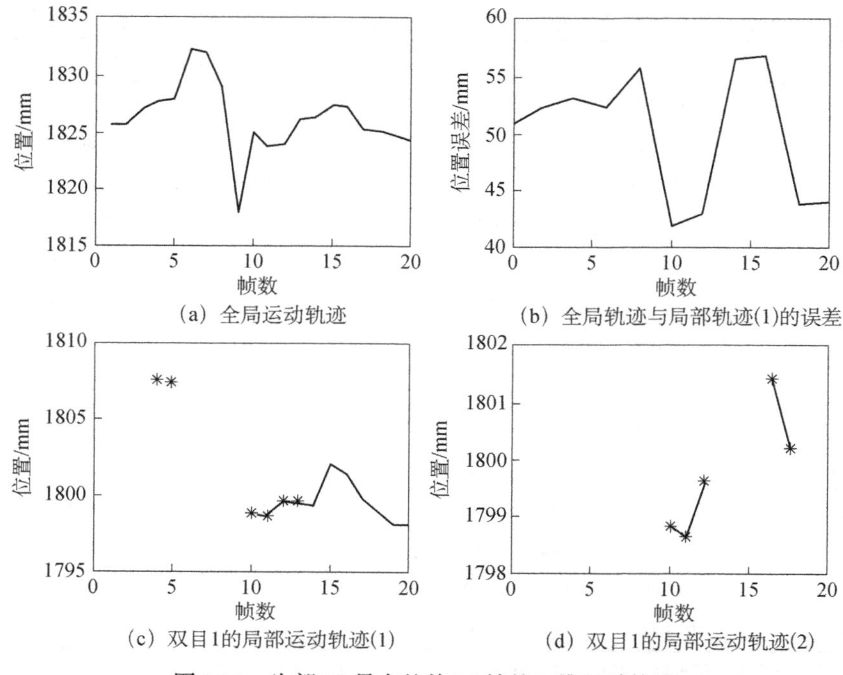

(a) 全局运动轨迹　(b) 全局轨迹与局部轨迹(1)的误差

(c) 双目1的局部运动轨迹(1)　(d) 双目1的局部运动轨迹(2)

图 14.5　头部 30 号点的前 20 帧的三维运动轨迹

以上实验结果表明，在标记点分布较密集且各组双目三维位置产生不一致的情况下，本章的新标记点数据关联算法能够剔除大量虚假的匹配组合，降低了算法的运算量，提高了新标记点的关联匹配正确率。

14.5　本 章 小 结

本章针对多目视觉下基于标记点的运动捕捉中的标记点三维跟踪问题，介绍了以多个双目立体视觉的三维跟踪为基础的多目视觉多目标跟踪方法。该方法的特点在于以下几个方面。

（1）采用了将多个摄像机分组的设计，不仅降低了多目跟踪的运算量，而且降低了多个摄像机因标定误差等引起的误差累积带来的跟踪不确定性，提高了人体运动捕获的精度。

（2）在数据关联时，利用外极线约束对新标记点的 2D 匹配对进行过滤，限制那些不可能的匹配，从而剔除掉噪声、干扰形成的虚假标记点；且在 3D 关联过程中，利用三维 x, y, z 三个方向上的关联度动态调整关联阈值，在一定程度上解决了同一标记点在多个双目下三维位置不一致造成新标记点关联的问题，有效地提高了新标记点的正确关联率。

（3）在数据融合时，利用最小均方误差准则对各双目视觉中的三维跟踪结果进行验证，在剔除了误差较大点的同时，将误差反馈给双目，用以修正和完善双目跟踪结果，使得融合后的三维数据更加准确。

第 15 章　基于拓扑结构保持的多目跟踪

利用扩展卡尔曼滤波（EKF）进行二维图像上标记点的位置范围预测，可以一定程度上缩小标记点的搜索区域，减少由缺乏特征区别引起的标记点错误跟踪问题。但是，随着标记点的运动速度加快以及标记点重合的出现，在某一路摄像机的二维像平面上，扩展卡尔曼预测的搜索范围会逐渐增大，造成在一个搜索范围内出现多个实际的标记点，极端情况下搜索范围会放大至整个图像区域，相当于预测失效。由于人体运动的复杂性，标记点因遮挡而重合出现频率非常高，常常会使扩展卡尔曼预测范围扩大甚至失效，因此整个跟踪过程需要对滤波器进行修正。如果只是用手工修正，随着用户参与的增多，跟踪获取运动参数的工作量骤增，手工标记得到的跟踪精度也会下降，从而降低了跟踪算法的使用性。

此外，基于扩展卡尔曼滤波器的预测方法在各标记点之间独立进行，并未考虑人体关节处的标记点之间的关系，而事实上标记点代表的是人体骨架的关节点，这些标记点无论在三维空间还是投影在每台摄像机的二维像平面空间，都保持一定的拓扑结构，而人体的运动就是这种这种拓扑结构的一种动态调整。如果能够利用这种拓扑结构，那么标记点跟踪中的匹配度就会提高。本章给出了一种多目视觉下基于扩展卡尔曼滤波与自组织特征映射网络（self-organizing feature map，SOFM）[158]的多目标三维跟踪方法，以提高跟踪精度，降低误跟率。

15.1　扩展卡尔曼滤波器与自组织特征映射网络结合的三维跟踪

在多目标跟踪中，对每一个标记点的预测搜索范围不一定追求“最小”，而是“有效”即可。利用标记点之间的拓扑结构，构建出对一个标记点的“有效”搜索范围，其最佳定义应该符合二维 Voronoi 域的概念[159]。在运动捕获系统的多目跟踪中，帧间相关性为 Voronoi 域中心的选取提供了有力的支持。以上一帧的二维预测位置为下一帧标记点匹配的 Voronoi 中心：由于在一路摄像机获取的图像上，部分标记点会出现、消失或者重现，因此不宜用上一帧图像中二维点的位置直接作为 Voronoi 中心，而应该使用上一帧三维位置的预测位置（3D 空间的 EKF 预测）投影到各个像平面上，在每一路摄像机获取的图像上形成一个“完备”的 Voronoi 划分，实际检测到的二维标记点通过“竞争”（二维平面上的基于欧氏距离的自组织竞争策略），可获得其自身所在的 Voronoi 域，即关节点信息。由以上分析，本章介绍了基于扩展卡尔曼滤波器和 SOFM 结合的多目标三维跟踪方法，其过程描述如下。

（1）使用主成分分析（principal component analysis，PCA）算法自动初始化摄像机获取的图像中检测到的标记点的拓扑结构，从而确定多个标记点与人体骨骼关节点对应关系（至少在两路摄像机获取的图像中进行，以确定标记点的三维坐标）。

（2）经过数据融合计算标记点的三维坐标。

（3）在三维空间中预测每个标记点在下一时刻的三维位置。

（4）将当前预测三维位置反投影到每一路二维像平面上，得到各个标记点在每一路图像上的二维投影。

（5）将下一帧图像中标记点的检测位置作为输入，投影位置为模式，进行自组织竞争，得到每一个标记点在下一帧的实际二维坐标。

（6）计算得到下一帧的三维位置。

（7）更新三维空间预测器。

后续将对上述过程进行详细阐述。

15.2　基于主成分分析的自动初始化算法

PCA[160]是一种经典的数据分析技术，该技术通过找出数据中最“主要”的元素和结构，去除冗余和不重要的数据，以此达到对原有数据简化的目的。PCA 的优点是简单，无参数限制，可以方便地应用于图形图像处理等领域。

在基于标记点的运动捕获中，标记点坐标数据在二维图像上貌似呈现无规则分布，但实际上保持了与人体姿态相似的拓扑结构。如果在运动捕获初期，令人体保持一定姿态，该姿态的标记点分布呈现一定的方向性，则可利用相关的数据分析方法，完成标记点信息的自动分析与获取。本章中在初始阶段，令人体双臂伸展，两腿并拢，挺直站立，此时标记点在二维图像上呈现交叉分布

（非正交分布，因为摄像机与其有一定夹角），且主要分布于两个方向——臂展方向与躯干方向。然后利用 PCA 方法可以分析出其数据的主要分布方向：将二维图像中检测到的标记点投影到实际上垂直的身体躯干与臂展方向为坐标轴的新坐标系下，可以得到一组正交分布的点集，简单排序即可得到每个标记点所属的关节信息，然后将其反投影到原始图像坐标下，可以得到每个标记点在二维图像上的关节信息和位置信息。

从线性代数的角度来看，PCA 的目标就是使用另一组基去重新描述现有的数据空间，主要涉及的数学概念如下。

1）方差

在基于标记点的运动捕获中，其初始数据集是标记点的二维坐标，即一组二维点集，可用 X 表示，$\bar{X}$ 表示这组数据的期望：

$$\bar{X}=\frac{\sum_{i=1}^{n}X_i}{n}$$

其中，n 为标记点的数量。由于标记点数量有限，计算标准差如下：

$$s=\sqrt{\frac{\sum_{i=1}^{n}\left(X_i-\bar{X}\right)^2}{n}}$$

标准差代表的是一组数据的“散度”，与其意义相同的指标方差 s^2 更易于计算：

$$s^2=\frac{\sum_{i=1}^{n}\left(X_i-\bar{X}\right)^2}{n}$$

2）协方差

标准差和方差表现了数据的“散度”，但其所代表的只是一维数据的“散度”，而对于二维数据而言，各维之间的关系还需要另外一个统计学概念来描述，那就是协方差，对于二维数据 (X,Y) 而言，其协方差可由方差的定义式启发得到：

$$\operatorname{var}(X)=\frac{\sum_{i=1}^{n}\left(X_i-\bar{X}\right)\left(X_i-\bar{X}\right)}{n}\Rightarrow\operatorname{cov}(X,Y)=\frac{\sum_{i=1}^{n}\left(X_i-\bar{X}\right)\left(Y_i-\bar{Y}\right)}{n}$$

3）协方差矩阵

对于高于二维的数据而言，在每两个维度之间均存在一个协方差数据，一组 n 维数据，可以计算出 num 个协方差：

$$\text{num}=\frac{n!}{(n-2)!\times 2}$$

例如，一组三维数据 (x,y,z)，只需计算协方差：$\text{cov}(x,y)$、$\text{cov}(x,z)$ 和 $\text{cov}(y,z)$。将这些协方差值放入一个矩阵中，得到协方差矩阵 C。对于一组三维数据 (x,y,z) 的协方差矩阵可以表示如下：

$$C=\begin{pmatrix} \text{cov}(x,x) & \text{cov}(x,y) & \text{cov}(x,z) \\ \text{cov}(y,x) & \text{cov}(y,y) & \text{cov}(y,z) \\ \text{cov}(z,x) & \text{cov}(z,y) & \text{cov}(z,z) \end{pmatrix}$$

计算上述协方差矩阵的特征向量和特征值：特征值对应的特征向量反映了产生协方差矩阵的多维数据的数据分布，这也是 PCA 方法的基本原理。因此在运动捕获中，对于摄像机直接获取的二维图像，通过相应的图像处理技术，检测图像中位于人体关节处的标记点，得到一组标记点的坐标值集合，将这组坐标值作为 PCA 的输入进行数据分析，从而得到二维点集在二维图像上的分布。依照标记点所附着的骨架模型便可获得每个标记点所代表的关节点信息，由此完成标记点跟踪的初始化。具体过程如下（图 15.1）。

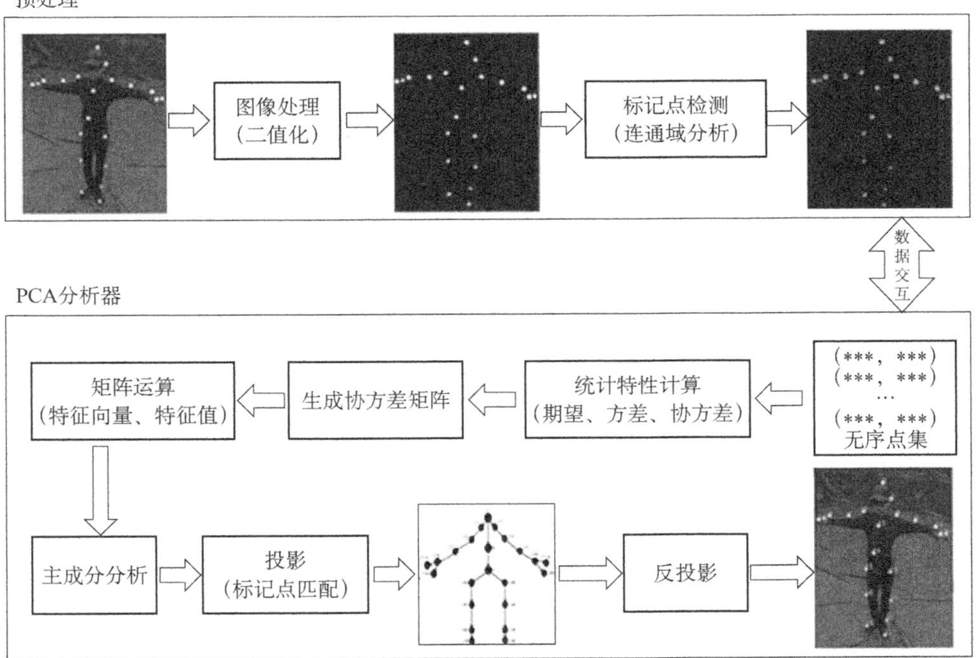

图 15.1　PCA 自动初始化流程图

（1）将摄像机拍摄的首帧图像做二值化处理，实现背景与目标标记点的分割；分割阈值的选择可根据实验数据的实际情况进行手动调整，亦可通过标记点数量信息进行自适应阈值的设计与实现，若拍摄环境为固定场景，则选取特定阈值即可实现相应处理。

（2）对二值图像进行连通域分析，得到一个个独立的连通区域，即标记点所在的位置；然后在连通域内进行聚类得到标记点的中心坐标，得到一组无序标记点的二维坐标数据。这组无序的二维数据也是PCA待分析的数据。

（3）针对这组二维数据计算期望、方差、协方差等统计特性，构建协方差矩阵。

（4）计算协方差矩阵的特征向量与特征值；特征向量所对应的坐标系代表的是标记点的主轴方向分布，即身体的臂展方向与躯干方向。

（5）将标记点投影到新坐标系下，可得到有序的二维点集序列，根据其与骨架模型的匹配关系确认每一个标记点所附属的关节信息。

（6）将带有关节信息的标记点反投影到原始图像坐标系下，可得到一组有序的附带关节信息的标记点位置，这就是跟踪初始化所需要的数据信息。

上述过程可完成一路单目视觉下的图像的初始化工作。将能够看到所有标记点的每一路单目视觉下的图像按照上述过程进行初始化（拍摄时令粘贴有标记点的人体稍作调整即可在至少两路单目视觉下看到所有标记点），便可得到大于两组的初始化数据。结合摄像机标定参数，将由两组图像得到的二维数据转换为三维坐标，再将三维坐标反投影到每一路图像上，可得到每个标记点在每一路图像上的初始位置。该过程可能会出现极少数标记点的误匹配，在实现过程中可将上述结果数据作为手工标记点的输入反馈给用户，使之稍作调整即可完成跟踪初始化工作。

基于PCA的标记点初始化方法对人体施以简单约束（初始姿态保持双臂伸展站立），就可完成多路摄像机中多达数百个无明显特征区分的标记点的自动初始化工作。由于标记点的位置是以连通域分析与聚类分析相结合的方法完成，标记精度要高于手工方法，在基于标记点的运动捕获中提高了自动化程度，加速了运动参数获取速度，也适于进一步的产业化应用。

15.3　基于自组织特征映射网络的匹配策略

三维空间的EKF预测，主要用于在三维空间预测标记点下一帧的三维位置，并将预测位置反投影到每一路摄像机的像平面上，作为下一帧二维平面标记点的预测位置，也即SOFM的模式。

自组织特征映射 SOFM 的思想源于信息和数据压缩的向量聚类方法。其基本工作原理是要在网络竞争层中的各神经元之间展开竞争，竞争的目的是获得对输入模式的响应机会，而竞争的结果是最终仅有一个神经元成为胜利者，该神经元全权负责对相应输入模式的响应（即分类）。

在运动捕获的多标记点跟踪中，将原始图像中经过检测得到的无序标记点集作为输入层的输入模式，而由三维空间反投影到某一路摄像机像平面的完备的关节点拓扑结构作为竞争层神经元，针对每一个输入模式（检测到无身份信息的二维点的坐标），竞争层各神经元以欧氏距离为能量函数，那么极小化能量函数的过程即为竞争层神经元竞争过程；获胜神经元负责对输入模式（二维点的坐标）的分类工作，即标识出该输入点所附属的关节信息（应该是第几个标记点，或者说属于哪一个关节点）；在竞争过程中竞争层神经元根据输入模式（新的点的坐标值）对拓扑结构进行新的调整；如此经过若干次训练，便形成了新一帧数据的新的拓扑结构。

1. 特征空间的划分

为了使自组织特征映射网络能够实现对特征空间的划分，首先需要选取一定数量的输入数据作为神经元聚类中心，在多标记点跟踪过程中，将上一帧预测的标记点三维位置反投影到摄像机像平面上的拓扑结构，作为初始神经网络的输入，初始神经元聚类中心使得每一个神经元对应于一个类别子空间，即在实际图像中的每一个标记点对应于神经网络所表示的拓扑结构的一个类别中，即隶属于某一个标记点的“势力范围”。设特征空间U中共有n个神经元，ω_r是第r个神经元聚类中心的权重，U_s为神经元s所对应的类别子空间，则这n个神经元可完成对特征空间的如下分割：

$$U_s=\{u\in U\,|\,\|u-\omega_s\|\leqslant\|u-\omega_r\|,\quad r=1,2,\cdots,n\}\tag{15.1}$$

对于二维特征空间，上式所实现的空间分割区域一般称为 Voronoi 域。学习过程是通过不断调整各神经元聚类中心权重，使全部的神经元集合（构成了自组织神经网络）能根据特征空间的样本分布形成相应的分类结构。

本质上，自组织特征映射网络的竞争过程是一种全局寻优的过程，由此引入能量函数的定义：

$$E=\int_{u\in U}p(u)\|u-\omega_s\|^2\,\mathrm{d}u\tag{15.2}$$

其中，$p(u)$是特征空间U中样本u的概率密度；s是u所在子空间的聚类神经元。从原理上可以认为自组织学习就是根据样本序列u_k通过不断调整各神经元的权重ω，而极小化能量函数的过程。

为实现自组织学习，自组织神经网络一般采取“胜者为王”（winner takes all，WTA）的竞争学习机制。

2. SOFM 模型学习算法

SOFM 建立的是一个两层的神经网络结构，还是一种拓扑保持的网络结构，其神经元的分布一般取为空间网格的形式。SOFM 的分类功能是利用自组织学习的过程实现的，通过学习可以实现对特征空间中的输入向量进行自适应分类。自组织学习算法的权重调整公式是：

$$\Delta\omega_r = \varepsilon h_{rs}(u-\omega_r),\quad \forall r \tag{15.3}$$

其中，ε是学习增益系数，一般随着学习次数t的增加而下降，逐渐趋于 0：

$$\varepsilon = \varepsilon_0 \mathrm{e}^{-\alpha t} \tag{15.4}$$

其中，ε_0为初始学习增益系数；α为一常数，用于控制学习次数对学习增益系数的影响程度。

h_{rs}是邻域作用函数，其目的是使 Winner 神经元s附近的其他神经元也共享学习调整：

$$h_{rs} = \exp\left(-\frac{\|r-s\|}{\sigma^2}\right) \tag{15.5}$$

其中，s对应于输入u在竞争中取胜的神经元（Winner）（$\|u-\omega_s\| \leqslant \|u-\omega_r\|, \forall r$）；$\|r-s\|$是神经元$r$与$s$之间的拓扑距离，如果两个神经元是相邻的，则有$\|r-s\|=1$；$\sigma$决定邻域的范围，一般也取为依学习次数$t$的增加而下降的指数函数：

$$\sigma = \sigma_0 \mathrm{e}^{-\beta t} \tag{15.6}$$

其中，σ_0为初始邻域范围；β为一常数，用于控制学习次数对邻域范围的影响程度。这样，各神经元的邻域范围随着学习过程不断减小。

当输入u与获胜神经元s的权重ω_s有差别时，除了对ω_s本身进行修正外，s邻域中的其他神经元的权重也将依拓扑距离$\|r-s\|$做一定的调整，越靠近s的神经元，其权重调整幅度越大。

在运动捕获系统中，共有N路摄像机，针对每一路摄像机，建立一个 SOFM 模型，其神经网络拓扑结构和竞争原理相同。由 SOFM 模型的算法原理，首先定义两层神经网络模型（图 15.2）。

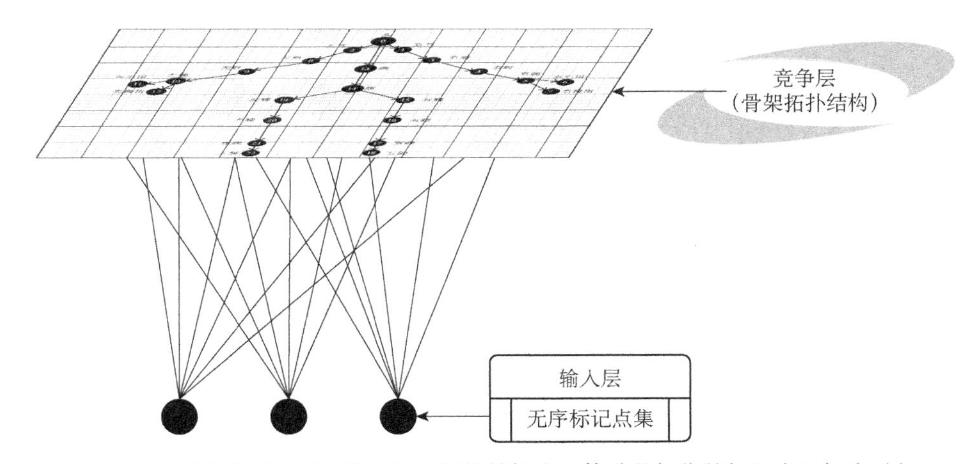

图 15.2　所使用 SOFM 网络（骨架拓扑结构由人体关节部位的标记点坐标表示）

（1）输入层。

输入模式为该路摄像机所拍摄的二维图像，通过标记点检测得到一组无序的二维点集坐标，这些输入模式与竞争层神经元为全联结关系。

（2）竞争层。

在多标记点跟踪中，将竞争层神经网络的初始状态定义为上一帧中多个标记点的三维数据在某一路摄像机像平面的投影得到的骨架拓扑结构，是一个包含所有关节点的“完备”的骨架拓扑结构，该结构反映了经过输入模式训练所应该遵循的分类原型。

（3）学习算法。

以二维空间的欧氏距离为能量函数的尺度，在竞争层针对每一个输入模式（一个标记点的二维坐标）展开竞争，根据 WTA 机制，获胜神经元负责输入模式的分类，即输入标记点与获胜神经元相匹配，得到输入标记点所附属的关节信息（获胜神经元在骨架中的拓扑位置）。在竞争过程中，获胜神经元不但会根据输入模式调整自身位置，还会对其附近神经元产生“侧抑制”作用，从而达到调整整个骨架的拓扑结构的目的。因此竞争层对输入模式的竞争过程也是骨架拓扑结构动态调整的过程，经过动态调整，骨架拓扑结构将如实反映人体运动的状态。

竞争层为 n 个标记点的完备的骨架拓扑结构，而在一路摄像机获取的图像中，由于遮挡等因素，很难拍摄到所有的标记点，也就是说其得到的输入模式一般少于 n，因此在学习过程结束后，竞争层的获胜神经元并不完备，有限的获胜神经元恰恰代表了该路摄像机能够跟踪到的标记点。而多目视觉可以弥补个别摄像机对部分标记点的跟踪缺失：可通过全局数据融合得到下一帧的完备的骨架预测拓扑结构。

15.4　实验结果与分析

对于运动捕获中的多标记点跟踪，本章算法的实验过程如下。

（1）预处理（以第 2 帧为例）。

首先需要对每一路摄像机采集的二维图像进行预处理，主要包括阈值选取、二值化、平滑、连通域分析几个步骤；然后得到无序的标记点集。针对图 2.1 所示的系统硬件环境，以下将从东、南、西、北四个方向分别选取一路摄像机，展示处理结果。

以东、南、西、北四路摄像机的标记点 0～22 号为例，在这四路摄像机采集到的视频的第 2 帧检测到的标记点的二维坐标如表 15.1 和图 15.3 所示。

表 15.1　标记点检测结果　　（单位：像素）

东	（289，344），（289，337），（224，335），（243，328），（288，290），（219，281），（366，214），（169，209），（345，204），（149，192），（312，164），（277，129），（212，125），（263，95），（222，93），（240，66） 共检测到 16 个标记点
南	（295，393），（322，391），（290，354），（325，333），（328，303），（341，290），（327，270），（300，237），（283，213），（320，212），（285，188），（288，170），（330，143），（298，140），（300，133），（337，93），（318，58） 共检测到 17 个标记点
西	（359，376），（307，361），（375，358），（307，338），（382，302），（307，283），（447，250），（467，229），（369，225），（444，224），（316，222），（247，218），（248，196），（230，196），（343，189），（411，185），（280，156），（343，134），（389，128），（316，119），（375，85），（330，86），（355，59） 共检测到 23 个标记点（完备通路）
北	（342，363），（363，362），（354，333），（341，309），（372，267），（371，248），（366，220），（356，191），（362，176），（338，143），（349，136），（335，104），（316，91），（333，71） 共检测到 14 个标记点

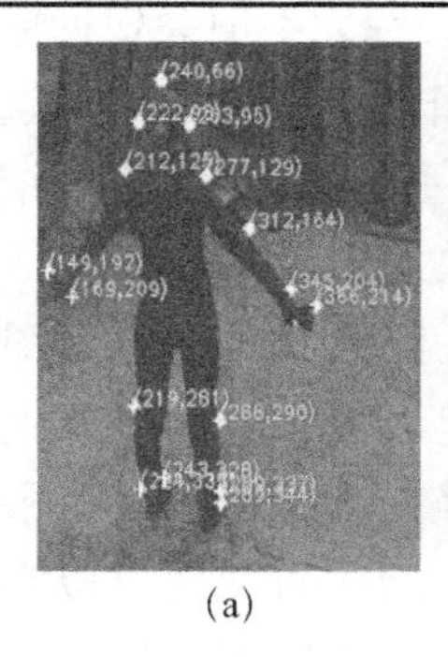

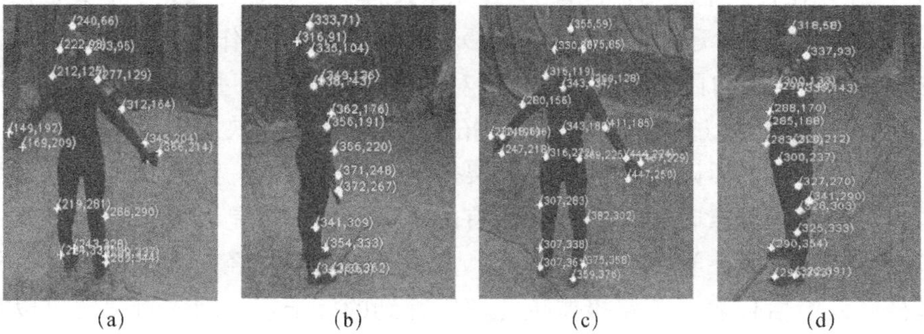

(a)

(b)

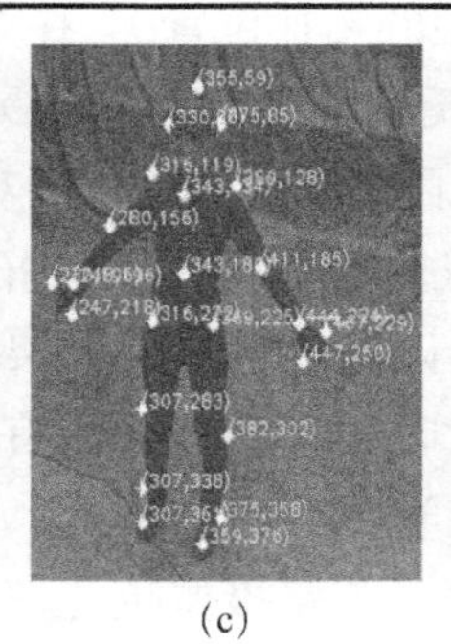

(c)

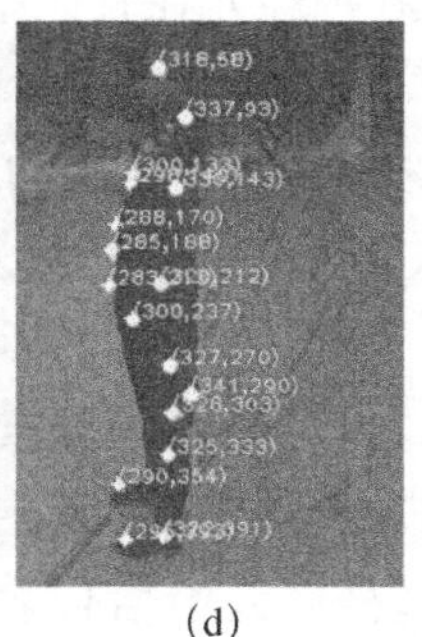

(d)

图 15.3　标记点检测结果

数据来源于东、南、西、北四个方位的摄像机

（2）预测。

将标记点 0～22 的数据在三维空间上做一次扩展卡尔曼预测，得到标记点下一帧的三维预测位置（表 15.2），其对应的人体骨架的三维空间状态如图 15.4 所示。将预测的三维位置投影到每一路摄像机的像平面上，可得到投影结果如图 15.5 所示（以小圆点标识其位置，旁边序号标识其所代表的关节点，序号与关节点的对应关系可参照系统初始建立的骨架模型），投影结果就是该路图像下一帧标记点匹配的初始骨架结构，即 SOFM 竞争层的初始网络拓扑状态。

表 15.2　对当前帧的预测结果　　（单位：mm）

标记点编号	x	y	z	标记点编号	x	y	z
0	393.074	561.556	−1753.85	12	−991.093	887.341	659.351
1	274.752	531.96	−1618.57	13	−878.922	−878.922	367.468
2	480.619	504.367	−1626.14	14	627.219	−1409.66	393.147
3	209.327	524.305	−1439.6	15	711.025	−1168.12	256.598
4	35.7194	549.529	−1242.57	16	682.636	−965.891	175.31
5	−132.423	556.039	−1007.83	17	501.705	−485.963	182.483
6	−247.78	522.072	−975.429	18	503.205	−119.631	208.105
7	−136.906	567.938	698.009	19	643.04	−63.1862	518.534
8	−880.827	565.635	557.148	20	674.037	−977.897	584.869
9	−1439.36	691.607	636.124	21	568.382	−477.227	570.481
10	−1194.57	857.421	663.198	22	569.192	−103.01	506.874
11	−1026.49	960.326	635.747				

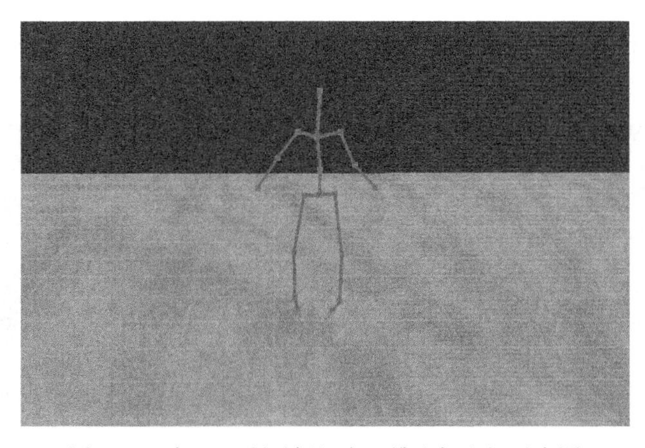

图 15.4　表 15.2 所示标记点三维坐标空间示意图

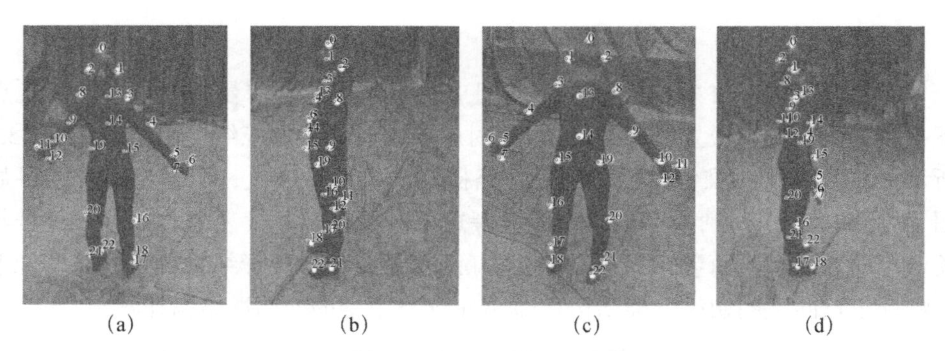

(a)　(b)　(c)　(d)

图 15.5　SOFM 竞争层初始拓扑结构数据

数据来源于东、南、西、北四个方位的摄像头

从图 15.5 可以看出，由三维预测位置投影到每一路摄像机像平面上的骨架拓扑结构是一个完备的骨架模型，即每个投影得到的骨架都包含标记点 0～22。以“东”这一路摄像机的结果为例，可明显看出：虽然在该路摄像机采集的图像中看到的标记点有限（图 15.3（a）共 16 个标记点），但投影结果却包括了每一个标记点（图 15.5（a）共 23 个标记点）。

（3）竞争。

在预测阶段得到的每一路摄像机的像平面上都有一个完备的骨架结构，它作为 SOFM 的竞争层初始状态传递给下一帧的 SOFM，而第一阶段预处理检测到的标记点就是该帧的输入数据，作为 SOFM 的输入层模式向量集，经过 SOFM 的竞争学习，每一路图像都有若干（不一定完备）神经元胜出，图 15.6 所示即为获胜神经元的输出结果。图中黄色十字星形的标记为标记点检测结果标记，绿色小点是竞争结果标记，编号是获胜神经元所代表的关节点信息。

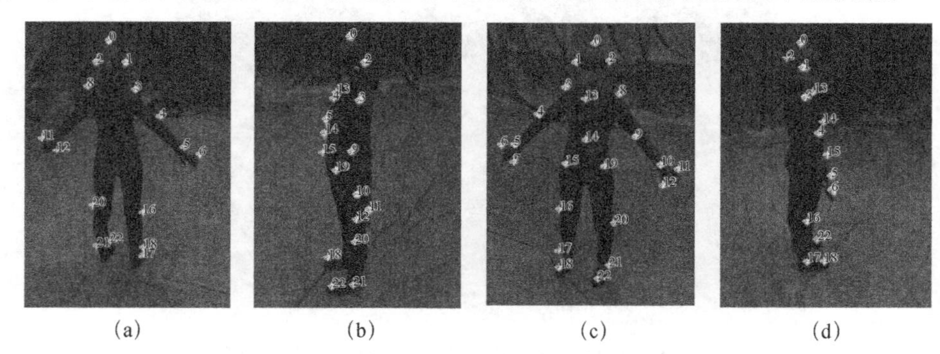

(a)　(b)　(c)　(d)

图 15.6　SOFM 获胜神经元的输出结果数据（见彩图）

数据来源于东、南、西、北四个方位的摄像头

至此，标记点在二维平面上的跟踪就完成了，接下来就可综合各路摄像机

中的二维标记点信息，利用计算机视觉原理，重建标记点的三维坐标，即得到了当前帧标记点的三维位置信息；然后以该帧三维位置为基础，预测下一帧的三维位置，并投影到下一帧的每一路摄像机像平面上，进行下一帧的预测和跟踪。如此循环，即可得到人体三维运动数据。

15.5 本章小结

本章展示了一种基于自组织特征映射网络和扩展卡尔曼滤波器相结合的多标记点跟踪策略，有效避免了以预测为基础的跟踪算法在目标机动性、运动模型多样化、运动参数不断改变时预测机制失效所导致的跟踪错误。该策略充分利用 SOFM 在特定空间域的拓扑保持特性，使得三维空间上的人体骨架结构投影到二维像平面上，仍能保持其拓扑结构；在三维空间运用了扩展卡尔曼滤波器对各标记点运动轨迹进行独立预测，通过标记点三维坐标对其二维坐标计算的反馈，提高了跟踪正确率。

参考文献

[1] 郑江滨. 视频监视方法研究[D]. 西安: 西北工业大学, 2002.

[2] 乔向东. 信息融合系统中目标跟踪技术研究[D]. 西安: 西安电子科技大学, 2003.

[3] Djouadi M S, Morsly Y, Berkani D. A fuzzy IMM-UKF algorithm for highly maneuvering multi-target visual-based tracking[C]//Proceedings of the Mediterranean Conference on Control and Automation. Greece, 2007: 1-7.

[4] He J Z, Wu C L, Li Y L, et al. A BP based VSIMM-2-D track-to-measurement association approach[C]// Proceedings of the 6th International Conference of Information Fusion. Cairns, 2003: 237-244.

[5] Briechle K, Hanebeck U D. Template matching using fast normalized cross correlation[C]// Proceedings of the Conference on Optical Pattern Recognition XII. Orlando, 2001: 95-102.

[6] Comaniciu D, Ramesh V, Meer P. Real-time tracking of non-rigid objects using mean shift[C]// Proceedings of the IEEE Conference on Computer Vision and Pattern Recognition. Hilton Head, 2000: 142-149.

[7] Baker S, Matthews I. Lucas-Kanade 20 years on: A unifying framework[J]. International Journal of Computer Vision, 2004, 56 (3): 221-255.

[8] Oron S, Bar-Hillel A, Levi D. Locally orderless tracking[J]. International Journal of Computer Vision, 2015, 111: 213-228.

[9] Singer R A, Kanyuck A J. Computer control of multiple site track correlation[J]. Automatica, 1971, 7 (4): 455-463.

[10] Bar-Shalom Y. On the track-to-track correlation problem[J]. IEEE Transactions on Automatic Control, 1981, 26 (2): 571-572.

[11] Carpenter J, Clifford P, Fearnhead P. Improved particle filter for nonlinear problems[J]. IEE Proceedings-Radar Sonar and Navigation, 1999, 146 (1): 2-7.

[12] 李良群. 信息融合系统中的目标跟踪及数据关联技术研究[D]. 西安: 西安电子科技大学, 2007.

[13] Blom H A P, Bar-Shalom Y. The interacting multiple model algorithm for systems with Markovian switching coefficients[J]. IEEE Transactions on Automatic Control, 1988, 33 (8):

780-783.

[14] Blom H, Bloem E A. Combining IMM and JPDA for tracking multiple maneuvering targets in clutter[C]// Proceedings of the 5th International Conference on Information Fusion. Annapolis, 2002: 705-712.

[15] Koch W. Fixed-interval retrodiction approach to Bayesian IMM-MHT for maneuvering multiple targets[J]. IEEE Transactions on Aerospace & Electronic Systems, 2000, 36 (1): 2-14.

[16] Guo R, Zheng Q, Li X, et al. An IMMUPF method for ground target tracking[C]// Proceedings of the IEEE International Conference on Systems, Man and Cybernetics. Montréal, 2007: 96-101.

[17] Li X R, Bar-Shalom Y. Multiple-model estimation with variable structure[J]. IEEE Transactions on Automatic Control, 1996, 41 (4): 478-493.

[18] Li X R, Zhi X R, Yang Y M. Multiple-model estimation with variable structure part III: Model-group switching algorithm[J]. IEEE Transactions on Aerospace and Electronic Systems, 1999, 35 (1): 225-241.

[19] Li X R, Zhang Y M. Multiple-model estimation with variable structure part VI: Likely-model set algorithm[J]. IEEE Transactions on Aerospace and Electronic Systems, 2000, 36 (2): 448-466.

[20] Li X R, Jilkov V P, Ru J, et al. Expected-mode augmentation algorithms for variable-structure multiple-model estimation[J]. IFAC Proceedings Volumes, 2002, 35 (1): 175-180.

[21] Jilkov V P, Angelova D S. Design and comparison of mode-set adaptive IMM algorithms for maneuvering target tracking[J]. IEEE Transactions on Aerospace and Electronic Systems, 1999, 35 (1): 343-350.

[22] Babenko B, Yang M H, Belongie S. Visual tracking with online multiple instance learning[C]// Proceedings of the IEEE Conference on Computer Vision and Pattern Recognition. Miami, 2009: 983-990.

[23] Kalal Z, Mikolajczyk K, Matas J. Tracking-learning-detection[J]. IEEE Transactions on Pattern Analysis and Machine Intelligence, 2012, 34 (7): 1409-1422.

[24] Hare S, Golodetz S, Saffari A, et al. Struck: Structured output tracking with kernels[J]. IEEE Transactions on Pattern Analysis and Machine Intelligence, 2016, 38 (10): 2096-2109.

[25] Zhang K, Zhang L, Yang M G. Real-time compressive tracking[C]// Proceedings of the European Conference on Computer Vision. Florence, 2012: 864-877.

[26] Henriques J F, Caseiro R, Martins P, et al. High-speed tracking with kernelized correlation filters[J]. IEEE Transactions on Pattern Analysis and Machine Intelligence, 2015, 37 (3): 583-596.

[27] Simonyan K, Zisserman A. Very deep convolutional networks for large-scale image recognition[J]. arXiv preprint arXiv: 1409.1556, 2014.

[28] Krizhevsky A, Sutskever I, Hinton G. ImageNet classification with deep convolutional neural networks[J]. Communications of ACM, 2012, 60 (6): 84-90.

[29] Wang N, Yeung D Y. Learning a deep compact image representation for visual tracking[C]// Proceedings of the 27th Annual Conference on Neural Information Processing Systems. Lake Tahoe, 2013.

[30] Kuen J, Lim K M, Lee C P. Self-taught learning of a deep invariant representation for visual tracking via temporal slowness principle[J]. Pattern Recognition, 2015, 48 (10): 2964-2982.

[31] Zhuang B, Wang L, Lu H. Visual tracking via shallow and deep collaborative model[J]. Neurocomputing, 2016, 218 (19): 61-71.

[32] Ma C, Huang J B, Yang X, et al. Hierarchical convolutional features for visual tracking[C]// Proceedings of the IEEE International Conference on Computer Vision. Santiago, 2015: 3074-3082.

[33] Danelljan M, Häger G, Khan F S, et al. Convolutional features for correlation filter based visual tracking[C]// Proceedings of the IEEE International Conference on Computer Vision Workshop. Santiago, 2015: 621-629.

[34] Qi Y, Zhang S, Qin L, et al. Hedged deep tracking[C]// Proceedings of the IEEE Conference on Computer Vision and Pattern Recognition. Las Vegas, 2016: 4303-4311.

[35] Zhu G, Porikli F, Li H. Robust visual tracking with deep convolutional neural network based object proposals on PETS[C]// Proceedings of the IEEE Conference on Computer Vision and Pattern Recognition Workshops. Las Vegas, 2016: 1265-1272.

[36] Ren S, He K, Girshick R, et al. Faster R-CNN: Towards real-time object detection with region proposal networks[J]. IEEE Transactions on Pattern Analysis & Machine Intelligence, 2017, 39 (6): 1137-1149.

[37] Hong S, You T, Kwak S, et al. Online tracking by learning discriminative saliency map with convolutional neural network[C]// Proceedings of the 32nd International Conference on International Conference on Machine Learning. Lille, 2015: 597-606.

[38] Nam H, Baek M, Han B. Modeling and propagating CNNs in a tree structure for visual tracking[J]. arXiv preprint arXiv: 1608.07242, 2016.

[39] Nam H, Han B. Learning multi-domain convolutional neural networks for visual tracking[C]// Proceedings of the IEEE Conference on Computer Vision and Pattern Recognition. Las Vegas, 2016: 4293-4302.

[40] Held D, Thrun S, Savarese S. Learning to track at 100 FPS with deep regression networks[C]// Proceedings of the 14th European Conference on Computer Vision. Amsterdam, 2016: 749-765.

[41] Tao R, Gavves E, Smeulders A W M. Siamese instance search for tracking[C]// Proceedings of the IEEE Conference on Computer Vision and Pattern Recognition. Las Vegas, 2016: 1420-1429.

[42] Bertinetto L, Valmadre J, Henriques J F, et al. Fully-convolutional siamese networks for object tracking[C]// Proceedings of the 14th European Conference on Computer Vision. Amsterdam, 2016: 850-865.

[43] Gao J, Zhang T, Yang X, et al. Deep relative tracking[J]. IEEE Transactions on Image Processing, 2017, 26 (4): 1845-1858.

[44] Valmadre J, Bertinetto L, Henriques J, et al. End-to-end representation learning for correlation filter based tracking[C]// Proceedings of the IEEE Conference on Computer Vision and Pattern Recognition. Honolulu, 2017: 5000-5008.

[45] Cui Z, Xiao S, Feng J, et al. Recurrently target-attending tracking[C]// Proceedings of the IEEE Conference on Computer Vision and Pattern Recognition. Las Vegas, 2016: 1449-1458.

[46] Fan H, Ling H. SANet: Structure-aware network for visual tracking[C]// Proceedings of the IEEE Conference on Computer Vision and Pattern Recognition Workshops. Honolulu, 2017: 2217-2224.

[47] Ning G, Zhang Z, Huang C, et al. Spatially supervised recurrent convolutional neural networks for visual object tracking[C]// Proceedings of the IEEE International Symposium on Circuits and Systems. Baltimore, 2017: 1-4.

[48] Gordon D, Farhadi A, Fox D. Re3: Real-time recurrent regression networks for object tracking[J]. IEEE Robotics and Automation Letters, 2017, 3 (2): 788-795.

[49] Chatfield K, Simonyan K, Vedaldi A, et al. Return of the devil in the details: Delving deep into convolutional nets[C]//Proceedings of the British Machine Vision Conference. Nottingham, 2014: 1-12.

[50] Han B, Sim J, A Da M H. BranchOut: Regularization for online ensemble tracking with convolutional neural networks[C]// Proceedings of the IEEE Conference on Computer Vision and Pattern Recognition. Honolulu, 2017: 521-530.

[51] Danelljan M, Häger G, Khan F S, et al. Learning spatially regularized correlation filters for visual tracking[C]// Proceedings of the IEEE International Conference on Computer Vision. Santiago, 2015: 4310-4318.

[52] 马颂德, 张正友. 计算机视觉[M]. 北京: 科学出版社, 1998.

[53] 邱茂林, 马颂德, 李毅. 计算机视觉中摄像机定标综述[J]. 自动化学报, 2000, 26 (1): 43-45.

[54] Remondino F, Fraser C. Digital camera calibration methods: Considerations and comparisons[J]. International Archives of Photogrammetry Remote Sensing and Spatial Information Sciences, 2006, 36 (5): 266-272.

[55] Maybank S J, Faugeras O D. A theory of self-calibration of a moving camera[J]. International Journal of Computer Vision, 1992, 8 (2): 123-151.

[56] Faugeras O, Quan L, Sturm P. Self-calibration of a 1D projective camera and its application to the self-calibration of a 2D projective camera[J]. IEEE Transactions on Pattern Analysis and Machine Intelligence, 2000, 22 (10): 1179-1185.

[57] Lv F, Zhao T, Nevatia R. Camera calibration from video of a walking human[J]. IEEE Transactions on Pattern Analysis and Machine Intelligence, 2006, 28 (9): 1513-1518.

[58] Tsai R Y. An efficient and accurate camera calibration technique for 3D machine vision[C]// Proceedings of the IEEE Conference on Computer Vision and Pattern Recognition. Miami, 1986.

[59] Martins H A, Birk J R, Kelley R B. Camera models based on data from two calibration planes[J]. Computer Graphics and Image Processing, 1981, 17 (2): 173-180.

[60] Zhang Z. Flexible camera calibration by viewing a plane from unknown orientations[C]// Proceedings of the 7th IEEE International Conference on Computer Vision. Kerkyra, 1999: 666-673.

[61] Harris C, Stephens M. A combined corner and edge detector[C]// Proceedings of the 4th Alvey Vision Conference. Manchester, 1988: 147-151.

[62] 康晶. 基于立体视觉摄像机标定方法的三维重建技术研究[D]. 长沙: 湖南大学, 2006.

[63] 罗忠祥, 庄越挺, 潘云鹤, 等. 基于视频的运动捕获[J]. 中国图象图形学报: A 辑, 2002, 7 (8): 752-756.

[64] 罗世民, 李茂西. 双目视觉测量中三维坐标的求取方法研究[J]. 计算机工程与设计, 2006, 27 (19): 3622-3624.

[65] 王江安, 闵祥龙, 曹立辉. 红外背景抑制与点目标分割检测算法研究[J]. 激光与红外, 2008, 38 (11): 1144-1148.

[66] 胡谋法, 陈曾平. 基于 Zernike-Facet 模型和总体最小二乘的弱小目标检测[J]. 电子与信息学报, 2008, 30 (1): 194-197.

[67] Yu Y, Guo L. Infrared small moving target detection using facet model and particle filter[C]// Proceedings of the Congress on Image and Signal Processing. Sanya, 2008: 206-210.

[68] Du X, Yang D, Li C, et al. A novel approach to SVD-based image filtering improvement[C]//

Proceedings of the International Conference on Computer Science and Software Engineering. Wuhan, 2008: 133-136.

[69] 胡谋法, 董文娟, 王书宏, 等. 奇异值分解带通滤波背景抑制和去噪[J]. 电子学报, 2008, 36 (1): 111-116.

[70] Salmond D J, Birch H. A particle filter for track-before-detect[C]// Proceedings of the American Control Conference. Arlington, 2001: 3755-3760.

[71] Rollason M, Salmond D. A particle filter for track-before-detect of a target with unknown amplitude[C]// Proceedings of the IEE Target Tracking: Algorithms and Applications. Enschede, 2001: 14/1-14/4.

[72] Doucet A, Godsill S, Andrieu C. On sequential Monte Carlo sampling methods for Bayesian filtering[J]. Statistics and Computing, 2000, 10 (3): 197-208.

[73] 杜振华, 张艳宁, 郑江滨, 等. 基于视频增强的昏暗背景下目标检测方法[J]. 微电子学与计算机, 2007, 24 (7): 16-19.

[74] Esakkirajan S, Veerakumar T, Navaneethan P. Best basis selection using singular value decomposition[C]// Proceedings of the 7th International Conference on Advances in Pattern Recognition. Kolkata, 2009: 65-68.

[75] 王新增, 严国. 基于自适应门限滤波的红外弱小运动目标检测方法. 红外, 2006, 27 (8): 13-15.

[76] Collinsr T, Liptona J, Kanade T. Introduction to the special section on video surveillance[J]. IEEE Transactions on Pattern Analysis and Machine Intelligence, 2000, 22 (8): 745-746.

[77] Betke M, Haritaoglu E, Davis L S. Real-time multiple vehicle detection and tracking from a moving vehicle[J]. Machine Vision and Applications, 2000, 12 (2): 69-83.

[78] Tao H, Sawhney H, Kumar R. Object tracking with Bayesian estimation of dynamic layer representations[J]. IEEE Transactions on Pattern Analysis and Machine Intelligence, 2002, 24 (1): 75-89.

[79] 李秀秀, 郑江滨, 张艳宁. 一种新的自动图像配准技术[J]. 计算机应用研究, 2008, 25 (1): 290-291.

[80] 郑江滨, 赵荣椿. 慢运动背景下运动目标提取算法[J]. 计算机应用研究, 2008, 25 (7): 2185-2186.

[81] Horn B, Schunck B G. Determining optical flow[J]. Artificial Intelligence, 1981, 17 (1/2/3): 185-203.

[82] Stauffer C, Grimson W. Adaptive background mixture models for real-time tracking[C]// Proceedings of the IEEE Computer Society Conference on Computer Vision and Pattern

Recognition. Fort Collins, 1999: 246-252.

[83] Collins R, Lipton A J, Kanade T, et al. A system for video surveillance and monitoring: VSAM final report[R]. Carnegie Mellon University, Technical Report: CMU-RI-TR-00-12, 2000.

[84] Maurin B, Masoud O, Papanikolopoulos N. Camera surveillance of crowded traffic scenes[C]// Proceedings of the ITS America 12th Annual Meeting. Long Beach, 2002: 1-28.

[85] Stauffer C, Grimson W. Learning patterns of activity using real-time tracking[J]. IEEE Transactions on Pattern Analysis and Machine Intelligence, 2000, 22 (8): 747-757.

[86] Huang T, Russell S. Object identification: A Bayesian analysis with application to traffic surveillance[J]. Artificial Intelligence, 1998, 103 (1/2): 77-93.

[87] Orwell J, Remagnino P, Jones G A. Multi-camera color tracking[C]// Proceedings of the 2nd IEEE International Workshop Visual Surveillance. Fort Collins, 1999: 14-21.

[88] Wang Y, Doherty J F, Dyck R. Moving object tracking in video[C]// Proceedings of the 29th Applied Imagery Pattern Recognition Workshop. Washington, 2000: 95-101.

[89] Comaniciu D, Meer P. Mean shift: A robust approach toward feature space analysis[J]. IEEE Transactions Pattern Analysis and Machine Intelligence, 2002, 24 (5): 603-619.

[90] Bradski G. Computer vision face tracking for use in a perceptual user interface[J/OL]. Intel Technology Journal, http://developer.intel.com/technology/itj/q21998/articles/art2.htm[2019-08-01].

[91] Nguyen H T, Worring M, Boomgaard R, et al. Tracking nonparameterized object contours in video[J]. IEEE Transactions on Image Processing, 2002, 11 (9): 1081-1091.

[92] Zhou X, Hu W, Chen Y, et al. Markov random field modeled level sets method for object tracking with moving cameras[C]// Proceedings of the 8th Asian Conference on Computer Vision. Tokyo, 2007: 832-842.

[93] Godec M, Roth P M, Bischof H. Hough-based tracking of non-rigid objects[J]. Computer Vision and Image Understanding, 2013, 117 (10): 1245-1256.

[94] Adam A, Rivlin E, Shimshoni I. Robust fragments-based tracking using the integral histogram[C]// Proceedings of the IEEE Computer Society Conference on Computer Vision and Pattern Recognition. New York, 2006: 798-805.

[95] Cehovin L, Kristan M, Leonardis A . An adaptive coupled-layer visual model for robust visual tracking[C]// Proceedings of the IEEE International Conference on Computer Vision. Barcelona, 2011: 1363-1370.

[96] Wang S, Lu H, Fan Y, et al. Superpixel tracking[C]// Proceedings of the International Conference on Computer Vision. Barcelona, 2011: 1323-1330.

[97] Liu B, Huang J, Yang L, et al. Robust tracking using local sparse appearance model and K-selection[C]// Proceedings of the IEEE Conference on Computer Vision and Pattern Recognition. Colorado Springs, 2011: 1313-1320.

[98] Mei X, Ling H. Robust visual tracking using L1 minimization[C]// Proceedings of the IEEE 12th International Conference on Computer Vision. Kyoto, 2009: 1436-1443.

[99] He S, Yang Q, Lau R W H, et al. Visual tracking via locality sensitive histograms[C]// Proceedings of the IEEE Conference on Computer Vision and Pattern Recognition. Portland, 2013: 2427-2434.

[100] Viola P A, Jones M J. Rapid object detection using a boosted cascade of simple features[C]// Proceedings of the IEEE Computer Society Conference on Computer Vision and Pattern Recognition. Kauai, 2001: I511-I528.

[101] Dalal N, Triggs B. Histograms of oriented gradients for human detection[C]// Proceedings of the IEEE Computer Society Conference on Computer Vision and Pattern Recognition, San Diego, 2005: 886-893.

[102] Zhang L, van der Maaten L. Structure preserving object tracking[C]// Proceedings of the IEEE Conference on Computer Vision and Pattern Recognition. Portland, 2013: 1838-1845.

[103] Wang X, Han T X, Yan S. An HOG-LBP human detector with partial occlusion handling[C]// Proceedings of the IEEE 12th International Conference on Computer Vision. Kyoto, 2009: 32-39.

[104] Low D G. Distinctive image features from scale-invariant keypoints[J]. International Journal of Computer Vision, 2004, 60: 91-110.

[105] Bay H, Tuytelaars T, Gool L V. SURF: Speeded up robust features[C]// Proceedings of the 9th European Conference on Computer Vision. Graz, 2006: 404-417.

[106] Rublee E, Rabaud V, Konolige K, et al. ORB: An efficient alternative to SIFT or SURF[C]// Proceedings of the International Conference on Computer Vision. Barcelona, 2011: 2564-2571.

[107] Leutenegger S, Chli M, Siegwart R Y. BRISK: Binary robust invariant scalable keypoints[C]// Proceedings of the International Conference on Computer Vision. Barcelona, 2011: 2548-2555.

[108] Calonder M, Lepetit V, Strecha C, et al. Brief: Binary robust independent elementary features[C]//Proceedings of the 11th European conference on Computer Vision. Crete, 2010: 778-792.

[109] Fischler M A, Bolles R C. Random sample consensus: A paradigm for model fitting with applications to image analysis and automated cartography[J]. Communications of the ACM, 1981, 24 (6): 381-395.

[110] Liu C, Yuen J, Torralba A. Shift flow: Dense correspondence across scenes and its applications[J].

IEEE Transactions on Pattern Analysis and Machine Intelligence, 2011, 33 (5): 978-994.

[111] Ross D A, Lim J, Lin R S, et al. Incremental learning for robust visual tracking[J]. International Journal of Computer Vision, 2008, 77 (1/2/3): 125-141.

[112] Nguyen H T, Smeulders A. Fast occluded object tracking by a robust appearance filter[J]. IEEE Transactions on Pattern Analysis and Machine Intelligence, 2004, 8 (26): 1099-1104.

[113] Kwon J, Lee K M. Visual tracking decomposition[C]// Proceedings of the IEEE Computer Society Conference on Computer Vision and Pattern Recognition. San Francisco, 2010: 1269-1276.

[114] Kwon J, Lee K M. Tracking by sampling trackers[C]// Proceedings of the International Conference on Computer Vision. Barcelona, 2011: 1195-1202.

[115] Ju H Y, Du Y K, Yoon K J. Visual tracking via adaptive tracker selection with multiple features[C]// Proceedings of the 12th European Conference on Computer Vision. Fiernze, 2012: 28-41.

[116] Bolme D S, Beveridge J R, Draper B A, et al. Visual object tracking using adaptive correlation filters[C]// Proceedings of the IEEE Computer Society Conference on Computer Vision and Pattern Recognition. San Francisco, 2010: 2544-2550.

[117] Nebehay G, Pflugfelder R. Consensus-based matching and tracking of keypoints[C]// Proceedings of the IEEE Winter Conference on Applications of Computer Vision. Steamboat Springs, 2014: 862-869.

[118] Yi W, Lim J, Yang M H. Online object tracking: A benchmark[C]// Proceedings of the IEEE Conference on Computer Vision and Pattern Recognition. Portland, 2013: 2411-2418.

[119] Zhang K, Lei Z, Yang M H, et al. Fast tracking via spatio-temporal context learning[C]// Proceedings of the 13th European Conference on Computer Vision. Zurich, 2014: 127-141.

[120] Zhong W, Lu H, Yang M H. Robust object tracking via sparsity-based collaborative model[C]// Proceedings of the 2012 IEEE Conference on Computer Vision and Pattern Recognition. Providence, 2012: 1838-1845.

[121] Gao J, Ling H, Hu W, et al. Transfer learning based visual tracking with Gaussian process regression[C]// Proceedings of the 13th European Conference on Computer Vision. Zurich, 2014: 188-203.

[122] Danelljan M, Khan F S, Felsberg M, et al. Adaptive color attributes for real-time visual tracking[C]// Proceedings of the IEEE Conference on Computer Vision and Pattern Recognition. Columbus, 2014: 1090-1097.

[123] Zhang J, Ma S, Sclaroff S. MEEM: Robust tracking via multiple experts using entropy

minimization[C]// Proceedings of the 13th European Conference on Computer Vision. Zurich, 2014: 188-203.

[124] Wu Y, Lim J, Yang M H. Object tracking benchmark[J]. IEEE Transactions on Pattern Analysis & Machine Intelligence, 2015, 37 (9): 1834-1848.

[125] Danelljan M, Häger G, Khan F S, et al. Accurate scale estimation for robust visual tracking[C]// Proceedings of the British Machine Vision Conference. Nottingham, 2014: 1-11.

[126] Chao M, Yang X, Zhang C, et al. Long-term correlation tracking[C]// Proceedings of the IEEE Conference on Computer Vision and Pattern Recognition. Boston, 2015: 5388-5396.

[127] Russakovsky O, Deng J, Su H, et al. ImageNet large scale visual recognition challenge[J]. International Journal of Computer Vision, 2015, 115 (3): 211-252.

[128] Li Y, Zhu J. A scale adaptive kernel correlation filter tracker with feature integration[C]// Proceedings of the 13th European Conference on Computer Vision. Zurich, 2014: 254-265.

[129] Bertinetto L, Valmadre J, Golodetz S, et al. Staple: Complementary learners for real-time tracking[C]// Proceedings of the IEEE Conference on Computer Vision and Pattern Recognition. Las Vegas, 2016: 1401-1409.

[130] 钟慧湘. 基本矩阵计算方法的研究[D]. 长春: 吉林大学, 2005.

[131] 金帅. 基于控制点的排列组合立体视觉定标算法的研究[D]. 杭州: 浙江大学, 2004.

[132] 陈泽志, 吴成柯. 一种高精度估计的基础矩阵的线性算法[J]. 软件学报, 2002, 13 (4): 840-845.

[133] 邓聚龙. 灰色系统基本方法[M]. 武汉: 华中科技大学出版社, 2003.

[134] Zhou Z, Zhang J. Object detection and tracking based on adaptive canny operator and GM (1, 1) model[C]// Proceedings of the IEEE International Conference on Grey Systems and Intelligent Services. Nanjing, 2007: 434-439.

[135] 邓聚龙. 灰理论基础[M]. 武汉: 华中科技大学出版社, 2003.

[136] 刘鸿彬, 熊少华. 空中雷达目标的灰色预测[J]. 系统工程与电子技术, 2000, 22 (5): 30-32.

[137] 王百合, 黄建国, 张群飞. 水下多目标跟踪系统攻击目标优选模型及算法[J]. 鱼雷技术, 2007, 15 (4): 22-25.

[138] 刘以安, 陈松灿, 张明俊, 等. 缓冲算子及数据融合技术在目标跟踪中的应用[J]. 应用科学学报, 2006, 24 (2): 154-158.

[139] Guan X, He Y, Yi X. Gray track-to-track correlation algorithm for distributed multitarget tracking system[J]. Signal Processing, 2006, 86 (11): 3448-3455.

[140] Wang Y F, Liu L L. Grey target tracking and self-healing on vehicular sensor networks[J]. EURASIP Journal on Wireless Communications & Networking, 2007, 2007 (1): 1-14.

[141] Wong C C, Lin B C, Cheng C T. Fuzzy tracking method with a switching grey prediction for mobile robot[C]// Proceedings of the 10th IEEE International Conference on Fuzzy Systems. Melbourne, 2001: 103-106.

[142] 刘思峰. 灰色系统理论及其应用[M]. 北京: 科学出版社, 2004.

[143] 程婷. 多传感器数据融合算法研究[D]. 成都: 电子科技大学, 2006.

[144] Kirubarajan T, Bar-Shalom Y. Probabilistic data association techniques for target tracking in clutter (invited paper) [J]. Proceedings of the IEEE, 2004, 92 (3): 536-556.

[145] Chang K, Bar-Shalom Y. Joint probabilistic data association for multitarget tracking with possibly unresolved measurements and maneuvers[J]. IEEE Transactions on Automatic Control, 1984, 29 (7): 585-594.

[146] Blackman S S. Multiple hypothesis tracking for multiple target tracking[J]. IEEE Aerospace & Electronic Systems Magazine, 2009, 19 (1): 5-18.

[147] Bar-Shalom Y. Multitarget-Multisensor Tracking: Applications and Advances [M]. Fitchburg: Artech House Publishers, 1990: 65-68.

[148] Pattipati K R. Survey of assignment techniques for multitarget tracking[J]. Multitarget-Multisensor Tracking: Applications and Advances, 2000: 77-159.

[149] Gad A, Majdi F, Farooq M. A comparison of data association techniques for target tracking in clutter[C]// Proceedings of the 5th International Conference on Information Fusion. Annapolis, 2002: 1126-1133.

[150] Logothetis A, Krishnamurthy V, Holst J. A Bayesian EM algorithm for optimal tracking of a maneuvering target in clutter[J]. Signal Processing, 2002, 82 (3): 473-490.

[151] 敬忠良. 神经网络跟踪理论及应用[M]. 北京: 国防工业出版社, 1995: 126.

[152] Aziz A M, Tummala M, Cristi R. Fuzzy logic data correlation approach in multisensor-multitarget tracking systems. Signal Processing, 1999, 76 (2): 195-209.

[153] Singer R A. Estimating optimal tracking filter performance for manned maneuvering targets[J]. IEEE Transactions on Aerospace and Electronic Systems, 1970, 6 (4): 473-483.

[154] Bar-Shalom Y, Campo L. The effect of the common process noise on the two-sensor fused-track covariance[J]. IEEE Transactions on Aerospace & Electronic Systems, 1986, AES-22 (6): 803-805.

[155] Luo R C, Ying C C, Chen O. Multisensor fusion and integration algorithms applications, and future research directions[C]// Proceedings of the International Conference on Mechatronics and Automation. Harbin, 2007: 1986-1991.

[156] Liang J, Wang C, Yin T. A hybrid measurement fusion algorithm for multisensor target

tracking[C]//Proceedings of the 5th World Congress on Intelligent Control and Automation. Hangzhou, 2004: 5422-5425.

[157] Li X R, Zhang K, Zhao J, et al. Optimal linear estimation fusion-Part V: Relationships[C]// Proceedings of the 5th International Conference on information Fusion. Annapolis, 2002: 497-504.

[158] Kohonen T. The self-organizing map[J]. Proceedings of the IEEE, 2002, 78 (9): 1464-1480.

[159] 汪加才, 陈奇, 俞瑞钊. 一种新的自组织神经网络动态生成算法[J]. 模式识别与人工智能, 2001, 14 (3): 360-366.

[160] 郑江滨, 谷二营, 李秀秀, 等. 运动捕获系统中基于 PCA 的标记点标识初始化方法: 201010508023. 5 [P]. 2010-10-01.

彩　　图

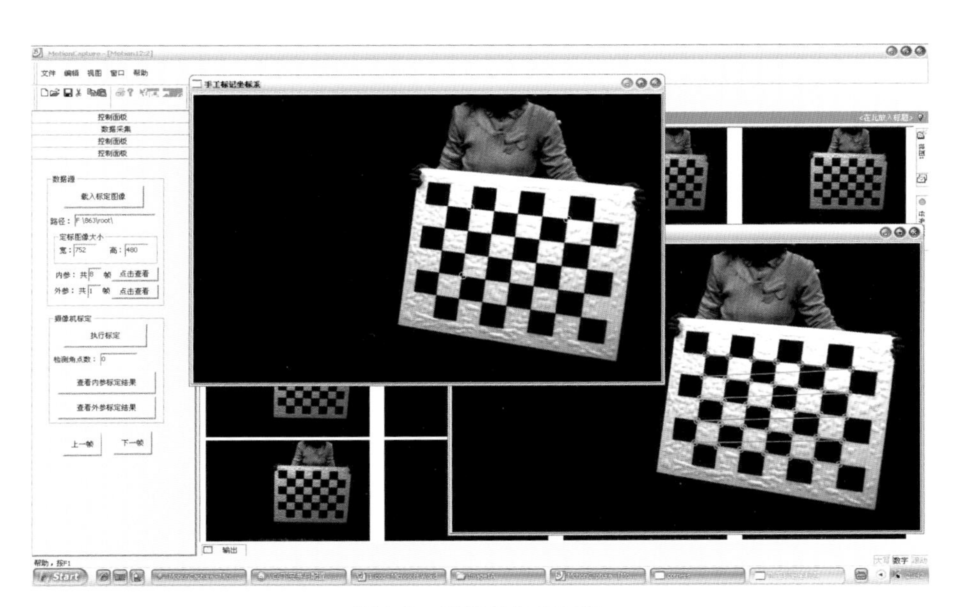

图 2.8　摄像机标定过程

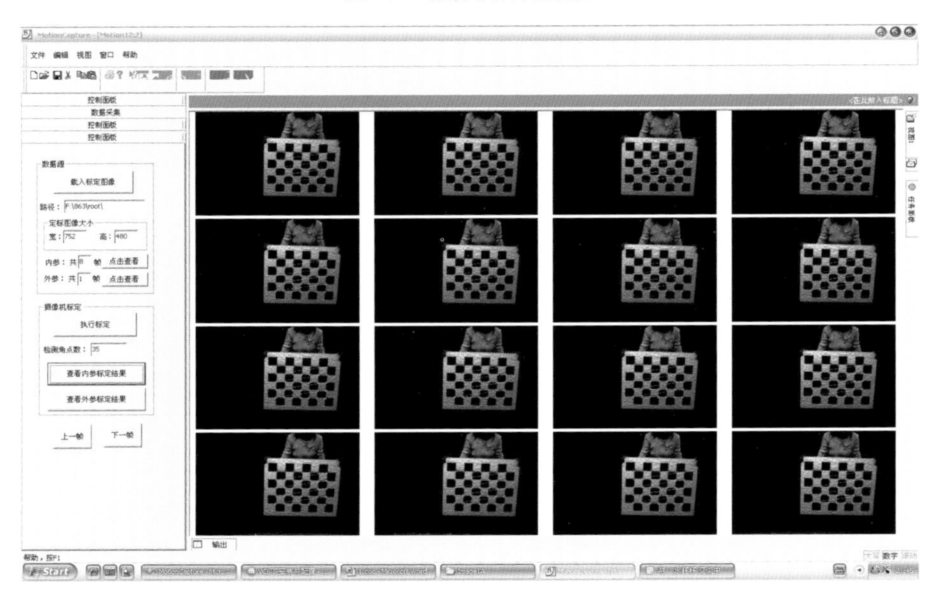

图 2.10　摄像机标定结果

(a)标定前　　(b)标定后

图 3.5　标定前和标定后的模板图

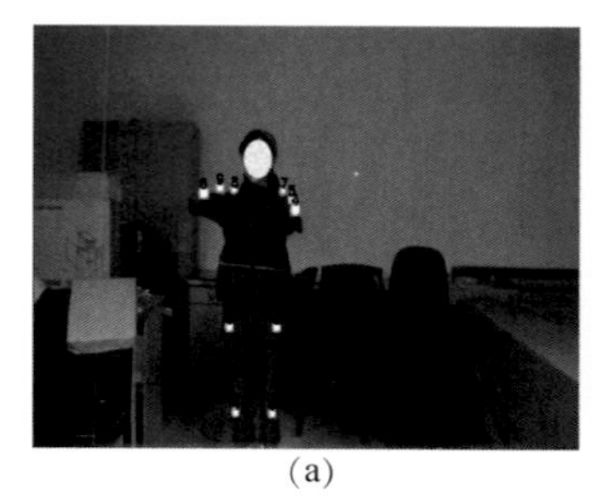

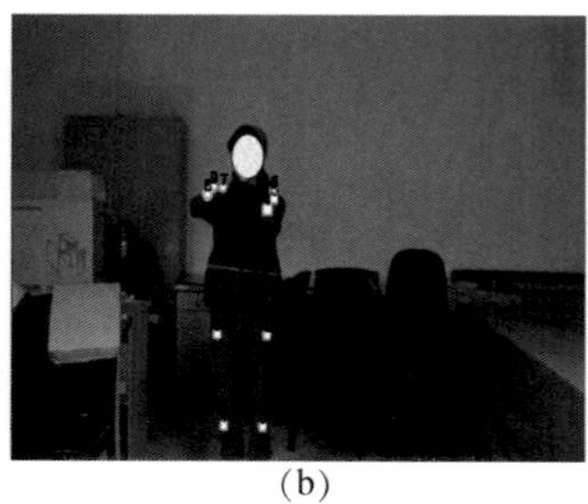

(a)　　(b)

图 4.5　标记点检测

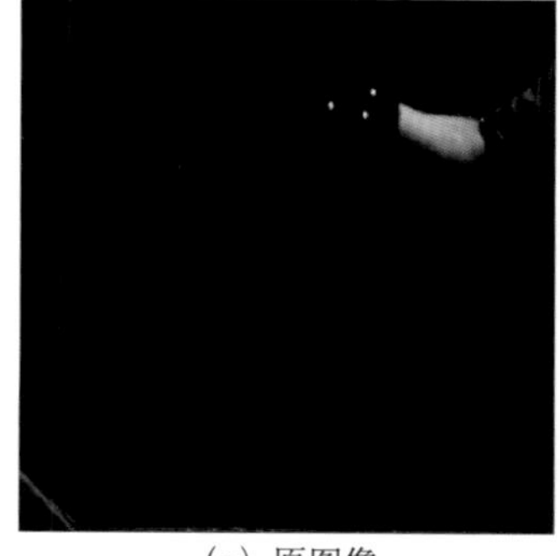

(a)原图像

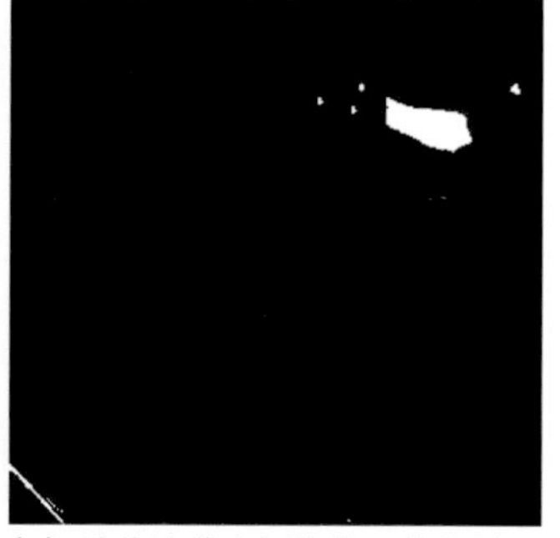

(b)迭代法获取阈值的二值化结果

(c)自适应阈值法获取阈值的二值化结果

(d)基于迭代阈值的二值化结果

图 4.7　基于迭代阈值的方法与传统方法结果的对比

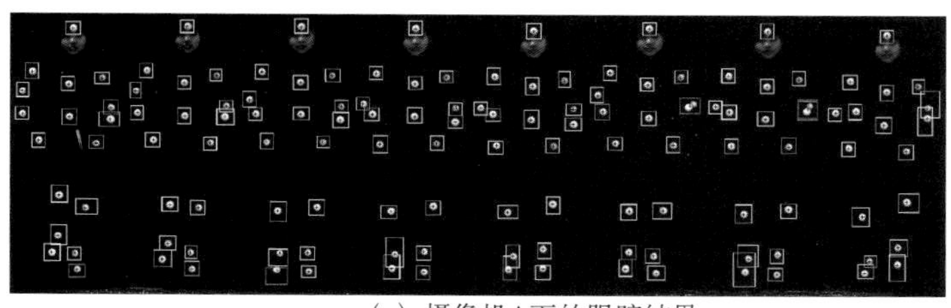

（a）摄像机A下的跟踪结果

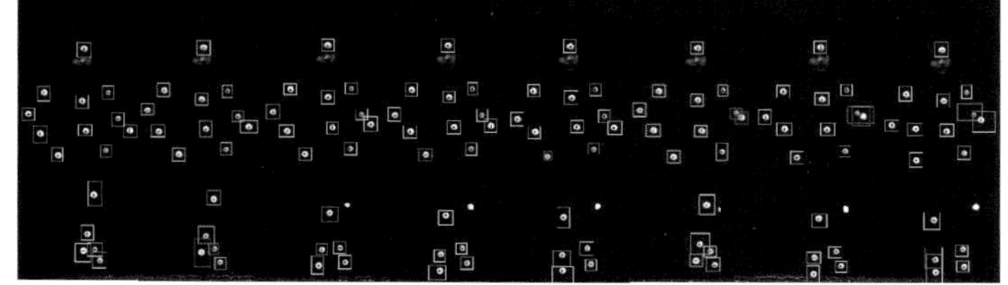

（b）摄像机B下的跟踪结果

图 13.2　第 85、87、90、91、92、115、118、120 帧跟踪结果序列

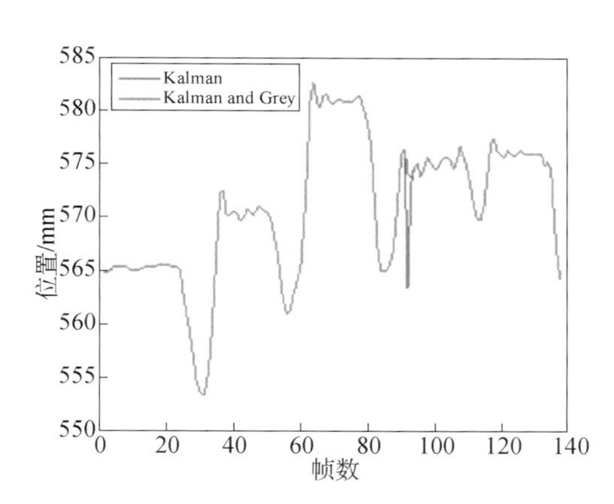

图 13.3　标记点在摄像机 A 中的二维位置运动轨迹

Kalman 表示基于卡尔曼滤波器的方法；Kalman and Grey 表示卡尔曼滤波与灰色预测模型结合的方法

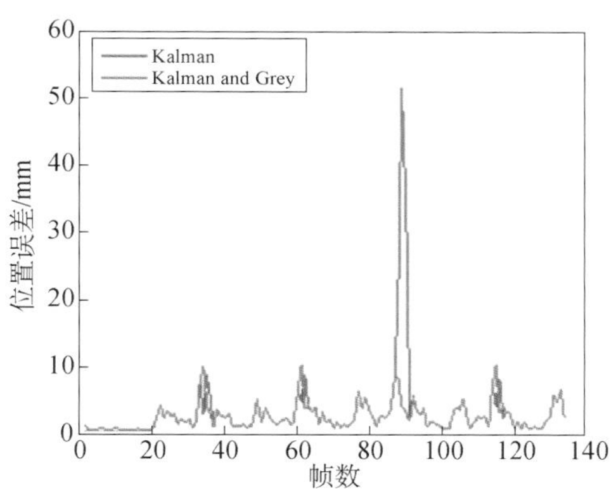

图 13.4　标记点在摄像机 A 中的二维位置预测误差

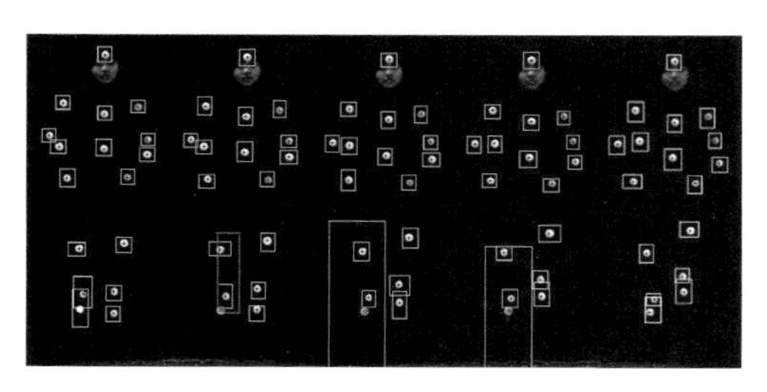

图 13.5　利用 Kalman 预测跟踪得到的第 91～第 95 帧跟踪结果

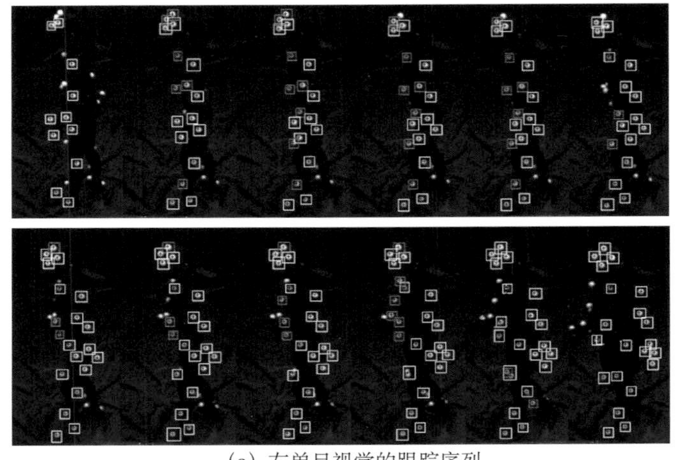

（a）左单目视觉的跟踪序列

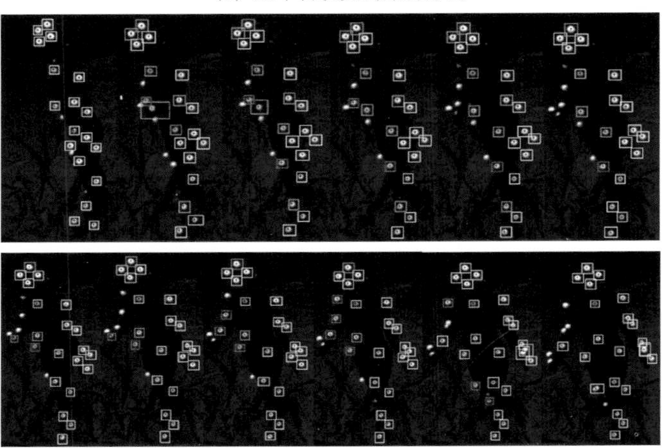

（b）右单目视觉的跟踪序列

图 14.4　双目中左右单目视觉的第 1、第 4～第 13、第 15 和第 17 帧二维跟踪序列图

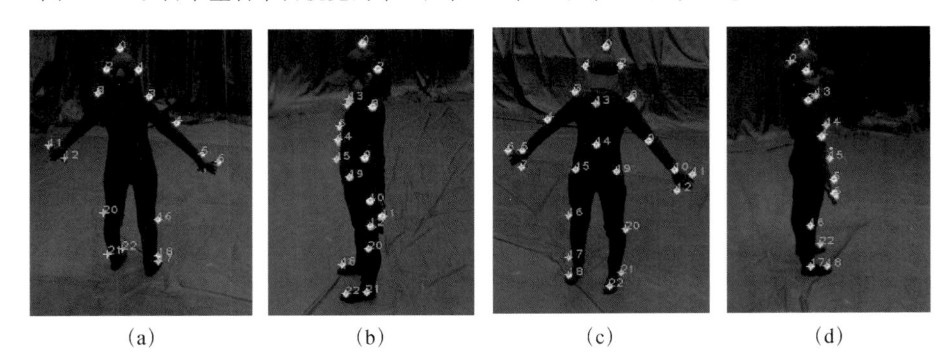

(a)　　(b)　　(c)　　(d)

图 15.6　SOFM 获胜神经元的输出结果数据

数据来源于东、南、西、北四个方位的摄像头